“十四五”职业教育国家规划教材

重庆市中等职业教育电类专业共建共享系列教材
CHONGQINGSHI ZHONGDENG ZHIYE JIAOYU
DIANLEI ZHUANYE GONGJIAN GONGXIANG XILIE JIAOCAI

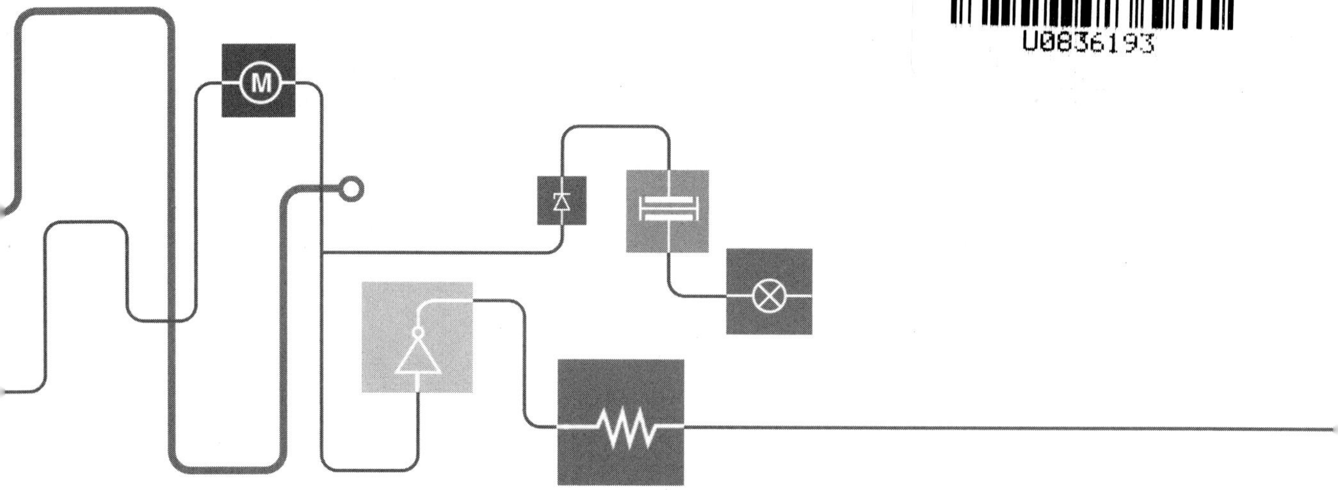

电工技术基础与技能

（第二版）

DIANGONG JISHU JICHU YU JINENG

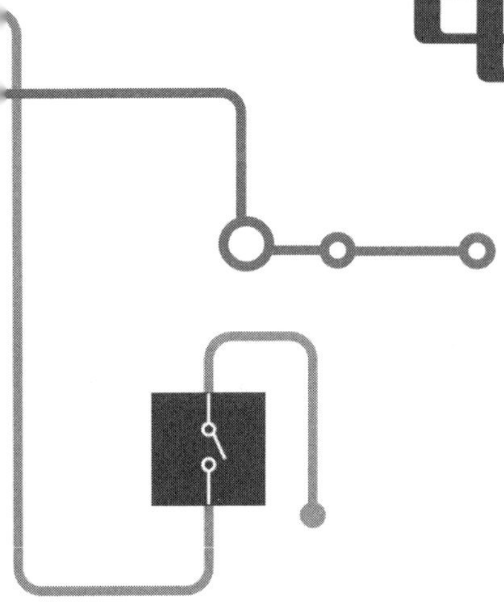

总主编 / 周永平
主　编 / 杨清德　鲁世金　赵争召
副主编 / 彭贞蓉　吴吉芳　易祖全
编　者（排名不分先后）
鲁世金　胡立山　赵争召　李永佳
王　函　石　波　彭贞蓉　易祖全
杨清德　吴吉芳　李　杰
主　审 / 辜小兵

重庆大学出版社

内容提要

本书为重庆市中等职业教育电类专业共建共享系列教材，根据教育部最新颁布的《中等职业学校电工技术基础与技能教学大纲》，依照《重庆市中等职业教育电工技术基础与技能课程标准》的要求，并参考有关国家职业技能标准编写。本书精心设计了4个工作项目，12个工作任务，内容包括电工操作的安全与急救、直流电路的安装与检测、照明电路及用电器的安装与检修和电力拖动电路的安装与检修。

本书是启蒙中职学生迈向智能化、智慧化电气技术新时代的专业核心教材，坚持“做中学、做中教”原则，采取理论与实际相结合的教学模式，内容编排力求由浅入深、学用结合，实用性强。本书有配套的课程教学设计、电子教案、操作视频、题库（包括纸质书和网络考试平台）、实训套件等教学数字资源。

本书作为三年制中职电子技术应用、电气技术应用等电类专业教材，也可作为初中起点的五年制大专电类专业教材，还可作为相关专业工程技术人员的岗位培训教材。

图书在版编目（CIP）数据

电工技术基础与技能 / 杨清德，鲁世金，赵争召主编. -- 2版. -- 重庆 : 重庆大学出版社，2023.8（2025.8重印）

中等职业教育电子类专业系列教材

ISBN 978-7-5689-1153-5

Ⅰ. ①电… Ⅱ. ①杨… ②鲁… ③赵… Ⅲ. ①电工技术—中等专业学校—教材 Ⅳ. ①TM

中国国家版本馆CIP数据核字（2023）第141721号

电工技术基础与技能

（第二版）

总主编　周永平

主　编　杨清德　鲁世金　赵争召

副主编　彭贞蓉　吴吉芳　易祖全

主　审　辜小兵

责任编辑：陈一柳　　版式设计：尹　恒

责任校对：关德强　　责任印制：赵　晟

*

重庆大学出版社出版发行

社址：重庆市沙坪坝区大学城西路21号

邮编：401331

电话：（023）88617190　88617185（中小学）

传真：（023）88617186　88617166

网址：http://www.cqup.com.cn

邮箱：fxk@cqup.com.cn（营销中心）

全国新华书店经销

重庆紫石东南印务有限公司印刷

*

开本：787mm×1092mm　1/16　印张：13.75　字数：345千

2018年9月第1版　2023年8月第2版　2025年8月第3次印刷（总第5次印刷）

ISBN 978-7-5689-1153-5　定价：35.00元

前　言

本书为重庆市中等职业教育电类专业共建共享系列教材，根据教育部最新颁布的《中等职业学校电工技术基础与技能课程标准》，依照重庆市《中职电工技术基础与技能课程标准》的要求，并参考有关国家职业技能标准，综合重庆市30余所职业院校教学资源共建共享的经验编写而成。本书在编写过程中，认真贯彻落实“以服务为宗旨，以就业为导向，以学生为主体”的职教办学思想，以服务于学生全面发展，提高学生综合职业能力为宗旨，对理论和实践相结合的教学模式进行了积极探索。

在现代工业、农业及国民经济的各部门中，电的应用十分广泛。电路知识是当代科学技术诸多领域中最重要的基础知识，它具有很强的逻辑性、严密性和基础性。通过本书的学习，可以使学生掌握必备的电工操作的安全与触电急救及意外伤害急救常识、简单直流电路与复杂直流电路的安装与检测、单相照明电路及用电器的安装与检测、三相电力拖动电路的安装与检测等知识与技能，为学生继续学习其他专业课程奠定基础。

本书在编写时严格依据课程标准的要求，努力体现以下特色：

1. 凸显“课程思政”，突出职业素养培养。梳理并有机融入本课程中蕴含的思政元素，注重培养学生爱护公共财产、勤俭节约的良好习惯，安全、规范、标准、质量意识，爱岗敬业、团结协作的职业精神，弘扬精益求精的专业精神、敬业精神、工匠精神和劳模精神。

2. 基于项目教学，创新编写体例。电工技术基础与技能是专业核心课程，采用适合项目教学的编写体例。全书共设计了4个项目，每个项目设置了2～4个任务，每个任务基于工作过程设置了6个环节。任务实施中包含若干活动，在活动中适时插入“想一想”“导师说”等小块板，体现了行动导向的理念，便于开展项目引领、任务驱动的教与学。

3. 基于“做学教”一体理念，优选项目载体。本书精心设计了4个工作项目，包括电工操作的安全与急救、直流电路的安装与检测、照明电路及用电器的安装与检修和电力拖动电路的安装与检修，便于开展项目教学，体现了“做中学、做中教”的职业教育教学要求。

4. 基于人才成长规律，优选任务载体。依据本课程的教学标准和课程标准等指导意见，基于技术技能人才成长规律，以工作任务为载体,通过电路设计、安装、测试、调试、检修等系列教学活动,让学生在职业实践活动中掌握基本知识、专业知识和实践知识,形成技能,培养合作与学习能力。

5. 基于学生认知特点,创新版面呈现方式。版面设计分为左右两栏,左栏用于呈现工作任务的操作过程及方法、技能技巧,是所有学生都应学习掌握的内容;右栏用于呈现与实际操作相关联的理论知识,是有一定学习主动性和提高愿望较强的学生应掌握的内容。“拓展提高”栏目是提高愿望较强的学生应掌握的内容。“检测与反思”分为 A 组、B 组、C 组,满足不同层次学生的学习需求。内容编排科学合理、梯度明晰,便于分层教学。

6. 基于信息传播理论,创新呈现形式。图、文、表并茂,生动活泼,形式新颖。全书共有图近 500 张,表格 100 多个。

7. 配套数字资源丰富,教、学、评一体,促进学习质量提高。有丰富的配套数字资源。由针对全书内容的课堂教学设计共 64 个,每个课堂教学设计均配有电子教案、PPT 及帮助学生理解原理的动画、示范操作的视频等,还有配套的题库,包括纸质书和数字形态,涵盖知识、技能、素养等方面。

本书建议学时为 150 学时,学时具体分配见下表:

学时分配表

序号	项　目	任　务	学时
1	电工操作的安全与急救	参观电工实训室	2
		触电与意外伤害急救	4
2	直流电路的安装与检测	小电珠发光电路的安装	6
		小电珠应用电路的制作	16
		两个网孔电路的搭接与检测	14
3	照明电路及用电器的安装与检修	照明配电板的安装与检修	12
		居室用电线路的安装与检修	14
		换气扇的装卸和检修	16
4	电力拖动电路的安装与检修	三相配电板的安装与检修	14
		三相电动机的维护与接线	14
		* 三相电动机正反转电路的安装与检修	10
		* 三相电动机Y-△降压启动电路的安装与检修	16
5	机动		12
6	合计		150

带“ * ”号为选学内容。

本书有配套的课程教学设计、电子教案、操作视频、题库(包括纸质书和网络考试平台）等教学数字资源，方便教师教学和学生学习使用。本书可作为三年制中职电子技术应用、电气技术应用等电类专业教材，也可作为初中起点的五年制大专电类专业教材，还可作为相关专业工程技术人员的岗位培训教材。

本书是由重庆市教育科学研究院组织重庆市内30所国家级中职示范校、重庆市级中职示范校联合编写的，周永平博士担任总主编，杨清德、鲁世金、赵争召担任主编，彭贞蓉、吴吉芳、易祖全担任副主编，辜小兵研究员担任主审。项目一由鲁世金、胡立山编写，项目二由赵争召、李永佳、王函、石波编写，项目三由彭贞蓉、易祖全、杨清德编写，项目四由吴吉芳、李杰编写，由杨清德负责编写大纲拟定和全书统稿。

本书在编写过程中，得到重庆市教育科学研究院、重庆大学出版社、重庆富淞电子技术有限公司、重庆中鸿意诚科技有限公司、重庆市闻慧科技有限公司以及各参编学校等单位领导的高度重视和大力支持，在此一并表示感谢。本书参考了部分教材及文献资料，在此向原作者致以诚挚的感谢。

由于编者水平有限，书中难免有不妥之处，恳请各位专家和广大读者批评、指正。

编 者

2020年2月

全书课后习题答案

目 录

项目一

电工操作的安全与急救

在日常生活中，煮饭用的电饭煲，查看时间用的智能手表，给房间制冷制热的空调，出门乘坐的汽车、高铁……我们的生活、学习、工作一刻也离不开电，如图 1-1 所示。

虽然电能是使用效率最高、最方便、最清洁的能源，但若使用不当，容易发生触电事故、电火灾等，危害性很大。我们有必要了解电工安全禁忌，增强安全用电意识，练习触电、电火灾等急救技能，确保用电安全和最大程度减少意外事故的损失。

【项目目标】

(1)能了解人体触电的常见类型及原因、电工作业的一般规定、电工实训室概况和操作规程、防止触电的常见保护措施、电气火灾的防范常识。

(2)能了解基本电工仪表及工具的使用注意事项，能在使用中注意安全。

(3)学会触电急救与电火灾扑救。

(4)养成安全用电和规范操作的意识。

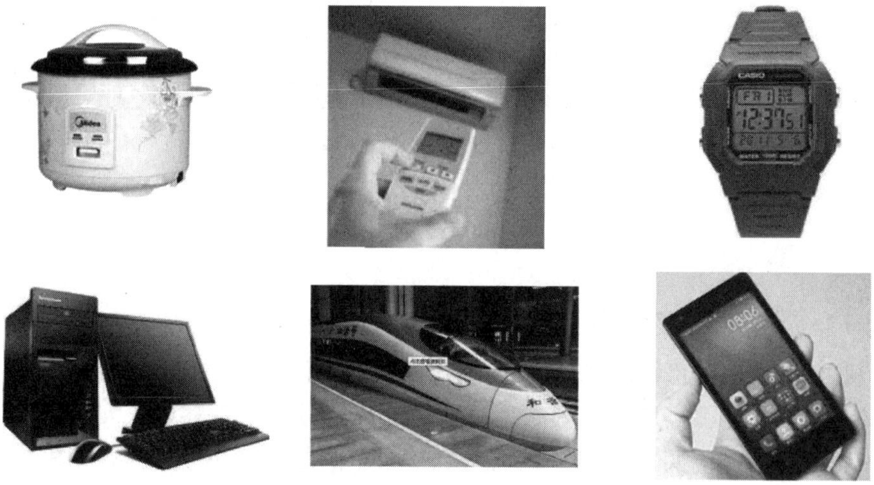

▲图 1-1　我们的生活、学习、工作离不开电

任务一　参观电工实训室

※工作任务说明

在特种作业人员中,电工是危险性较大的工种之一,一不小心就带来严重后果,所以我们应知晓电工作业的安全禁忌,严格按照规范安全操作,绝不违反安全禁忌。

本次任务主要是参观电工实训室,熟悉电工实训室的电源配置、设备配置、电工安全规定、实训室管理制度,能规范地给实训台送电。

※安全提示

安全用电避危险。电工实训室配有 380 V、220 V 交流电,实训台上还可能有其他多组交流电、直流电输出,需要特别注意用电安全,按照规范操作。

安全规定先学习。进入电工实训室,必须先学习实训室安全管理制度(如图 1-2 所示),在实训操作中要严格遵守。

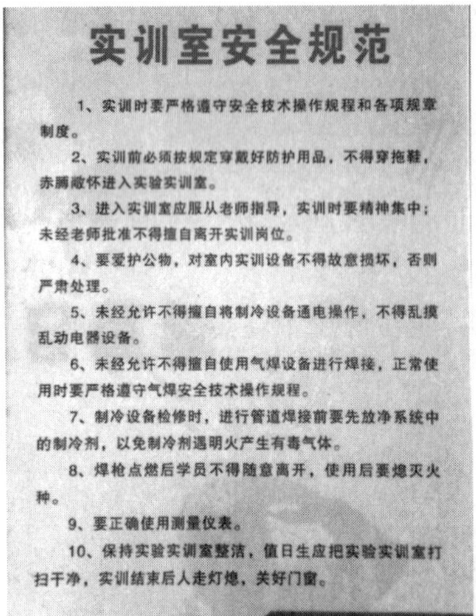

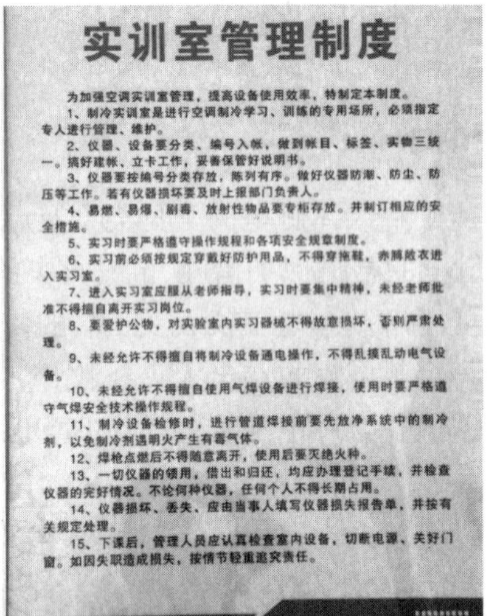

▲图 1-2　实训室安全管理制度

※任务实施

活动 1　参观电工实训室

在参观之前,请根据班级的实际情况进行分组,确定任务实施团队。小组成员分工合作,在老师组织指导下,学习实训室管理制度,再参观电工实训室,观察电工实训室门牌,查看实训室管理制度,了解电工实训室电源配置、实训室基本功能和设备概况(如图 1-3、图 1-4 所示),并记录于表 1-1、表 1-2 中。

▲图 1-3　电工实训室门牌

▲图 1-4　电工实训室

表 1-1　电工实训室电源配置和控制情况记录表

项　目	电源配置和控制基本情况

表 1-2　电工实训室设备配置情况记录

设备配置	具体情况

电工实训室一般采用三相四线(或五线)制的电源,以便为单相电动机、三相电动机等电器提供电源。

有的电工实训室单独提供一组220 V交流电,作为实训室照明、电扇或空调、多媒体等设备的电源。

DZ47LE系列漏电断路器适用于交流50 Hz、额定电压380 V的线路中。

每个实训台一般配有电源总开关即低压断路器,带漏电、过载保护。不同品牌、型号的电工实训台,虽然在功能上有差异,但一般均有安装调试电工基础电路、照明电路、单相和三相电动机控制电路等功能。

1. 观察电工实训室电源配置

观察电工实训室电源配置情况,并记录下来。一般电工实训室电源配置见表1-3。

表1-3 电工实训室电源配置和控制情况

项目	电源配置和控制情况	图 示
交流电源	整个实训室的交流电源一般采用三相四线制电源,从楼道通过导线送入实训室内	
总电源开关	电工实训室设有总开关即低压断路器,如DZ47LEC60漏电断路器	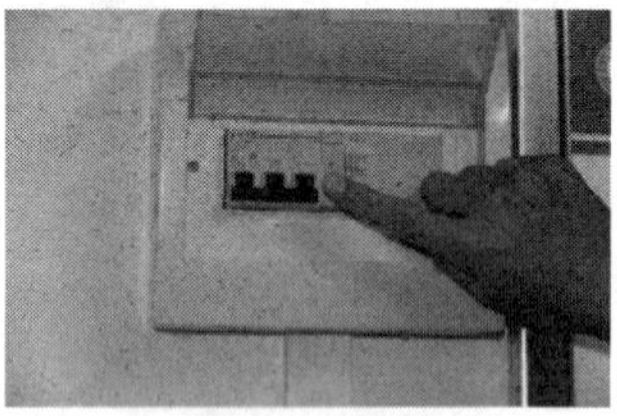
实训设备控制屏	为了方便控制每个实训台,一般会安装控制屏,可以精准控制每个实训台的电源通断	
电线走向	电工实训室设备控制屏到每个实训台的供电电线一般走地板或天花板	

2. 观察实训设备设施配置

观察电工实训室设备,并记录下来。一般电工实训室设备配置见表1-4。

表 1-4 电工实训室设备配置

设备配置	具体情况	图 示
实训台数量	电工实训室一般配置有若干台实训台，提供足够的实训工位	
实训台组成部分	一般由实训桌、网孔板、实训元器件、线材等组成	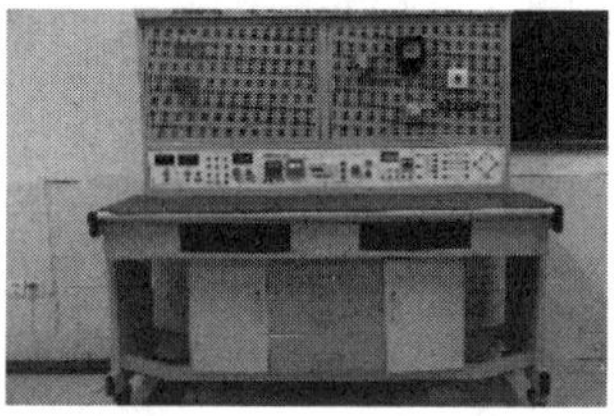
实训台配套仪器仪表	每台实训台或每个工位，一般配置有万用表、绝缘电阻表、钳形表等仪表，有的还配置有示波器等仪器	
实训台配套工具	每台实训台或每个工位，一般配置有试电笔、电工刀、改刀、钢丝钳、尖嘴钳、斜口钳、剥线钳、活口扳手、电烙铁等工具	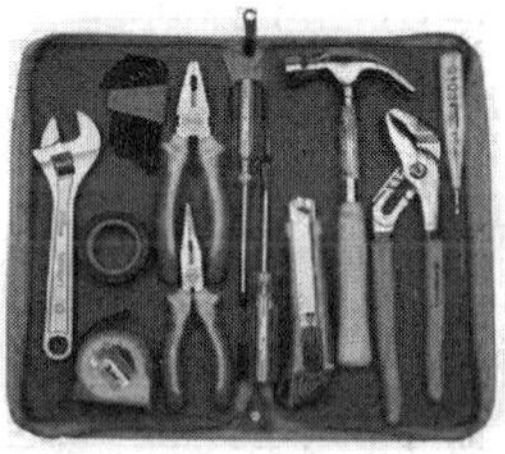
其他	电工实训室还安装有照明灯具、电扇或空调、多媒体、监控设备等	

3. 收集电工作业安全禁忌

请小组成员分工合作，阅读教材，借阅图书，上网搜索国家对电工作业安全的一般规定、企业对电工作业的安全规定、学校电工实训室的有关安全制度，并整理分享，在上岗或实训前要认真学习，在工作或学习中必须遵守。

收集电工作业安全禁忌和电工实训室有关安全制度的途径见表 1-5。

企业根据国家电力安全工作规程，以及行业的相关规定，结合企业实际和岗位特点，制订了相应的电工作业安全制度，一般会涉及从事电工作业资格、电工作业前的安全准备、作业过程的安全规定和注意事项、作业结束时的安全规定等内容。

学校电工实训室根据相关规定和实际情况，制订了实训室安全管理制度。

表 1-5 收集途径

途径	操作内容
图书查阅	在学校图书室或者公共图书馆，借阅《中华人民共和国国家标准电力（业）安全工作规程》《电工作业全国特种作业人员安全技术培训实际操作》《新标准电工安全技术365问》《电工安全一点通》《电工安全禁忌口诀》等
上网搜索	通过百度等搜索工具，收集国家、企业对电工作业安全的一般规定和电工实训室有关安全制度
实地观察	到企业电工作业场所、电工实训室观察相关电工安全规定和制度，并拍照

活动 2 实训台通电

不同品牌、型号的电工实训台，虽然在电源组成上有差异，但一般均装有交流、直流电源。

在电工实训室，安装照明电路、电动机控制电路等电路时，当电路安装好并经过检测无误后，需要给实训台通电以便测试电路；测试完成后需要为实训台断电，以便拆卸电路复原实训台，并做好清理整顿工作。小组成员分工合作，给电工实训台通电，然后关断电源。

1. 电工实训台通电

电路安装完成后，必须经过自检、教师检查后方可为实训台通电，严格遵守“先接线，后通电”的操作原则。操作步骤见表 1-6。

表 1-6 为实训台通电的步骤

步骤	操作内容	图 示
①合上低压断路器	合上电工实训室低压断路器	
②打开控制屏开关	打开实训室电源控制屏相应序号实训台开关，序号指示灯亮	

电工实训台一般可提供的交流电源包括：①三相固定380 V 的交流电源；②单相固定220 V 交流电源；③经过变压器降压后的交流电源，如110 V、26 V、6.3 V 等。

电工实训台一般可提供多组直流电源，如1.5 V、±12 V、±24 V 等低压固定直流稳压电源；2.0～30 V 连续可调，输出2 A 的直流稳压电源。

续表

步骤	操作内容	图　示
③合上实训台电源总开关	合上实训台电源总开关，电源指示灯亮，可以进行通电测试等操作	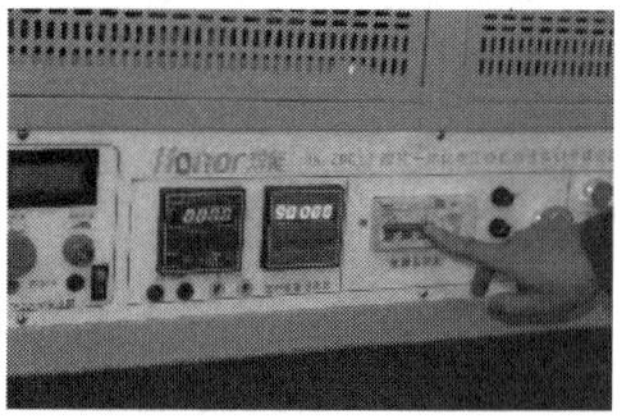

电工实训台还配有相应的电压表、电流表，有的还配有数字恒流源等。

导师说

实训台通电前，必须先查看实训台是否有短路现象，或是否有人接触电路裸露部分等，确保没有安全隐患后，才能为实训台通电。

2. 电工实训台断电

电路通电测试完成后，按照“先断电，再拆卸”的操作原则，先为实训台断电。操作步骤见表1-7。

表1-7　为实训台断电的步骤

步骤	操作内容	图　示
①断开实训台电源总开关	断开实训台电源总开关，电源指示灯熄灭，可以拆卸电路，恢复实训台原有状态	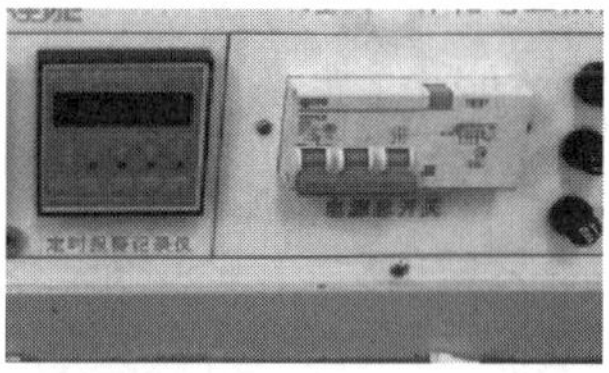
②断开控制屏开关	断开实训室电源控制屏相应序号实训台开关，指示灯熄灭	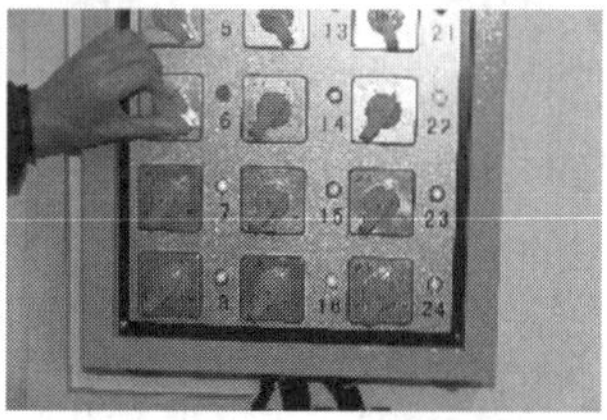
③断开电工实训室低压断路器	断开电工实训室低压断路器，查看实训台是否复原	

续表

步骤	操作内容	图　示
④清理整顿	清理工具仪器仪表，做好实训台、实训室清洁卫生	

※拓展与提高

一、企业电工安全规定

到企业工作时，需要学习电工作业安全规定，并在工作中遵守。以下是节选的部分企业电工作业安全规定。

①电工上岗规定：未经安全培训或安全考试不合格者严禁上岗。电工人员必须持特种行业许可证上岗，上岗前必须穿戴好电工工装，如图1-5所示。

▲图1-5　持证上岗、穿戴电工工装上岗

②不准酒后上班，更不可班中饮酒。工作中严禁吸烟，如有严重感冒、头晕症状和明显身体不适情况时也严禁上岗作业。

③工作前的准备：定期检查、校验电工工具和仪表，并妥善保管，确保其性能正常安全可靠，如图1-6所示。

④未经确认无电，一律视为“有电”。电气线路在未经确定无电前，应一律视为“有电”，不可用手触摸，不可绝对相信绝缘体，按照带电操作对待。

⑤维修线路要采取必要的措施，在开关把手上或线路上悬挂“停电作业”“有人工作，禁止合闸”等警告牌，防止他人中途送电，如图1-7所示。必要时可接上临时地线。

⑥工作中所有拆除的电线要处理好，包好带电线头，以防发生触电事故。

⑦检修结束后，应认真清理现场，检查携带工具有无缺少，检查短接线、临时线等是否拆除，拆除遮拦等。通知工作人员撤离现场时，所有材料、工具、仪表等也随之撤离，原有防护装置也应及时安装好。取下警告牌，按送电顺序送电。

▲图 1-6　工作前的准备

▲图 1-7　带电作业

⑧工作完成后，清理工作场地，做好清洁卫生。

⑨有人触电时，应立即切断电源，进行急救。

⑩发生电火灾时，应立即切断电源，使用干粉灭火器或干砂等方式灭火。

二、电工实训室安全制度

学校根据相关规定和实际情况，制订了电工实训室安全管理制度，以下是摘编的部分电工实训室安全制度。

①实训前，了解实训室内的电源布置及电压等级，了解实训所用仪表、设备和工具的规范化使用方法。

②实训前，认真检查电源、线路、设备是否正常，消除短路、漏电等安全隐患，防止事故的发生。

③实训时，严格按照实训步骤操作，并按操作规程使用设备、仪表、工具，注意应轻拿轻放，放置稳妥，严禁超限程使用及违规使用，如图 1-8 所示。

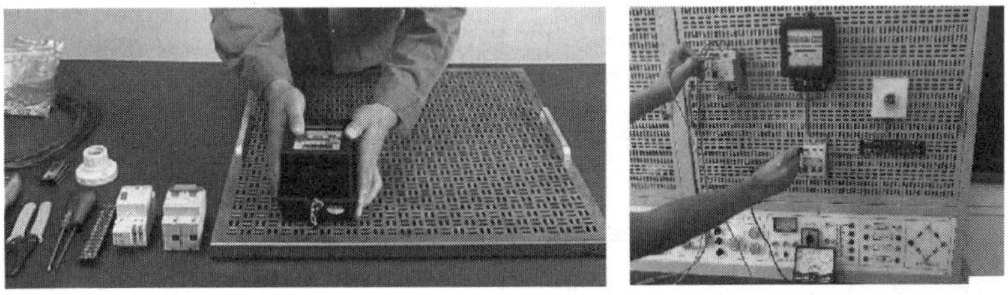

▲图 1-8　按操作规程操作

④接线操作前，应确保实训装置各板块已安装牢固，并确保各元器件工作正常；接线时，严格按照工艺要求操作，导线与接线柱应压紧，且无多余裸露导线，如图 1-9 所示；导线与导线如需连接，不可直接相连，应通过端子排连接，端子排在接线完成后应盖上盖子。

⑤接线完成后，应认真检查接线是否正确；检查无误后，再经指导老师检查，确认接线正确后方可由指导老师通电检查。在通电检查过程中，不得用手及螺丝刀等触及裸露的带电部分。若需改换接线，应在断开电源后进行。

⑥接通电源后，遇到任何异常情况，应立即按下实训装置下方的急停开关（或断开实训台电源开关）断开电源，如图 1-10 所示。待故障排除后方可继续实训。

⑦实训结束后，认真检修设备及线路，如有异常情况及时修理或更换，为下一次实训做好准备工作。

▲图 1-9 接线规范

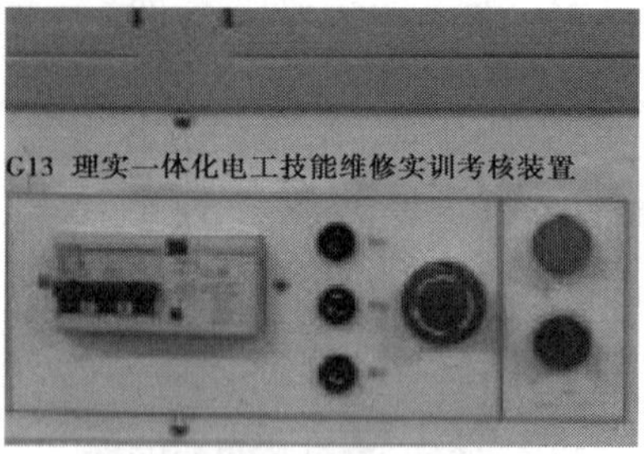

▲图 1-10 急停开关

⑧实训结束后，应先整理工位，把各种仪表、工具摆放整齐。

⑨在实训中自觉维护清洁卫生，离开实训室前做好清洁卫生。

⑩严禁擅自合、断电源总开关，严禁私自拉、接电线。

⑪严禁在实训室追逐打闹、高声喧哗。

三、电工实训仪表

电工实训室一般配置了万用表、绝缘电阻表（兆欧表）、钳形表等仪表，供实训所用。

万用表是一种多功能、多量程的测量仪表，按显示方式分为指针万用表和数字万用表。

绝缘电阻表，又称兆欧表。兆欧表大多采用手摇发电机供电，故又俗称摇表，它是一种测量绝缘电阻的仪表，它的刻度是以兆欧（MΩ）为单位。

钳形电流表简称钳形表，其工作部分主要由一只电磁式电流表和穿心式电流互感器组成。穿心式电流互感器由铁芯制成活动开口，且成钳形，故名钳形电流表。钳形表分为指针式钳形表和数字式钳形表。

电工实训常用仪表简介见表 1-8。

表 1-8 电工实训仪表简介

仪表	简 介	图 示
万用表	可用来测量电阻、直流电流、直流电压、交流电压等，有的还可以测量交流电流、电容量、电感量及半导体的一些参数（如 β）等	
绝缘电阻表	主要用来检查电气设备、家用电器或电气线路的绝缘电阻，以保证这些设备、电器和线路工作在正常状态，避免发生触电伤亡及设备损坏等事故。 兆欧表主要有指针式和数字式两大类	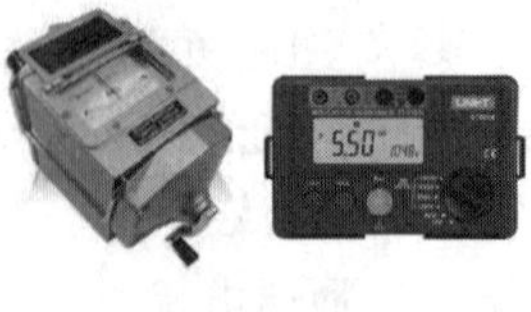
钳形表	一种不需断开电路就可以直接测量电路中交流电流的便携式仪表，在电气检修中使用非常方便，应用相当广泛。 钳形表主要有指针式和数字式两大类	

四、电工实训工具

电工实训室一般配置了常用的电工工具，主要工具简介见表1-9。

表1-9　电工实训工具简介

工具	简　介	图　示
螺丝刀	用于旋紧、旋松螺丝，分为一字形螺丝刀和十字形螺丝刀两种	
试电笔	用于检验线路和电器是否带电，分为氖管式试电笔和数显式试电笔两种	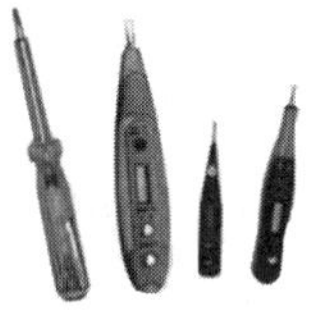
钢丝钳	用于剪切导线、金属丝，剥削导线绝缘层，起拔螺丝等	
尖嘴钳	用于剪切线径较细的导线，以及给单股导线接头弯圈、剥塑料绝缘层等，能在较狭小的工作空间操作	
斜口钳	用于剪切线径较细的导线和元器件多余的引线，还常用来代替一般剪刀剪切绝缘套管、尼龙扎线卡等	
剥线钳	用于剥除电线绝缘层	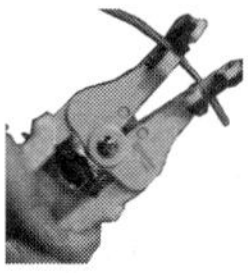
扳手	用于旋动带角的螺丝螺母	
电工刀	用于剥削导线绝缘层，削制其他物品	
电烙铁	用于焊接电路、元器件	
钢卷尺	用于测量距离和物品尺寸	

五、6S 管理

6S 管理是一种管理模式,即整理(SEIRI)、整顿(SEITON)、清扫(SEISO)、清洁(SEIKETSU)、素养(SHITSUKE)、安全(SECURITY),具体介绍见表 1-10。

表 1-10　6S 管理内容介绍

6S	定义、目的	图　示
整理	定义:区分要与不要的东西,在岗位上只放置适量的必需品,其他一切都不放置。 目的:腾出空间,防止误用	
整顿	定义:整顿现场次序,将必需品置于任何人都能立即取到和立即放回的状态。 目的:腾出时间,减少寻找时间,创造井井有条的工作秩序	
清扫	定义:将岗位变得干净整洁,设备保养得铮亮完好,创造一个一尘不染的环境	
清洁	定义:清洁也称规范,将前 3S 进行到底,并且更加规范化、制度化。 目的:形成制度和惯例,维持前 3 个 S 的成果	
素养	定义:建立并形成良好的习惯与意识,从根本上提升人员的素养。 目的:提升员工修养,培养良好素质,提升团队精神,实现员工的自我规范	
安全	定义:人人有安全意识,人人按安全操作规程作业。 目的:凸显安全隐患,减少人身伤害和经济损失	

※总结与评价

1. 成果展示

各小组展示学习成果，交流汇报（用PPT或者文字描述均可），并回答师生提出的问题。

2. 评价

由组长、老师对各小组成员任务完成情况进行评价，填入表1-11中。

表1-11　任务完成情况评价表

评价内容		自评	组长评价	教师评价
		优☆　良△　中√　差×		
职业素养	①安全用电			
	②设备及器材的安全			
	③记录整理完整准确			
	④符合6S管理理念			
知识与技能	①观察实训室电源配置、设备配置			
	②收集整理企业、学校实训室电工安全禁忌			
	③实训台通电			
	④断开实训台电源			
汇报展示	①作品展示（可以为实物作品展示、PPT汇报、简报、作业等形式）			
	②语言流畅，思路清晰			
评价等级				

※检测与反思

A组题

一、填空题

1. 整个实训室电源，一般是由________交流电源提供。

2. 电工实训室设有总开关，一般是带漏电保护功能的________。

3. 参观电工实训室，一般可注意观察实训室________配置和控制、________配置、管理制度等。

4. 实训台需要送电时，首先合上电工实训室________开关，接着打开控制屏开关，最后合上实训台电源总开关。

二、判断题

5. 电工实训室有漏电保护器，所以不用害怕触电。 (　　)

6. 电工实训室里只有 220 V 的交流电。 (　　)

7. 我们在电工实训室上课时，电路安装完成后，必须经过自检、教师检查方可为实训台通电，严格遵守“先接线，后通电”的操作原则。 (　　)

8. 我们在电工实训室上课时，电路通电测试完成后，按照“先断电，再拆卸”的操作原则，为实训台断电。 (　　)

B 组题

一、填空题

1. 不同品牌、型号的电工实训台，在功能上有差异，但一般均有安装调试电工基础电路、照明电路、________电动机和________电动机控制电路等功能。

2. 每台实训台或每个工位，一般配置有________、绝缘电阻表、钳形表等仪表。

3. 每台实训台或每个工位，一般配置有________、电工刀、改刀、钢丝钳、尖嘴钳、斜口钳、剥线钳、活口扳手、电烙铁等。

二、判断题

4. 电工实训台只能提供 380 V、220 V 交流电源。 (　　)

5. 电工实训台一般可提供多组直流电源。 (　　)

6. 电气线路在未经确定无电前，应一律视为“有电”，不可用手触摸，不可绝对相信绝缘体，按照带电操作对待。 (　　)

7. 在实训结束后，应先整理工位，把各种仪表、工具摆放整齐。 (　　)

8. 在实训中自觉维护清洁卫生，离开实训室前做好清洁卫生。 (　　)

9. 6S 管理是一种管理模式，即整理（SEIRI）、整顿（SEITON）、清扫（SEISO）、清洁（SEIKETSU）、素养（SHITSUKE）、安全（SECURITY）。 (　　)

10. 定期检查、校验电工工具、仪表，妥善保管，确保性能正常安全可靠。 (　　)

C 组题

问答题

1. 电工实训室，一般要提供三相交流电源，为什么？

2. 6S 管理是管理人员的事，与一般的工作人员无关，这种说法对吗？为什么？

任务二　触电与意外伤害急救

※工作任务说明

用电存在安全风险，需要我们具备触电急救、电火灾扑救等知识与技能。请你和你的团队一起，拟定电工实训室触电与意外伤害急救流程，并练习触电与意外伤害急救。

※安全提示

①有人触电先断电。触电急救，采用断开开关等安全的办法让触电者脱离电源是第一步，千万别因为急于救人，直接接触触电者，否则施救者也会触电。

▲图 1-11　有人触电先断电

②救电火灾先断电。发生电火灾，首先要切断电源，如果因条件限制断电困难，应选用不导电的灭火器材灭火，如干粉、二氧化碳、1211 灭火器等，不得使用泡沫灭火器带电灭火。

▲图 1-12　救电火灾先断电

※任务实施

活动 1　触电急救

发生触电事故，需要及时处理和救治，能有效减小伤亡，挽救生命。

人触电后心脏脉搏骤然停止，需要尽快脱离电源并实施胸外心脏按压和人工呼吸（即心肺复苏）。

在 1 min 内实施胸外心脏按压和人工呼吸的救活率大概有 90%；在 4 min 内实施，救活率大概有 50%；在 4～6 min 内实施，救活率大概有 10%；超过 6 min 实施，救活率大概有 1%；10 min 以上开始实施，几乎没有救活率。

因心搏骤停死亡的病人 60% 以上发生在医院外。触电后等医生来急救，往往浪费了最佳急救时间。

学会胸外心脏按压和人工呼吸，能极大地提高触电者生还的可能性，也可以为因其他原因引起心搏骤停的病人做心肺复苏急救。

触电，是由于人体接触电源等带电体，一定量的电流通过人体致使人体内部组织损伤和功能障碍甚至死亡。接触带电体包括直接接触电源，或者距离高压电过近经过空气或其他导电介质传递电流形成的间接接触。

按照触电事故的构成方式，触电可分为电击和电伤两种情况。

电击是电流对人体内部组织的伤害，是最危险的一种伤害，绝大多数（大约85%以上）的触电死亡事故都是由电击造成的。

电伤是由电流的热效应、化学效应、机械效应等效应对人外表造成的局部伤害，如电弧烧伤、电烙印、皮肤金属化等。

脱离电源后先判断病情，针对有心跳有呼吸、无心跳无呼吸、有心跳无呼吸三种情况，分别采取相应急救措施。触电急救流程如图 1-13 所示。

▲图 1-13 触电急救流程图

小组成员分工合作，拟订具体的触电急救流程，完成“无心跳无呼吸”情况的触电急救模拟训练。

触电急救，首先要使触电者迅速脱离电源，越快越好。因为电流作用的时间越长，伤害越重。

下面以“无心跳无呼吸”的触电急救为例，介绍触电急救具体流程和注意事项。

1. 脱离电源

脱离电源的常见方法见表 1-12。

保护触电者，防止跌落。在使触电者脱离电源的过程中，救护人最好用一只手操作，以防触电。

夜间发生触电事故时，应解决临时照明问题，以便在切断电源后进行救护，同时应防止出现其他事故。

表 1-12 脱离电源的方法

方法	操作内容	图 示
断	断开触电地点附近低压断路器或漏电保护器	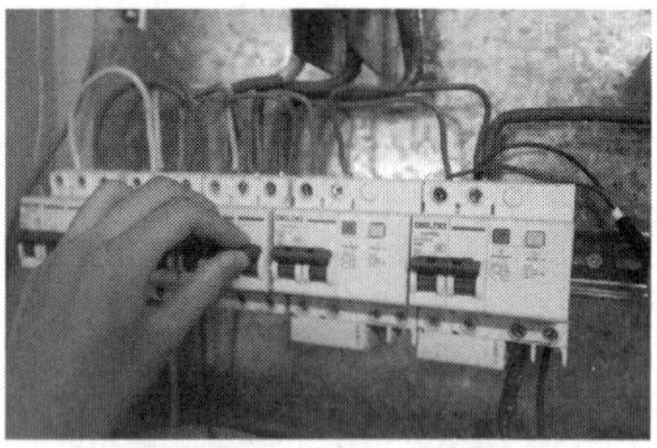
拔	拔下电源插头	

续表

方法	操作内容	图　示
剪	可用带有绝缘柄的电工钳将电源线逐一错位剪断；或利用干燥木柄的斧头、铁锹等利器逐一错位切断	
挑	当导线搭落在触电者身上或压在身下时，可用绝缘的塑料杆，干燥的木棒、竹竿等挑开导线，使其脱离电源	

2. 判断病情

触电者脱离电源后，施救者立即观察周围情况，判断是否安全。如果此时触电者处于不安全处，需要移动触电者至安全通风处，将触电者仰卧在坚实的平面上，两脚伸直，两手贴紧身体。

判断病情的步骤见表 1-13。

表 1-13　判断病情的步骤

步骤	操作内容	图　示
①判断有无意识	在触电者耳边大声呼唤并轻拍伤病人的双肩，问："喂！你怎么了？"如果没有反应，说明触电者没有意识	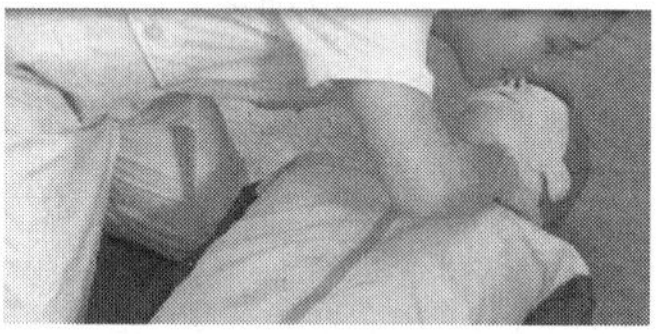
②检查呼吸、颈动脉搏动	施救者用耳朵贴近触电者的鼻子附近听呼吸声，用右手的中指和食指从气管正中环状软骨滑向近侧颈动脉搏动处检查脉动，同时观察病人胸部起伏，时间为 5 ~ 10 s	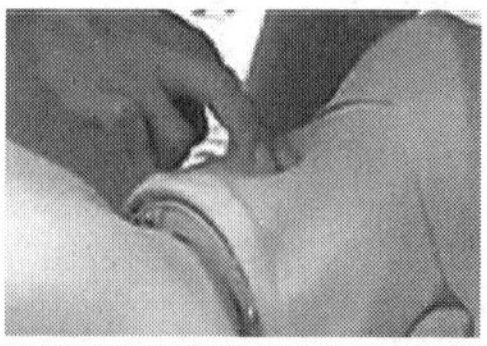 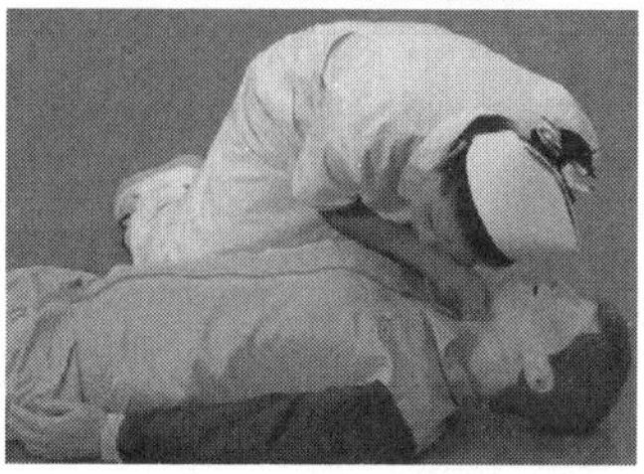

如果距低压断路器较远，或者断开低压断路器困难，应采用带电剪断的办法，但要注意防止带电导线断落触及自己和他人。

采取任何一种绝缘措施时，救护人都不得直接接触触电者的皮肤或潮湿衣服。

电击包括单相触电、两相触电、跨步电压触电三种方式。

常见的触电原因：一是缺乏安全用电知识或不遵守用电安全技术规范；二是用电设备安装不合格；三是用电设备没有及时检查修理。

心肺复苏术，简称 CPR，指当呼吸终止及心跳停止时，使用人工呼吸和胸外心脏按压来进行急救的一种技术。

在家庭、公共场所等医院外的环境，一旦发现有人心搏骤停，应立即实施徒手心肺复苏。

为了较准确地卡准时间，可以口念"1001，1002，1003，1004，1005，…"

颈动脉位置如下图所示。

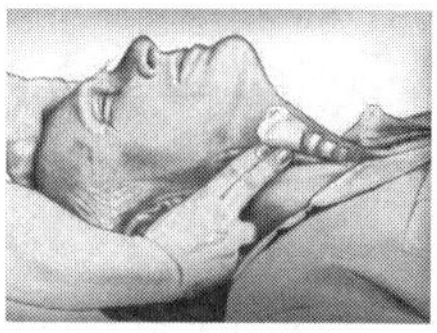

颈动脉位置

如现场只有自己一人时，应立即进行心肺复苏1～2 min后再打急救电话。

如果没有松解上衣、裤带，就不便于观察其胸部和腹部的起伏情况。

续表

步骤	操作内容	图　示
③呼救	确认触电者无意识后，应立即高声呼救："来人啊！请拨打电话120，喊医生。"	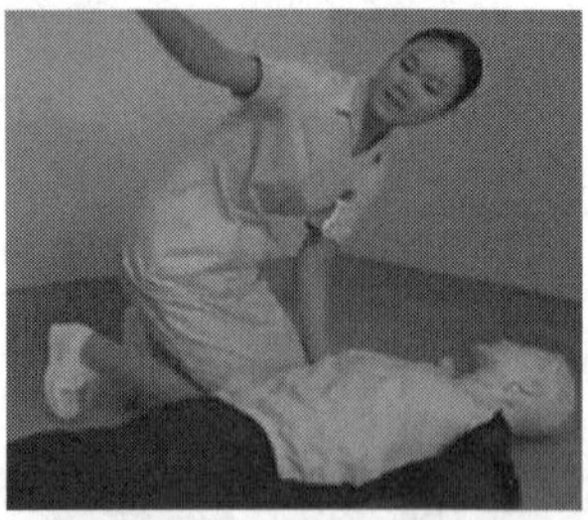
④松解上衣、裤带	解开触电者的上衣（包括围巾、衣领口、领带等），松开裤带或皮带	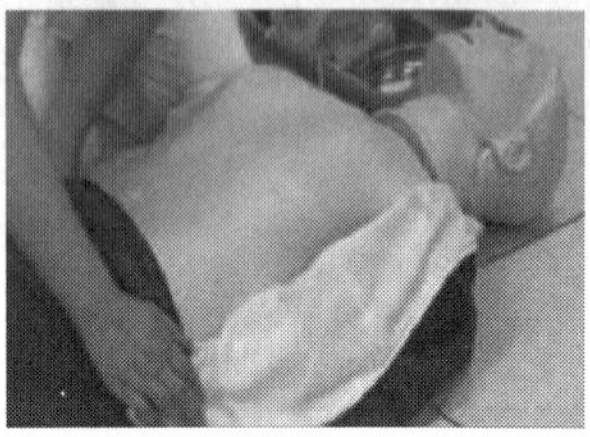

胸外心脏按压是指采用人工方法帮助心脏跳动，维持血液循环（如下图所示），最后使病人恢复心跳的一种急救技术。

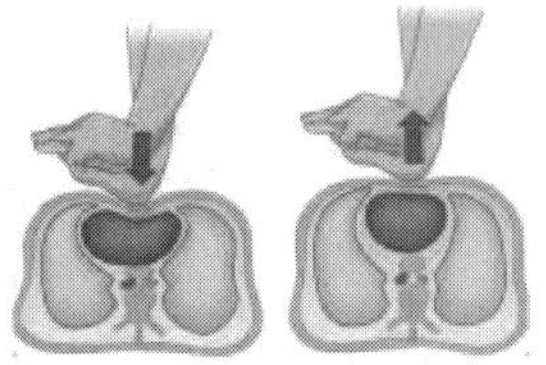

胸外按压心、肺变化情况

这样的姿势和跪着的位置，与按压部位基本在一条线上，便于按压时正确用力。

胸外心脏按压的位置必须准确，这样才能确保对心脏的按压。按压部位不准确还容易损伤肋骨、内脏。

掌根要对准两乳头连线中点，左手五指和掌心翘起，确保左手掌根为着力点。

3. 胸外心脏按压

胸外心脏按压步骤见表1-14。

表1-14　胸外心脏按压步骤

步骤	操作内容	图　示
①做好救护姿势准备	救护者位于触电者身体右侧，两腿（膝）自然分开，与肩同宽，跪贴于触电者的肩、腰部一侧	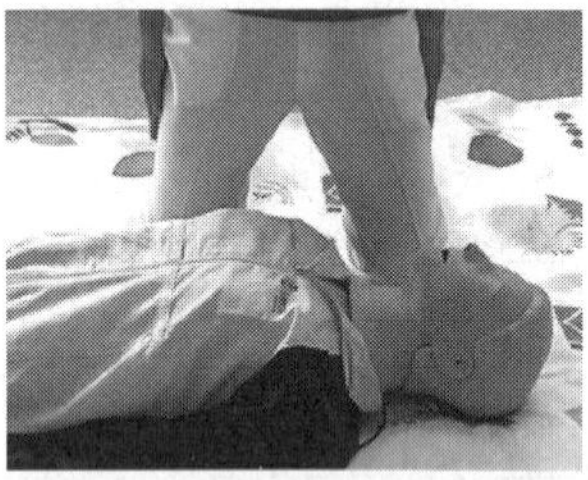
②准确定位	按压部位，在两乳头连线中点（胸骨中下1/3处）	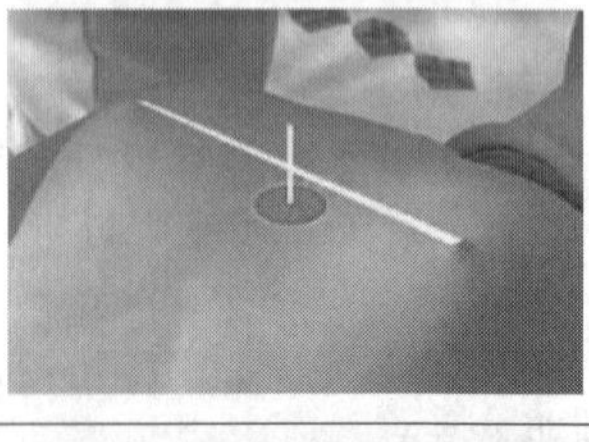
③做好手臂姿势准备	用左手掌根紧贴触电者的胸部按压部位，两手掌根重叠，十指相扣，左手五指和掌心翘起，双臂伸直	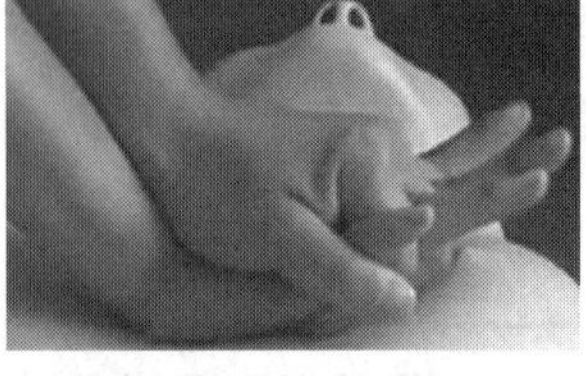

续表

步骤	操作内容	图　示
④规范按压和放松	按压时两肘伸直，两肩夹紧并位于胸骨上方，用腰力和上半身的重量垂直向下按压胸骨下陷 5～6 cm，然后放松，让胸部回到正常位置（但掌根不能离开胸壁）。按压时要有节奏，频率为 100～120 次/min，按 30 次，一边按压一边开口数数：01，02，03，04，05，06，07，08，09，10，11，12，13，14，15，…，30。按压时还要观察触电者的面色情况和反应	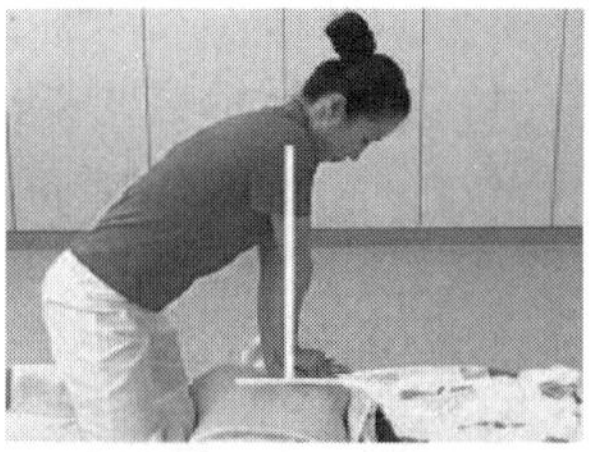 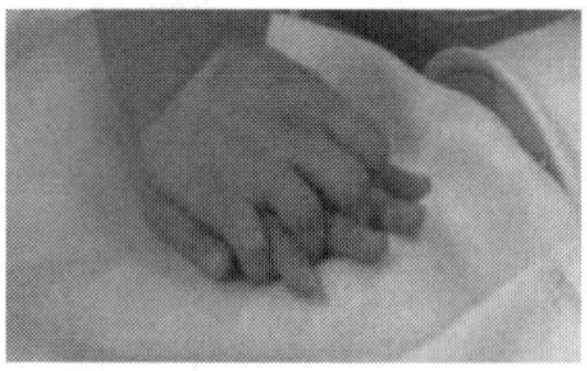

手肘关节不能弯曲。向下按压胸骨下陷不能过深或过浅。下压后放松过程手不能用力，以免影响胸骨回弹。

一边按压一边开口数数是为了保证按压频率为 100～120 次/min。

胸外按压时应最大限度地减少中断。

导师说

只要掌根离开触电者胸部，都应重新定位。

4. 清理呼吸道，打开气道

清理呼吸道，打开气道步骤见表 1-15。

表 1-15　打开气道的步骤

步骤	操作内容	图　示
①将触电者头转向救护者的一侧	用手掌（小手指一侧）压住触电者的前额；另一手握空心拳，用食指和拇指顶住下颌骨将其举起，然后将其头转向救护者的一侧	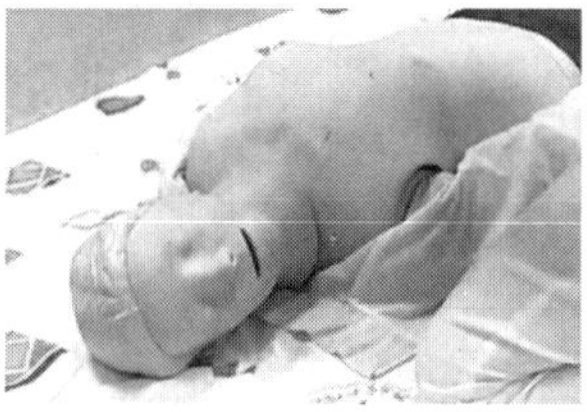
②检查和清理口腔异物	将拇指抬起放在触电者的下唇，将其下唇包住下牙齿后将下颌骨拉起，在保护自己另一手指（用衣服或餐巾包绕）的前提下，从触电者的上口角伸入，将分泌物、假牙等从下口角挖出	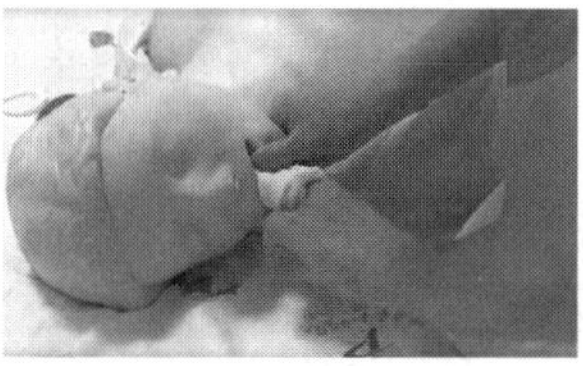

触电者往往口腔中有分泌物等，需要清理。

心跳呼吸骤停的病人，因舌头肌松弛而下坠阻塞气道，因此必须畅通气道，如下图所示。

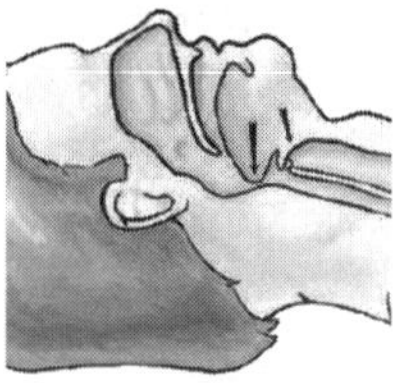

舌头下坠阻塞气道

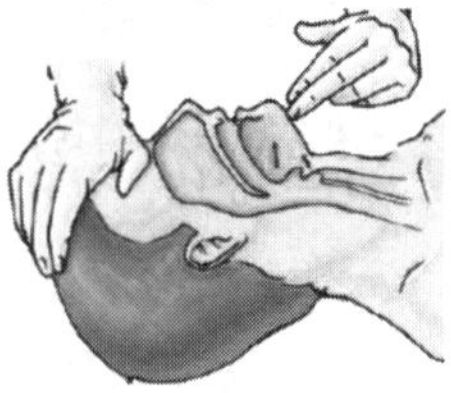

打开气道

续表

步骤	操作内容	图　示
③开放气道	将触电者头部回正，救护者用手掌（小手指一侧）压住触电者的前额使头后仰；用另一手握空心拳，用食指和拇指顶住下颌骨将其举起，使头后仰 90°（下巴尖朝天）。此时触电者的舌头会随之上抬而使气道通畅	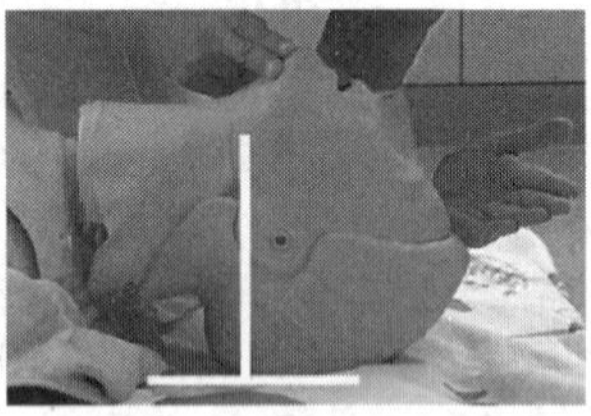

儿童打开气道应头后仰 60°，而婴儿应头后仰 30°。

5. 口对口人工呼吸

口对口人工呼吸做 2 次，步骤见表 1-16。

表 1-16　口对口人工呼吸的步骤

步骤	操作内容	图　示
①捏鼻	将纱布放在触电者的口鼻上，用压触电者前额的手的拇指和食指捏紧触电者鼻翼	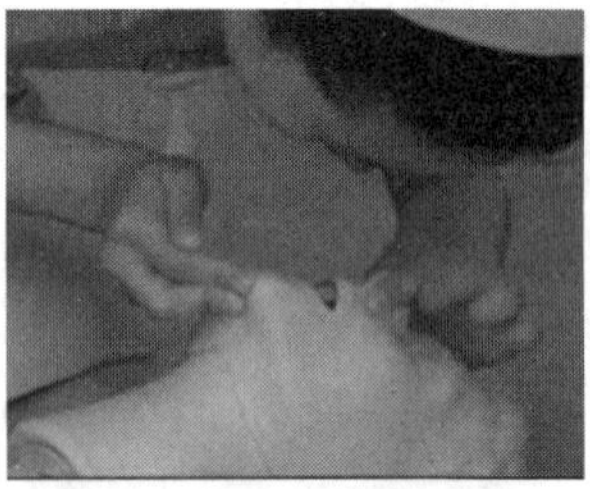
②吸气、吹气	救护者深吸一口新鲜空气后对准触电者口腔吹气，同时用眼睛余光注意观察，到胸廓有抬起即可	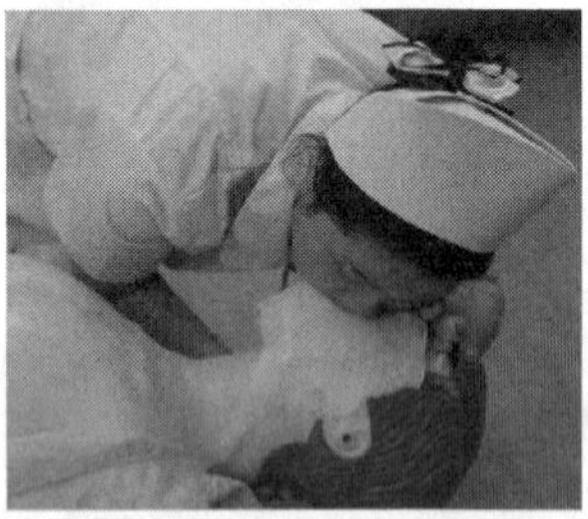
③松开鼻子	松开捏鼻子的手指，稍直起腰侧头吸入新鲜空气，并观察到胸廓下降，再重复吹第二口气	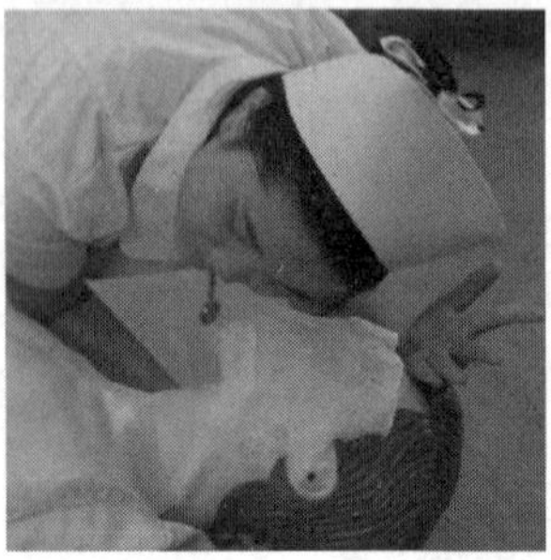

捏鼻的目的是使空气不从鼻孔漏出。

救护者口尽量张大，用双唇包严触电者的口唇四周，缓慢持续将气吹入。吹气 1 ~ 1.5 s，吹气量不能过大或过小。

触电者胸廓下降，说明在被动呼气，呼气时间约为 2 s。

一次人工呼吸用时约为 5 s。

导师说

将纱布放在病人口鼻上，是为了尽可能地防止交叉感染。情况紧急且没有纱布时也可以用干净的纸巾代替。

6. 胸外心脏按压和人工呼吸交替进行

做胸外心脏按压 30 次后应配合 2 次人工呼吸，共操作 5 个周期。在完成 5 个周期的救护之后，听病人呼吸声，看胸廓起伏，触摸颈动脉，观看眼睛，判断心肺复苏的效果。

以上心肺复苏操作适用于成年人和少年，儿童心肺复苏操作的按压部位、手法等稍有区别。

以上心肺复苏的操作，也适用于因溺水等事故导致心脏跳动骤停的急救。区别是需要进行“倒水”处理，让溺水者呼吸道、胃里的水流出。

活动 2　扑救电火灾

小组成员分工合作，拟订扑救火灾流程，可按照断电扑救火灾的方式：报警→切断电源→用干粉灭火器等扑灭火灾，完成电火灾扑救工作。

1. 断电扑救火灾

(1) 迅速报警

发生电火灾时，应及时拨打 119，如图 1-14 所示。

图 1-14　火警电话 119

拨打 119 时，应准确地向消防队说明发生火灾的时间、地点，燃烧物性质，火势状况，报警人姓名，联系电话等。若发生人员伤亡，还应拨打 120 请求支援。

(2) 切断电源

如果发生电火灾，为了防止触电事故，要将电气设备的电源切断后才进行扑救。切断电源的方法见表 1-17。

根据火势、可能造成的损失、切断电源的条件，选择安全合适的方法和切断电源的位置，以免影响扑救工作，造成不必要的的损失。应戴绝缘手套，穿绝缘鞋，使用有绝缘柄的工具。

表 1-17　切断电源的方法

方法	操作内容	图　示
①断开电源开关	就近先断开电源总开关	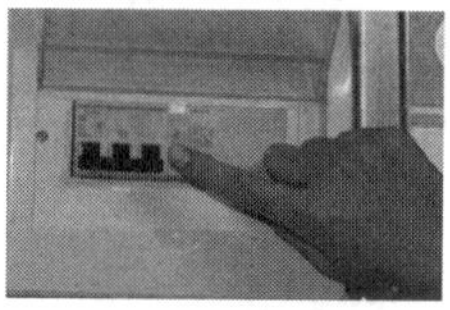
② 剪断电源线	用电工钳剪断电源线，位置选择在电源方向有支持物的附近，一次剪断一根，剪断部位错开	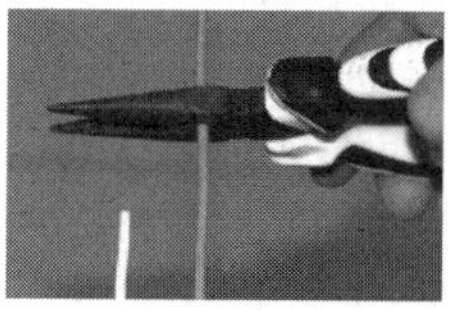

在距离配电室或动力配电箱较近时，可断开油断路器、空气断路器或其他可带负荷拉闸的负荷开关。但不能带负荷拉隔离开关，以免电弧短路而发生危险。

若现场不能切断电源，应及时切断上级电源或拨打电话要求上级电站配合断电，还可拨打供电服务热线 95598 报告供电局断电。

(3)扑救火灾

电源切断后,电火灾扑救方法与一般火灾扑救方法相同,可采用干粉灭火器等设备灭火。手提干粉灭火器灭火步骤见表1-18。

应对准燃烧最猛烈处喷射,并上下、左右扫射。如条件许可,使用者可提着灭火器沿着燃烧物的四周边走边喷,使干粉灭火剂均匀地喷在燃烧物的表面,直至将火焰全部扑灭。

表1-18 手提干粉灭火器灭火步骤

步骤	操作内容	图示
①提起干粉灭火器	手提干粉灭火器的提把,迅速赶到距离起火点2~3 m处	
②松动筒内干粉	先把灭火器上下颠倒几次,使筒内干粉松动	
③拆掉铅封,拔下保险栓	拆掉手提干粉灭火器的铅封,拔下保险栓	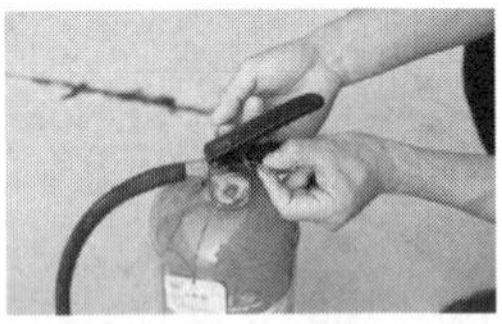
④喷嘴对准火焰根部	灭火器保持直立,一只手握住干粉灭火器喷嘴,从火焰侧面,对准火焰根部	
⑤灭火	另一只手用力压下压把,喷射出干粉灭火	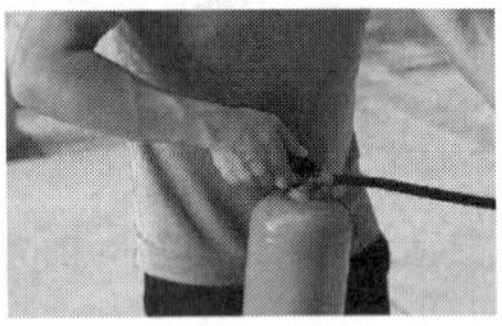

导师说

干粉灭火器灭火后要防止复燃,因为干粉灭火器的冷却作用很小。在室外使用干粉灭火器时,应占据上风方向。

使用水枪消火栓扑救电火灾的步骤见表1-19。

表 1-19　用水枪消火栓扑救电火灾

步骤	操作内容	图　示
①取出消防水带	打开消防栓门,取出消防水带	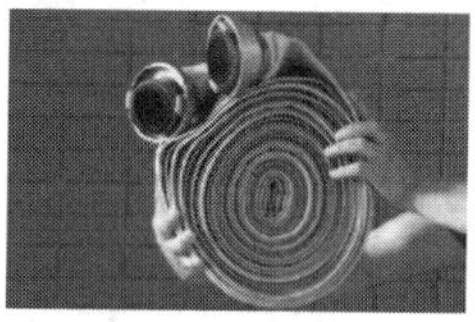
②连接消火栓	消防水带一端接在消火栓出水口	
③连接水枪	消防水带另一端接在水枪上	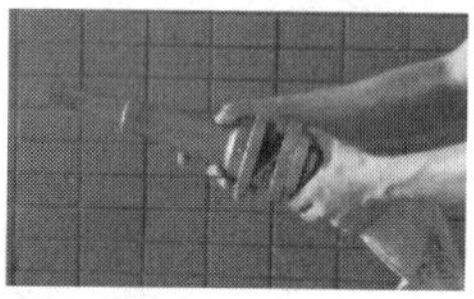
④打开阀门	打开消火栓水阀开关	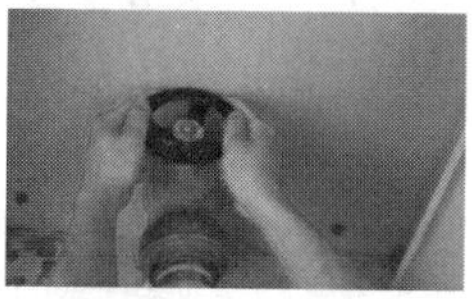
⑤灭火	水枪对准火源根部,进行灭火	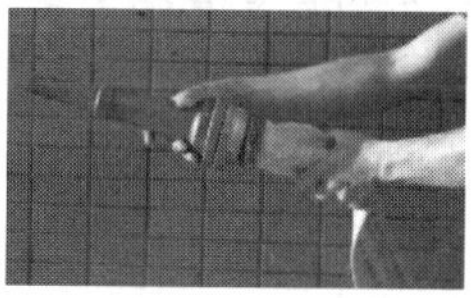

2. 带电扑救火灾

在迅速报警后,紧急情况下,如果无法及时切断电源,专业消防人员可以进行带电灭火。

由现场熟悉带电设备的人员进行指挥灭火,应当使用干粉灭火器等灭火,不得使用自来水、泡沫灭火器灭火。

※拓展与提高

一、各类触电的危害

(1)单相触电　人体触及单相带电体的触电事故,如图 1-15 所示。

单相触电的危险性较大,其危险程度与电网运行方式有关,一般接地电网比不接地电网危险性要大。通常发生最多的便是单相触电。

(2)两相触电　人体同时触及两相带电体的触电事故,如图 1-16 所示。

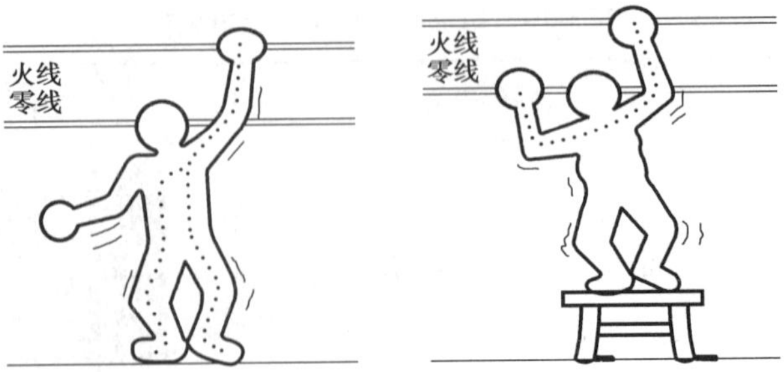

▲图 1-15 单相触电

两相触电危险性大于单相触电，是因为其电压高于单相对地电压。

(3)跨步电压触电　当带电体接地有电流流入地下时，电流在接地点周围产生电压降，人在接地处两脚之间出现了跨步电压，由此引起的触电事故称为跨步电压触电，如图 1-17 所示。跨步电压触电是很危险的。

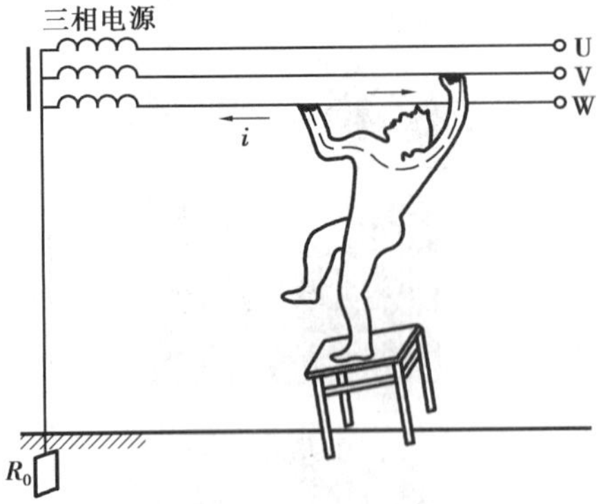

▲图 1-16　两相触电

▲图 1-17　跨步触电

二、安全电压

安全电压是指较长时间接触而不致残或致死的电压。

国家标准《安全电压》(GB 3805—2008)规定我国的安全电压额定值常用等级为 42 V,36 V,24 V,12 V 等。

42 V 安全电压等级，适合有触电危险的场所使用的移动家用电器、手持式电动工具等。

36 V 安全电压等级，适合潮湿场所，如矿井、地下室、地道、多导电粉尘及类似场所所使用的电气线路、照明灯和其他用电器具。

24 V 安全电压等级，适合工作面积狭窄，操作者易大面积接触带电体的场所，如锅炉、金属容器内、大型金属管道内等。

12 V 安全电压等级，适合因工作需要，人体需要长期带电触及电气线路或设备的场所。

三、影响人体触电危害程度的因素

人体触电，当电流量进入身体达到 18 ~ 22 mA 时，会引起呼吸肌不能随意收缩，致使呼吸停止，产生严重窒息；如电流量超过 22 mA 以上，可使心室发生纤颤，造成心泵排血困难，几分钟内即可停止心脏跳动。

人触电其危险程度和影响因素见表1-20。

表1-20　影响人体触电危害程度的因素

影响因素	触电危害程度
通过人体的电压	较高的电压对人体的危害十分严重,轻的引起灼伤,重的则足以使人致死
通过人体的电流	决定于触电者接触到电压的高低和人体电阻的大小。人体接触的电压越高,通过人体的电流越大,只要超过0.1 A就能造成触电死亡
电流作用时间的长短	电流通过人体时间的长短与对人体的伤害程度有很密切的关系。人体处于电流作用下,时间越短获救的可能性越大。电流通过人体时间越长,电流对人体的机能破坏越大,获救的可能性也就越小
电源频率的高低	一般说来,工频50~60 Hz对人体是最危险的。从电击观点来说,高频率电流的灼伤危险性并不比直流电压和工频的交流电危险性小。此外,无线电设备、淬火、烘干和熔炼的高频电气设备,能辐射出波长1~50 cm的电磁波。这种电磁波能引起人体体温增高、身体疲乏、全身无力和头痛失眠等病症
电流通过人体的途径	电流通过人体时,可使其表皮灼伤,并能刺激神经、破坏心脏及呼吸器官的机能。电流通过人体的路径,如果是手到脚,中间经过重要器官(心脏)时最为危险;如果是从脚到脚,则危险性较小。同时,与触电者的身体健康状况也有一定关系,如果触电者有心脏病等疾病,危险性就比健康的人大得多
人体的电阻	人体的电阻一般在10~100 kΩ,如果皮肤出汗、潮湿和有灰尘(金属灰尘、炭质灰尘)会使皮肤电阻大大降低。人体电阻越小触电危害越大

四、灭火器的选用

1. 灭火器的种类和用途

灭火器的种类多,按所充装的不同灭火剂可分为:泡沫、干粉、卤代烷、二氧化碳、清水等灭火器。干粉灭火器是一种轻便高效的移动式灭火器材,它使用ABC(磷酸铵盐)干粉灭火剂和驱动气体氮气一起灌装在全封闭的容器内,灭火时由氮气驱动干粉灭火剂喷射灭火,具有灭火速度快、质量小、效率高、使用方便、灵活、安全、可靠等优点。

手提式干粉灭火器如图1-18所示,适用于扑救A类火(普通的固体材料火灾)、B类火

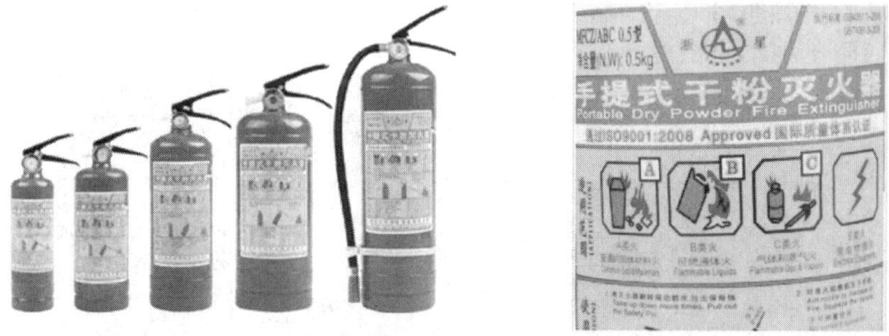

(a) 0.5, 1, 2, 3, 4 kg干粉灭火器　　(b) FMZ/ABC0.5型干粉灭火器铭牌

▲图1-18　干粉灭火器

(可燃液体火灾)、C类火(气体火灾)、E类火(带电物质火灾)的初起火灾,为工厂、学校、饭店、机关、仓库、车辆、船舶等防火、灭火之用。

灭火器不论已经使用过还是未经使用,都应选用规定期限内的。

2. 干粉灭火器质量评估

一般来说,对干粉灭火器的质量评估需要专业机构利用设备才能进行。业余条件下,主要进行直观检查,看是否在有效期内,是否有破损、变形、开裂等情况发生,查看压力表显示的压力值是否处于正常范围,如图1-19所示。

(a)压力正常

(b)压力过小或为0

▲图1-19　干粉灭火器压力

每月检查压力表指针,若低于绿区或有其他缺陷时,应及时送专业维修部门修理。灭火器应放置在干燥、无腐蚀气体的场所,不得火烤、暴晒或碰撞。灭火器一经开启,已不再密封,须经专业维修部门重新灌装。

五、烫伤、烧伤现场处理

刚烫伤、烧伤时,热度还没有完全渗入内部,深部的组织还没有被烫伤,及时冷疗可防止热力继续作用于创伤面使其加深,并可减轻疼痛,减少渗出和水肿。如有条件,烫伤、烧伤后宜尽早进行冷疗,越早效果越好。

①脱离火源或高温物体。

②冷疗处理。冷疗的方法是:将烧伤、烫伤创面在自来水笼头下淋洗或浸入水中(水温以伤员能忍受为准,一般为15~20 ℃,热天可在水中加冰块),后用冷水浸湿的毛巾、纱垫等敷于创面。越早冲洗,对组织的损伤就越浅。

冲洗时间无明确限制,一般为冷疗之后不再剧痛为止,通常为0.5~1 h。电烙铁烫伤冷水淋洗和淋洗后的情况如图1-20所示。

冷疗一般适用于中小面积烫伤、烧伤,特别是四肢的烫伤、烧伤。

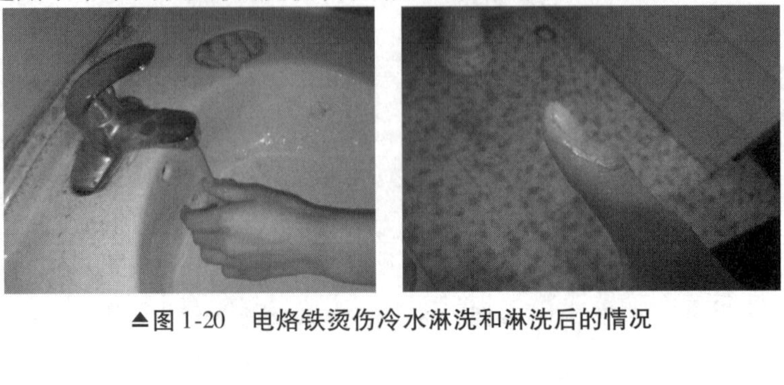

▲图1-20　电烙铁烫伤冷水淋洗和淋洗后的情况

六、出血的处理

在电工操作中，因工具使用不当等，容易出现划伤手指等意外事故，可按照下面的方法止血。

按住——用干净的毛巾、衣物、厚纸巾等完全盖住伤口，再用手掌紧紧压住伤口止血。此方法用于一般的外伤出血，少量出血用创可贴包扎即可。

包住——盖住伤口后，再用布条进行包扎以止血。此方法用于伤口较大时的出血。

塞住——伤口较深时，可用干净的布团往伤口里塞紧再包扎以止血。此方法用于伤口较深时的出血。

捆住——肢体大出血时应采用捆住的方式，如血流如注时，用布条在伤口上端部位捆住扎紧，松紧以血流止住为宜，每 40 min 松开 2 min。

紧急现场处理后，速到医院进一步治疗或拨打 120 求救。

※总结与评价

1. 成果展示

各小组交流汇报（用 PPT 或者文字描述均可），并回答师生提出的问题。

2. 评价

由组长、老师对各小组成员任务完成情况进行评价，填入表 1-21 中。

表 1-21　任务完成情况评价表

评价内容		自评	组长评价	教师评价
		优☆　良△　中√　差×		
职业素养	①安全用电			
	②设备及器材的安全			
	③记录整理完整准确			
	④符合 6S 管理理念			
知识技能	①了解触电急救常识			
	②触电急救			
	③了解电火灾扑救常识			
	④会电火灾扑救			
汇报展示	①作品展示（可以为实物作品展示、PPT 汇报、简报、作业等形式）			
	②语言流畅，思路清晰			
评价等级				

※检测与反思

A 组题

一、填空题

1. 触电急救，首先要使触电者迅速________，越快越好。因为电流作用的时间越________，伤害越重。

2. 有人触电，脱离电源的方法有________、拔下插头、________、挑开电线、拉离。

3. 触电急救流程是：脱离电源→判断病情→呼救→________→清理呼吸道、开放气道→________→效果判断。

4. 发生电火灾，处理流程是：报警→________→用干粉灭火器等灭火。

二、判断题

5. 有人触电，救人要紧，可以直接接触触电者。 (   )

6. 发生电火灾，应选用不导电的灭火器材灭火，如干粉、二氧化碳、1211 灭火器，不得使用泡沫灭火器带电灭火。 (   )

7. 触电急救是医生、护士等专业人员的事。 (   )

B 组题

一、填空题

1. 人体组织中有 60% 以上是由含有导电物质的________组成，因此，人体是导体。

2. 心搏骤停时，要尽快实施胸外心脏按压和人工呼吸，即________。

3. 触电分为________和________2 种情况。

4. 电击包括________触电、________触电、跨步电压触电 3 种方式。

二、判断题

5. 人站在地上，只接触一根火线，不会触电。 (   )

6. 人体不直接接触电线，也可能会触电。 (   )

7. 安全电压是指人体长时间接触时也安全的电压。 (   )

三、选择题

8. 常见的触电原因有(   )。(本小题可多选)

A. 缺乏安全用电知识　　B. 不遵守用电安全技术规范

C. 用电设备安装不合格　　D. 用电设备没有及时检查修理

9. (   )V 安全电压等级，适合有触电危险的场所使用的移动家用电器、手持式电动工具等。

A. 42　　B. 36　　C. 24　　D. 12

10. (   )V 安全电压等级，适合工作面积狭窄，操作者易大面积接触带电体的场所，如锅炉、金属容器内、大型金属管道内等。

A. 42　　B. 36　　C. 24　　D. 12

11. (　　) V 安全电压等级，适合潮湿场所，如矿井、地下室、地道、多导电粉尘及类似场所所使用的电气线路、照明灯和其他用电器具。

A. 42　　B. 36　　C. 24　　D. 12

12. (　　) V 安全电压等级，适合因工作需要，人体需要长期带电触及电气线路或设备的场所。

A. 42　　B. 36　　C. 24　　D. 12

C 组题

问答题

1. 影响人体触电危害程度的因素有哪些？

2. 有人触电，我们只需要想办法让触电者脱离电源就行了，做胸外心脏按压和口对口人工呼吸那是医生、护士等专业人员的事。这种说法对吗？为什么？

※课外阅读

手机充电规范

一、手机充电时怎样规范连接

手机充电时，应先将充电器插在 220 V 交流电插座上，再连接手机与充电器。如果先连接手机和充电器，充电器插在 220 V 交流电插座上产生的电流浪涌会对手机产生不良影响甚至损坏手机。

手机充电结束时，先将手机和充电器断开，再将充电器从 220 V 交流电插座上取下。

手机充电时不宜使用。手机充满电后，及时将手机与充电器断开。即使手机有过充保护，但充满电后不拔电源会让电池一直保持满电状态，长期这样就会加快电池损耗，建议尽量避免整晚充电。

手机充电时不要在手机和充电器上覆盖物体。

二、充电器能长期插在插座上吗

不充电时，要将手机充电器从 220 V 交流电插座上拔下。长期把充电器插在插座上，就算没有给手机充电，手机的部分电路也会工作，温度将持续升高，加速器件和材料的老化，影响充电器使用寿命，还造成电能的损耗。

三、怎样选用充电器

尽量选用原装充电器充电。原装充电器遗失后，要尽量购买原装充电器或是功率等参数相匹配的正规充电器。如使用功率不相配的充电器或劣质充电器有可能损坏手机电池，甚至引发自燃或爆炸。

当手机设置为“超级省电模式”时，既不影响电话或短信功能，又可以提高充电速度。因为这样可以避免不必要功能耗电，提高电池的充电效率。

项目二

直流电路的安装与检测

直流电路是指用直流电源供电的电压和电流不随时间变化的电路。直流电路是分析交流电路、电子电路的基础。本项目主要介绍小电珠发光电路的安装与检测、小电珠应用电路的制作和两个网孔电路的搭接的相关技能和知识。

【项目目标】

(1)熟悉电路基本物理量,能应用欧姆定律、电阻定律进行简单的计算。

(2)能描述电阻的种类、参数及作用,能进行简单的电阻串、并联电路的计算。

(3)能应用基尔霍夫定律分析两个网孔的直流电路。

(4)学会制作小电珠发光电路、小电珠应用电路和搭接两个网孔电路,能用万用表测量电路中的直流电压和直流电流,并能对电路的故障进行维修。

(5)在学习中,树立 6S 管理理念。

任务一　小电珠发光电路的安装

※工作任务说明

日常生活中有很多发光电路,如手电筒电路、台灯电路、小电珠发光电路等。请你安装一个如图 2-1 所示的小电珠发光电路,并借助万用表进行电路测试、调试。通过实践操作,认识电路的基本组成,了解电路模型和电路图的画法;掌握数字万用表测量电压、电流的方法;熟悉电功、电功率的计算方法;理解电路的三种状态和导线安全载流量的计算;掌握焦耳定律的应用。

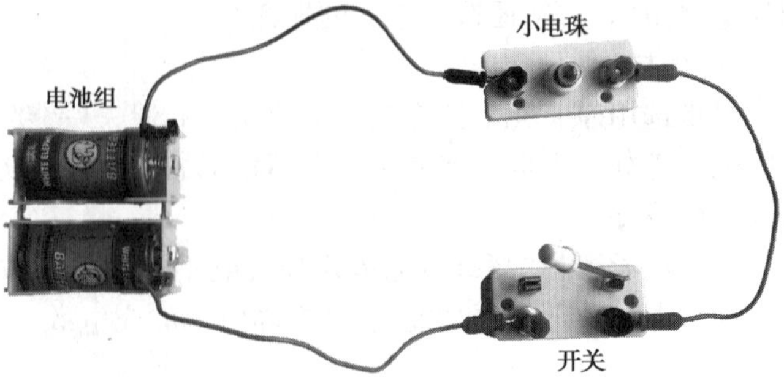

▲图 2-1　小电珠发光电路的实物电路

※安全提示

①塑料器材细心用。电路中的器材大多是塑料材质，容易脆裂破损，使用时尽量不要掉落，也不要用力过大使其破损或划伤手指。

②电源不要擅自接通。通电前必须首先报告老师，养成良好的通电习惯。通电时，团队一人监护，一人操作，严格执行谁通电谁断电的原则。

※任务实施

活动 1　电路安装

1. 器材、工具的准备

该电路需要的相关器材、工具见表 2-1，请根据表 2-1 选取所需器材和工具。

表 2-1　器材、工具清单

器件名称	数　量	示意图
干电池	2 节	
电池盒	2 个	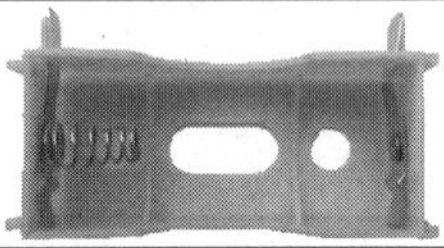
开关	1 个	
灯座	1 个	
小电珠	1 个	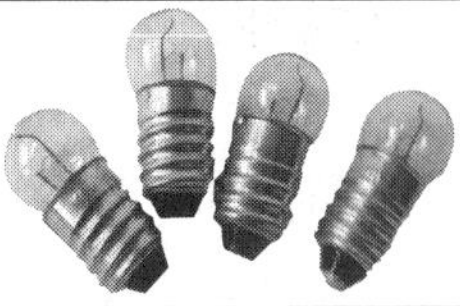
连接导线	3 根	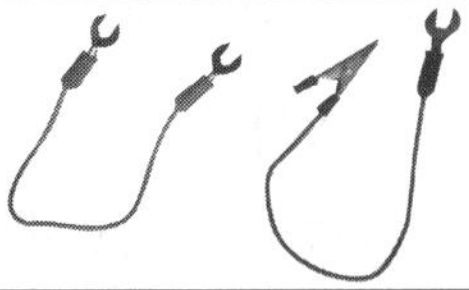
数字万用表	1 只	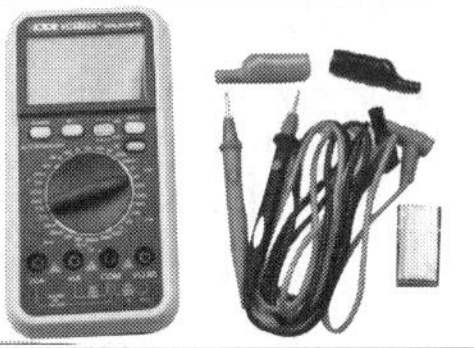

电路图的绘制

根据电路元件模型，我们可以把图 2-1 的简易发光电路的实物电路抽象成为下图所示的电路原理图。

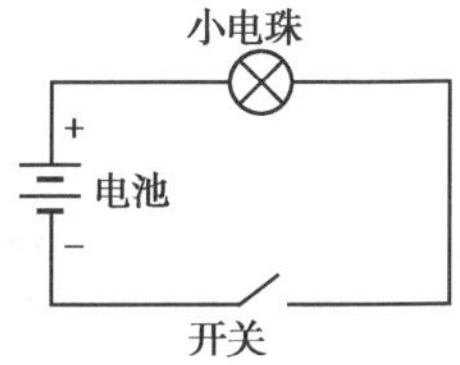

电路的组成

从上面的电路原理图中我们可以看出，小电珠电路的基本组成是电源、负载（用电器）、控制和保护装置（开关）、连接导线。

导线安全载流量的选择

导线的安全载流量是指在规定条件下，导体能够连续承载而不致使其温度超过规定值的最大电流。一般铜导线的安全载流量是根据所允许的线芯最高温度、冷却条件、敷设条件来确定的。铝导线的安全载流量为 3 ~ 5 A/mm^2，铜导线的安全载流量为 5 ~ 8 A/mm^2。

根据铜导线的安全载流量标准 5 ~ 8 A/mm^2，计算出所选取铜导线截面积 S 的上下范围：

$$S = \frac{I}{5 \sim 8}$$

S——铜导线截面积，单位为平方毫米（mm^2）；

I——负载电流，单位为安［培］（A）。

电路中各组成部分的作用

在电路中，电源是为电路提供能量的设备，是把其他形式的能量转换为电能。电源可以是普通的干电池、蓄电池等直流电源，也可以是交流电源等。负载即用电器，是各种用电设备的总称，是把电能转换为其他形式的能量，如小电珠、发光电路中的灯泡、发光二极管等。控制和保护装置用来控制电路的接通与分断，保护电路、设备及操作人员的安全，如电路中的开关、熔断器、断路器等。连接导线将电源、负载、控制和保护装置连接成闭合电路，输送和分配电能。

2. 器材质量的评估

①观察电池盒、连接导线、开关、灯座等器材是否存在外观上的损坏。

②用数字万用表测量各器件。用电阻挡测量小电珠的好坏及电阻值，用通断挡测量连接导线的通断，用直流电压挡测量电池的电压值，将测得数据填写入表2-2。

表 2-2 测量各器件的数据

器件材料	测量档位	电阻值	是否正常
小电珠			
导线 1			
导线 2			
导线 3			

提示：小电珠的正常电阻为1.8 Ω左右，导线的正常电阻很小，近似为0 Ω。

3. 安装电路

按照电路图确定元器件及导线，准备安装小电珠发光电路；然后根据电路图在老师的指导下进行电路的安装。

①将所需元器件和导线平整地摆放在工作台上。

②把两个电池盒串联起来，然后装上干电池。

③将干电池的正极和开关的动触点（和开关刀片相连的触点为动触点，另外一个触点为静触点）连接在一起。

④将开关的静触点与小电珠的一端（小电珠的两端性质相同）连接在一起。

⑤将小电珠的另一端和电池组的负极相连，完成电路的安装。

数字万用表测量电阻的方法

数字万用表测量电阻的步骤是：

①选择电阻挡为200 Ω挡。

②红、黑表笔分别接小电珠的顶部和螺纹部分。

③显示屏上的显示数值即为小电珠的电阻值。

注意：测量导线时选择万用表的通断挡，红、黑表笔分别接导线两端的金属部分，蜂鸣器发出声音为正常。

4. 检查和测试电路

①干电池极性是否装反，两个电池盒的金属片接触是否良好。

②鳄鱼夹与电池正负极是否接触良好，灯座、开关的旋钮是否把接线叉压紧。

③在老师的指导下进行电路的调试。

用万用表的电阻挡分段检测。首先测量开关的静触点与电池组负极之间的电阻，电阻值为 1.8 Ω 左右，说明该段电路正常；然后测量开关动触点与电池组正极之间的电阻，电阻值为 0，说明该段电路正常；两段电路均正常说明电路安装成功，可以通电。

合上开关，接通电源，小电珠发光，说明整个电路安装调试成功。

通过观察电路的安装，以及教师对其进行的讲解，请将下列器件的作用填写在表 2-3 中。

表 2-3　电路组成器件

器件名称	主要作用
干电池	
开关	
小电珠	
连接导线	

数字万用表测量电池电压的方法

数字万用表测量电池电压的步骤是：

①选择直流电压 2 V 挡。

②红表笔接电池正极，黑表笔接电池负极。

③显示屏上的显示数值即为电池的电压值。

导师说

连接导线时，一定要注意不要压接到导线端子的绝缘部分，避免因接触不良造成连接电路不通，发生人为故障。

活动 2　测试电路

1. 测量简易发光电路的电压

测量电路如图 2-2 所示，实际电路测量如图 2-3 所示。

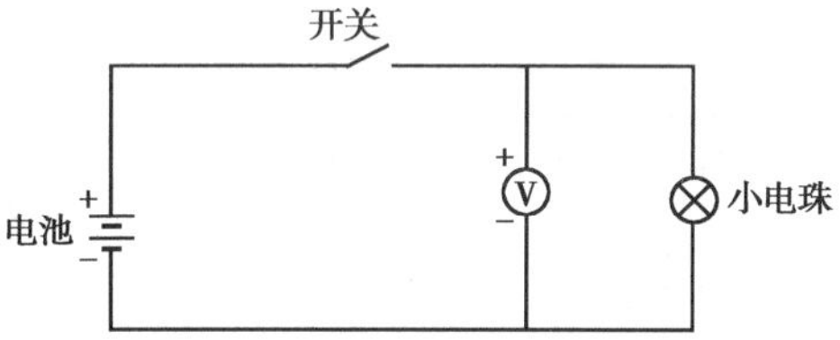

▲图 2-2　测量小电珠两端的电压

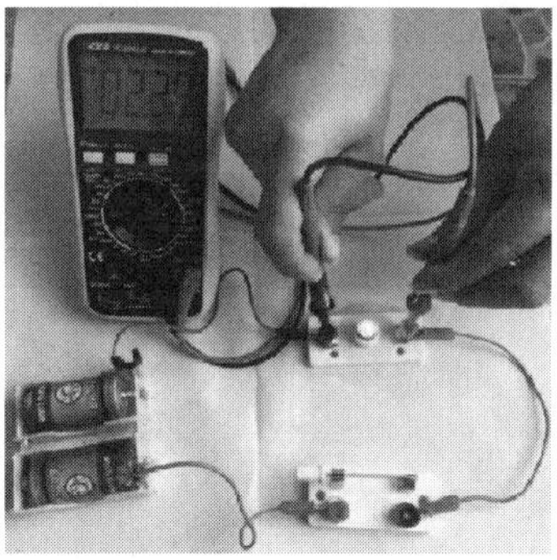

▲图 2-3　测量小电珠两端的电压的实物图

电压

1. 定义

电荷在电场中移动要受到电场力的作用，也就是说电荷在电场中运动时要消耗电场能量，或者说电场力对电荷做了功。电压是衡量电场力做功本领大小的物理量，数值上等于单位正电荷从一个点移动到另外一个点做的功，即

$$U = \frac{W}{q}$$

2. 电压的方向

规定电压的方向为高电位指向低电位。电压的方向可以用从高电位指向低电位的箭头表示，如下图（a）所示；也可以用高电位标注“+”，低电位标注“−”来表示，如下图（b）所示；还可以用双下标来表示，前一个下标表示高电位，后一个下标表示低电位，如下图（c）所示。

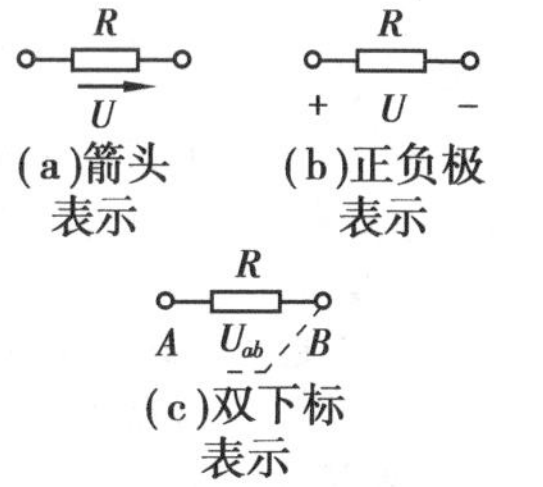

电压方向的表示方法

3. 测量

在电路中，电压的测量通常使用电压表、万用表的电压挡等。

【例题】

某电场中电场力将自由电子由 a 点移动到 b 点所做的功为 -1.6×10^{-15} J，则 a、b 两点间的电压为多少？

解：已知自由电子的电荷量为 $q=-1.6\times10^{-19}$ C，$W_{ab}=-1.6\times10^{-15}$ J

$$\text{故 } U_{ab}=\frac{W_{ab}}{q}=\frac{-1.6\times10^{-15}\,\text{J}}{-1.6\times10^{-19}\,\text{C}}=10^{4}\,\text{V}$$

电流

1. 定义

在电场中，电荷的定向移动形成电流。电流的大小等于单位时间内通过导体横截面的电荷量。

2. 公式

$$I=\frac{q}{t}$$

其中：I——电流，单位为安[培]（A），常用单位有毫安（mA）、微安（μA），换算关系为：

1 A = 1 000 mA

1 mA = 1 000 μA

q——通过导体横截面的电荷量，单位为库[仑]（C）；

t——通电时间，单位为秒（s）。

习惯上规定正电荷定向移动的方向为电流的方向。在分析复杂电路时，很难事先确定电路中电流的实际方向，为了计算方便，我们通常假定一个方向称为电流的参考方向，在电路中用箭头或双下标表示。如果计算出电流为正值，那么电流的实际方向与假定的参考方向一致；如果计算出的电流为负值，则电流的实际方向与参考方向相反。

2. 测量简易发光电路中的电流

测量电路如图 2-4 所示，实际测量电路如图 2-5 所示 。

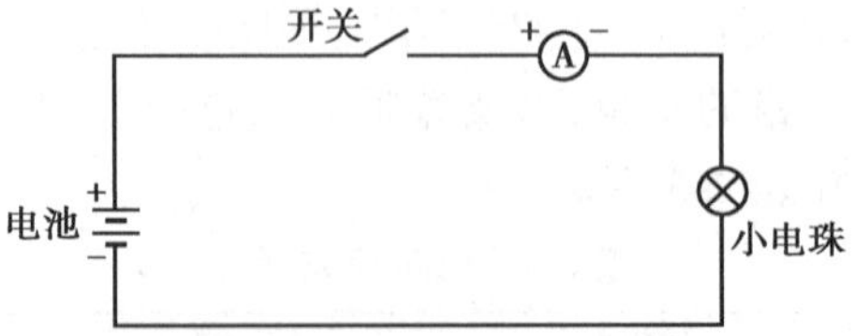

▲图 2-4　测量小电珠中的电流

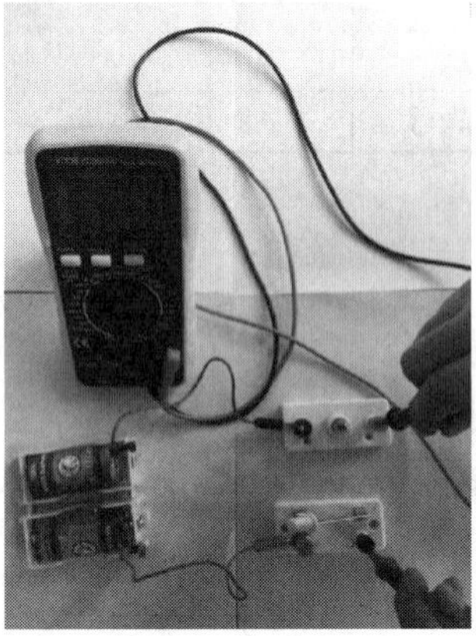

▲图 2-5　测量流过小电珠电流的实物图

通过电路的测试、观察和教师的讲解，请将所测得的数据填写在表 2-4 中。

表 2-4　电路组成器件

器件名称	电器两端的电压
干电池	
开关	
小电珠	
连接导线	
电路中的电流	

导师说

测量电路中的直流电压时，一定要将万用表的挡位选择为直流电压挡且挡位大小合适(当被测量未知时,先选用大挡位),并将万用表与被测元件并联,注意红表笔接高电位的一端,黑表笔接低电位的一端。

测量电路中的直流电流时,挡位大小合适(当被测量未知时,先选用大挡位),并将万用表串联在被测电路中,注意红表笔接高电位的一端,黑表笔接低电位的一端,即保证电流从红表笔流入,黑表笔流出。

※知识拓展

1. 电流

电流分为直流电和交流电。方向随时间发生变化的电流为交流电;方向不随时间发生变化的电流为直流电。其中大小和方向都不随时间发生变化的电流称为恒定直流,如图 2-6 所示。

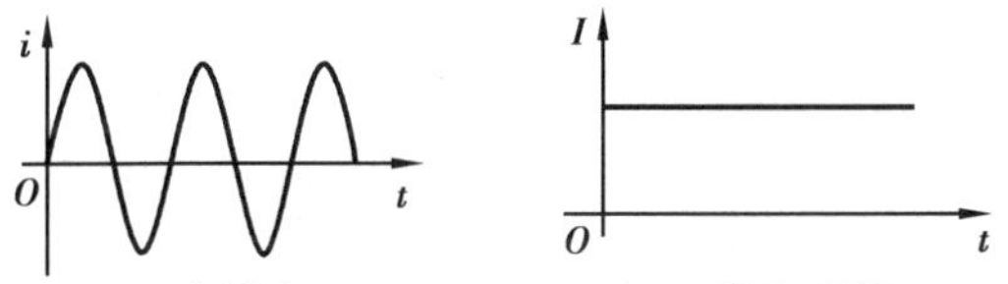

(a)交流电　(b)恒定直流

▲图 2-6　交流电和恒定直流电

2. 电位

电路中某点的电位是指该点相对于零参考点的电压。其大小等于电场力将单位正电荷从该点移动到零参考点所做的功。故分析电路中某点的电位时,首先要确定一个零参考点。

电路中两点之间的电压等于两点之间的电位差。

3. 电动势

电动势是衡量电源力做功能力大小的物理量。其定义为,在电源内部,电源力将单位正电荷从电源负极移动到电源正极所做的功,通常用字母 E 表示,国际单位制单位为伏[特](V)。

电动势只存在于电源内部,其方向从电源的负极指向正极。

4. 电功

在电场力作用下,电荷定向移动形成电流所做的功称为电功。电流做功的过程就是把电能转换为其他形式的能的过程。根据电压的计算公式

【例题】

某导体在 2 min 内通过的电荷量为 480 C,则该导体中的电流为多少?

解:已知 $q=480$ C,$t=2$ min $=2\times60$ s $=120$ s

故 $I=\dfrac{q}{t}=\dfrac{480}{120}=4$ A

3. 测量

电路中,电流的测量通常使用电流表、万用表的电流挡和钳形电流表等。

电路模型

为方便进行电路分析,我们通常用特定符号来代替电路中的实物,这些特定的符号就是电路元件模型。用电路元件模型绘制出的电流流通的路径简称为电路。常见电路元件模型见下表。

常见电路元件模型

名称	符号
电池	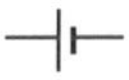
电池组	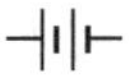
熔断器	
普通开关	
电压表	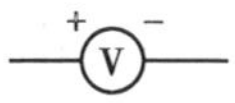
电流表	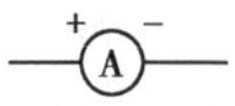
电阻器	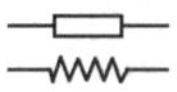
电位器	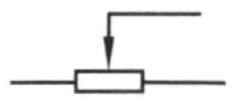
电容器	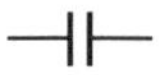
电感器	
灯泡	
接地	

$$U = \frac{W}{q}$$

可得

$$W = qU$$

根据电流的计算公式

$$I = \frac{q}{t}$$

可得

$$q = It$$

因此

$$W = UIt$$

5. 电功率

为了表述电流做功的快慢，引入了电功率这个物理量。电功率是指电流在单位时间内所做的功，即

$$P = \frac{W}{t} = UI$$

式中　W——电流在时间 t 内所做的功，单位为焦[耳](J)；

t——做功时间，单位为秒(s)；

P——电功率，单位为瓦[特](W)，常用单位还有千瓦(kW)、毫瓦(mW)，换算关系为：

$$1\ \text{kW} = 1\ 000\ \text{W}$$

$$1\ \text{W} = 1\ 000\ \text{mW}$$

电能的常用单位是度，即千瓦·时(kW·h)，千瓦·时与电能的国际电位单位焦[耳]之间的转换关系为：

$$1\ \text{kW}\cdot\text{h} = 10^3\text{W} \times 3.6 \times 10^3\text{s} = 3.6 \times 10^6\text{J}$$

6. 电路的 3 种状态

电路通常有 3 种状态：通路、开路和短路。通路即电路连成闭合回路，其中有电流通过，如图 2-7 所示；开路也即断路，是指电路中某处断开，电路中无电流通过，如图 2-8 所示；短路是指电路中的某个器件或几个器件(电源、负载或者控制与保护装置等)两端被直接连通，电流不流过其中的状态，这时被短路的设备起不到应有的作用，如图 2-9 所示。由于连接导线的电阻很小，所以短路时电路中的电流很大，可能会损坏电路或者造成火灾，如图 2-9(a)所示。

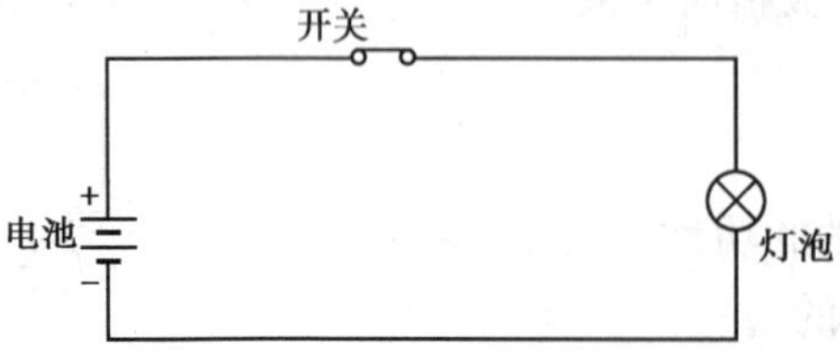

▲图 2-7　通路(开关处于接通状态)

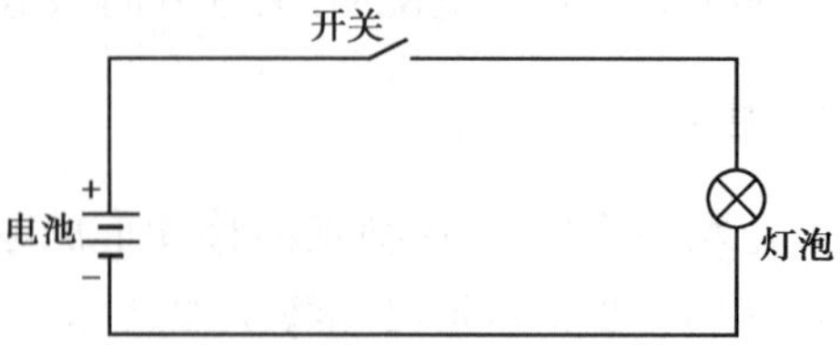

▲图 2-8　开路(开关处于断开状态)

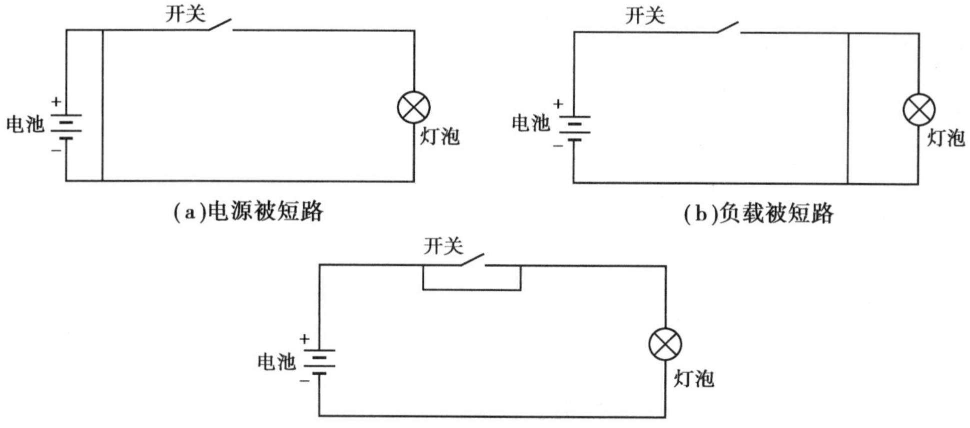

(a)电源被短路　(b)负载被短路　(c)开关被短路

▲图 2-9　短路

7. 电流的热效应

电流流过导体产生了热量，将电能转换为热能，这种现象称为电流的热效应。实验表明，电流流过导体产生的热量与电流的平方、导体的电阻和通电时间成正比，用公式表示为

$$Q = I^2Rt$$

式中　Q——电流流过导体时产生的热量，其国际单位制单位为焦[耳](J)。

※任务评价

具体评价见表 2-5。

表 2-5　评价表

评价内容		自评	小组评价	教师评价
		优☆　良△　中√　差×		
职业素养	①安全用电			
	②设备及器材的安全			
	③记录整理完整准确			
	④符合 6S 管理理念			
知识与技能	①电路安装			
	②电路测试			
	③电路基础知识掌握情况			
汇报展示	①作品展示(可以为实物作品展示、PPT 汇报、简报、作业等形式)			
	②语言流畅，思路清晰			
评价等级				

※检测与反思

A 组题

一、填空题

1. 电路的基本组成包含________、________、________和________ 4 部分。
2. ________是提供能量的设备。
3. ________可以将其他形式的能转换为电能。
4. 负载可以将________转换为其他形式的能。
5. 规定________的移动方向为电流的方向。
6. 电压的方向是从________指向________。
7. 一用户家有用电器 50 kW,请问该选择横截面积为________的铜导线。
8. 电动势的方向是从________指向________。
9. 描述电流做功快慢的物理量是________。
10. 电流流过导体要做功,产生了热量,这种现象称为电流的________。
11. 一般铜导线的安全载流量为铝导线的安全载流量为________,铜导线的安全载流量为________。

二、选择题

12. (　　)可以将电能转换为其他形式的能。

A. 电源　　B. 负载　　C. 连接导线　　D. 控制和保护装置

13. (　　)可以用来控制电路的通断。

A. 电源　　B. 负载　　C. 连接导线　　D. 控制和保护装置

14. (　　)可以将电源、负载、控制和保护装置连接成闭合电路,输送和分配电能。

A. 电源　　B. 负载　　C. 连接导线　　D. 控制和保护装置

15. 电流的方向是(　　)移动的方向。

A. 正电荷　　B. 负电荷　　C. 电子　　D. 离子

16. 电流流过导体产生的热量与电流的平方、导体的电阻和通电时间成(　　)。

A. 正比　　B. 反比　　C. 不成比例　　D. 以上都不对

17. (　　)是描述电流做功快慢的物理量。

A. 电压　　B. 电流　　C. 电功　　D. 电功率

三、判断题

18. 电源可以将其他形式的能转换为电能。(　　)
19. 熔断器可以保护电路。(　　)
20. 连接导线可以将电能转换为其他形式的能。(　　)
21. 电功是描述电流做功快慢的物理量。(　　)

22. 电压、电位和电动势的国际单位制单位都是伏[特]，因此它们可以互换使用。（　　）

23. 电流的方向和电子运动的方向相同。（　　）

24. 电路中两点之间的电压就是两点之间的电位差。（　　）

25. 电动势既可以存在于电源内部，也可以存在于电源外部。（　　）

B 组题

一、填空题

1. 电池的电路符号为________。

2. 熔断器的电路符号为________。

3. 电压表的电路符号为________。

4. 电流表的电路符号为________。

5. 某导体的横截面在 5 min 内流过的电量为 3 C，请问该导体中的电流为________。

6. 某电场中电场力将 2 C 的正电荷从 a 点移动到 b 点做功为 10 J，请问 a、b 两点间的电压为________。

7. 某电阻器的标称阻值为 100 Ω，额定电压为 220 V，其额定功率为________。将该电阻接入电路，5 min 内产生的热量是________。

二、选择题

8. 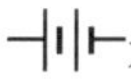是（　　）的电路模型。

A. 电池　　B. 电池组　　C. 连接导线　　D. 熔断器

9. 是（　　）的电路模型。

A. 普通开关　　B. 电池组　　C. 连接导线　　D. 熔断器

10. 是（　　）的电路模型。

A. 普通开关　　B. 电池组　　C. 连接导线　　D. 灯泡

11. 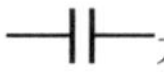是（　　）的电路模型。

A. 电容器　　B. 电池　　C. 电池组　　D. 灯泡

12. 在电路的三种状态中，一般情况下（　　）是不被允许的。

A. 通路　　B. 短路　　C. 断路　　D. 以上都不对

13. 下面（　　）物理量与零参考点有关。

A. 电压　　B. 电流　　C. 电位　　D. 电动势

14. 电流流过导体产生的热量与（　　）无关。

A. 电流的平方　　B. 导体的电阻

C. 通电时间成正比　　D. 以上都不对

15. 测量了电路中的电流和电压，便可以计算（　　）。

A. 电功　　B. 电功率

C. 导体中产生的热量　　D. 以上都不对

三、判断题

16. 电路中的短路是不被允许的。（　　）
17. 同等规格的铝导线和铜导线，铜导线的载流量比铝导线大。（　　）
18. 电流做功的过程就是把电能转换为其他形式的能的过程。（　　）
19. 电位的分析可以不需要零参考点。（　　）

C 组题

一、填空题

1. 连接导线将电源、负载、控制和保护装置连接成闭合电路，输送和分配________。
2. 用电路元件模型绘制出的电流流通的路径简称为________。

二、选择题

3. 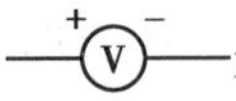

是（　　）的电路模型。

A. 电流表　　B. 电池　　C. 电压表　　D. 灯泡

4. 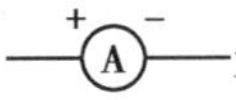

是（　　）的电路模型。

A. 电流表　　B. 电池　　C. 电压表　　D. 灯泡

5. 钳形电流表可以测量（　　）。

A. 电流　　B. 电压　　C. 电位　　D. 电动势

6. 测量电压时，电压表与负载（　　）。

A. 串联　　B. 并联　　C. 混联　　D. 以上都不对

7. 测量电流时，电流表与负载（　　）。

A. 串联　　B. 并联　　C. 混联　　D. 以上都不对

三、判断题

8. 灯泡可以提供电能。（　　）
9. 控制和保护装置可以保护操作人员的安全。（　　）
10. 负载是构成电路必不可少的一部分。（　　）
11. 电路中没有电源也可以正常工作。（　　）
12. 连接导线既不能把电能转换为其他形式的能，也不能把其他形式的能转换为电能，因此在电路中是可有可无的。（　　）
13. 电源是电路中将其他形式的能转换为电能的装置，在电路中必不可少的。（　　）
14. 不用电路模型也可以画出电路图。（　　）
15. 可以使用万用表测量电压、电流等。（　　）

任务二　小电珠应用电路的制作

※工作任务说明

本任务主要是完成小电珠串联、并联、混联电路的制作，包括三个活动：小电珠串联电路的制作、小电珠并联电路的制作、小电珠混联电路的制作。在制作过程中，要求根据电路原理图对电路进行安装和检测。同时，通过对小电珠应用电路的制作，了解电阻串联、并联及混联电路的特点。

德国的科学家欧姆通过实验验证了电路中电压、电流和电阻之间的关系，总结出了欧姆定律。

欧姆定律又分为部分电路欧姆定律和全电路欧姆定律。

※任务实施

电路的连接制作是本专业初学者必须具备的技能之一，从现在起，请你的团队完成下面活动，共同制作简单小电珠的应用电路。

部分电路欧姆定律

1. 内容

电路中，通过某段导体的电流跟这段导体两端的电压成正比，跟这段导体的电阻成反比。

2. 公式

若电流与电压参考方向相同，则 $I=\frac{U}{R}$，如下图(a)所示。

若电流与电压参考方向相反，则 $I=-\frac{U}{R}$，如下图(b)所示。

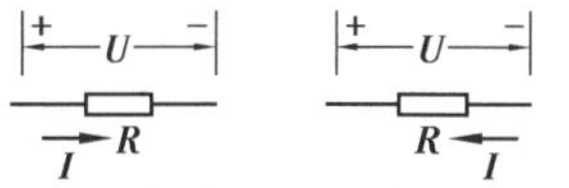

(a)方向相同　(b)方向相反

电流方向

部分电路的欧姆定律只适用于线性电阻和线性电路。

活动1　小电珠串联电路的制作

1. 工具、仪表、器件的清点和选用

小电珠串联电路需要的器件、工具的清单见表2-6。请根据表2-6选取所需的器材和工具。

表2-6　器材工具清单

序号	器件名称	数量	单位
1	电池	2	节
2	电池盒	2	个
3	开关	1	个
4	灯座	2	个
5	小电珠	2	个
6	连接导线	4	根
7	数字万用表	1	块

2. 评估器材的质量

①观察电池盒、灯座、开关、连接导线等器材的外观是否完好，螺丝有无松动。

②用数字万用表的通断挡位检测小电珠、开关、导线的质量。

③用数字万用表直流电压挡位测量电池的电压值，1 节电池的电压约为 1.5 V。

3. 安装电路

小电珠串联电路由 2 个电珠（含灯座）、1 个开关、2 节 1.5 V 干电池（含电池盒）、6 根连接导线组成，电路原理图如图 2-10 所示，电路实物图如图 2-11 所示。

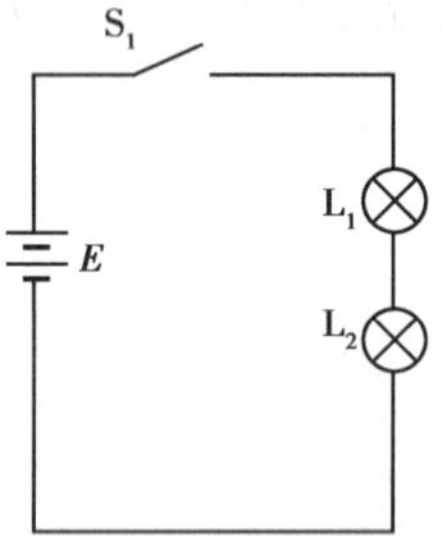

▲图 2-10 电路原理图

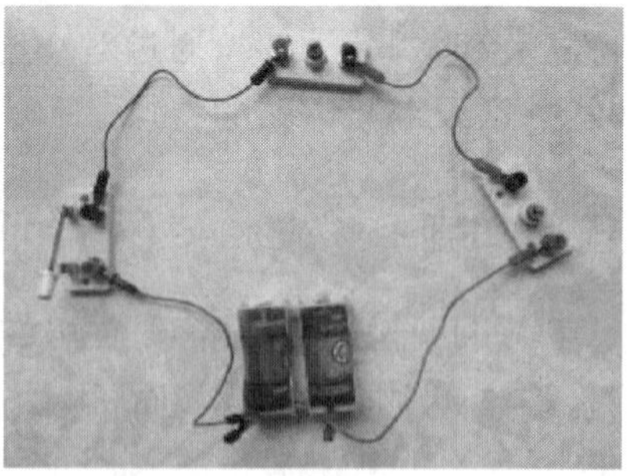

▲图 2-11 电路连接实物图

4. 检查和测试电路

1）检查电路

实物连接完成后，断开开关 S_1，检查电路步骤如下：

①干电池极性是否装反，两个电池盒的金属片接触是否良好。

②鳄鱼夹与电池正负极是否接触良好，灯座、开关的旋钮是否把接线叉压紧。

③检测 S_1、L_1、L_2 之间的导线连接是否良好，用数字万用表通断挡位检测，若万用表发出蜂鸣声，显示的电阻值很小，说明导线连接正常；若不发出蜂鸣声，万用表显示“0L”为高阻状态，则导线连接开路，如图 2-12、图 2-13 所示。

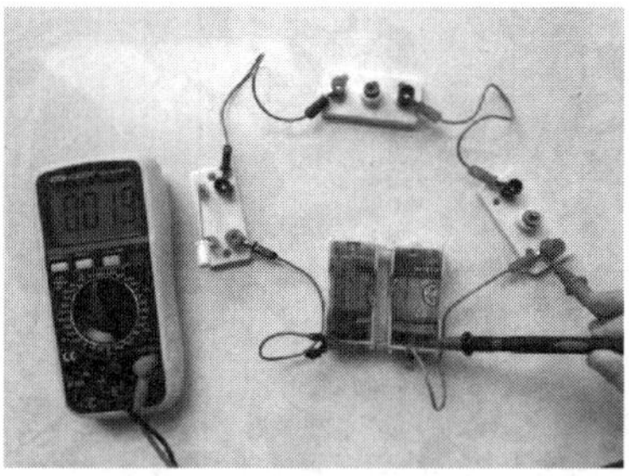

▲图 2-12 导线连接正常

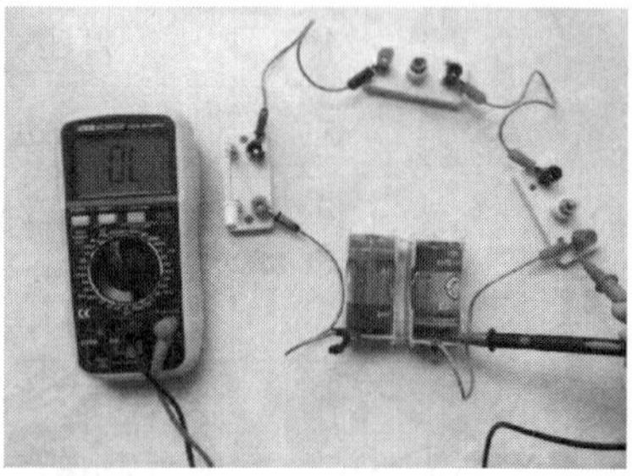

▲图 2-13 导线连接开路

④用万用表的直流电压挡位，测量电路工作电压，红表笔接电池“+”极，黑表笔接电池“-”极，测出电池电压约为 3 V，如图 2-14 所示。

【例题】

用万用表测得一个电阻的阻值是 500 Ω，将它接在一个电源电压为 10 V 的电源上，请计算流过该电阻的电流是多少？

解：根据部分电路欧姆定律

$$I = \frac{U}{R} = \frac{10\ \text{V}}{500\ \Omega} = 0.02\ \text{A} = 20\ \text{mA}$$

电阻串联电路

1. 定义

把两个或两个以上的电阻依次连接起来，组成无分支的电路，称为电阻串联电路。电路原理图如下图所示。

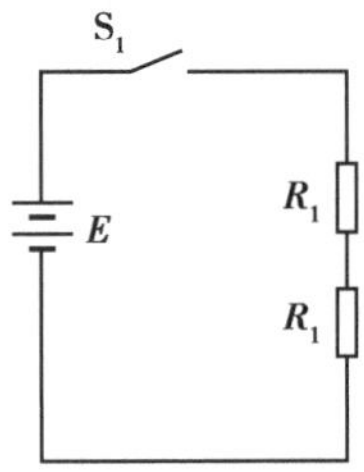

电阻串联电路

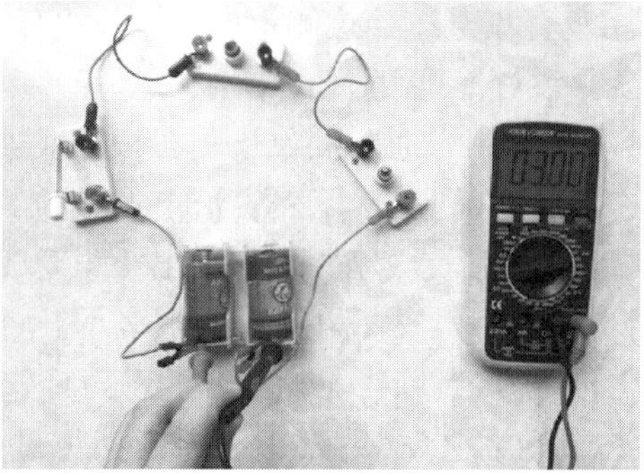

▲图 2-14　测量电池电压

2）完成任务

检查无误后，观察电路，完成以下任务。

①断开 S_1，用数字万用表的电阻挡位，测量小电珠 L_1 的电阻 R_1，小电珠 L_2 的电阻 R_2，并测量两个小电珠串联后的总电阻 R_3，并记录在表 2-7 中。

②闭合 S_1，用数字万用表的直流电压挡位，测量小电珠 L_1 和 L_2 两端的电压 U_1 和 U_2，并测量电池电压 U_3，记录在表 2-7 中。

③用数字万用表的直流电流挡位，测量流过小电珠 L_1 和 L_2 的电流 I_1 和 I_2，并测量流过开关的电流 I_3，记录在表 2-7 中。

表 2-7　参数记录表

小电珠的亮暗情况			
测量电阻	R_1	R_2	R_3
测量电压	U_1	U_2	U_3
测量电流	I_1	I_2	I_3

想一想

根据表 2-7 中的电路现象和测量电压值，分析每个小电珠电压、电流和电阻之间的关系，并思考：串联电路中电压、电流和电阻之间有什么关系。

3）故障检修

若 L_1 和 L_2 都不亮，可以通过测量电路的电压、电流、电阻等方法来检查电路故障。

2. 电阻串联电路的特点

（1）电流特点：在串联电路中，通过各电阻的电流相等。

$$I = I_1 = I_2 = \cdots = I_n$$

（2）电压特点：在串联电路中，总电压等于各分电压之和。

$$U = U_1 + U_2 + \cdots + U_n$$

（3）电阻特点：在串联电路中，等效电阻等于各电阻之和。

$$R = R_1 + R_2 + \cdots + R_n$$

3. 分压

电阻串联电路具有分压作用，电阻的阻值越大，分得的电压越多，两个电阻串联的分压公式如下：

$$U_1 = \frac{R_1}{R_1 + R_2}U$$

$$U_2 = \frac{R_2}{R_1 + R_2}U$$

电阻串联的分压作用应用很广，如降压、扩大电压表量程等。

【例题】

电路如下图所示，已知 $R_1 = 10\ \Omega$，$R_2 = 20\ \Omega$，电源电压为 12 V，试计算电路的等效电阻、电路的电流和 R_1 上分得的电压。

①利用万用表直流电压挡位测量电池两端电压是否约为 3 V，电池电压降低会导致灯泡亮度不足或者不亮。

②断开 S_1，利用万用表通断挡位检测各根导线连接是否良好。

③若导线连接良好，利用万用表直流电压挡位，分别测量小电珠 L_1 和 L_2 两端工作电压是否正常，若测出小电珠 L_1 两端电压为电池电压，则初步判断小电珠 L_1 内部开路；若测出小电珠 L_2 两端电压为电池电压，则初步判断小电珠 L_2 内部开路。

④从灯座上取下小电珠，用万用表通断挡位进一步确认是否开路，如图 2-15 所示，显示“0L”为高阻状态，电珠已经烧毁（开路）。正常情况下，电珠的电阻应该是几欧姆，如图 2-16 所示。

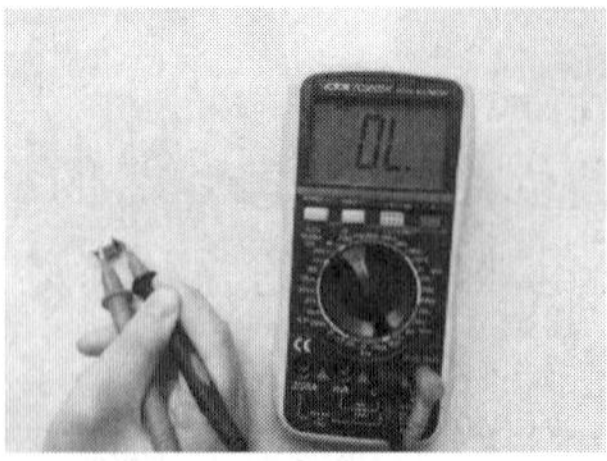

▲图 2-15　电珠开路

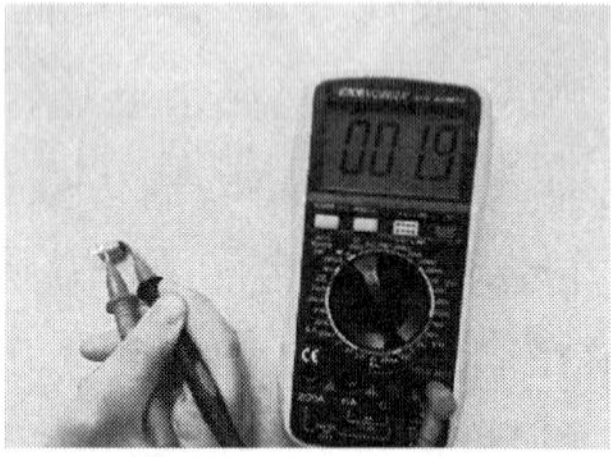

▲图 2-16　电珠正常

导师说

①连接电路时，注意开关要处于断开状态，检查电路无误后再将开关闭合。

②在安装 2 节电池盒的过程中，只能将一边的金属片相连，另一边不能相连。如果将两边的金属片都连在一起，将会使电池发生短路。

③用数字万用表测量直流电压时，要根据电源电压选择合适的电压挡。

④用数字万用表测量电池电压时，如果将红黑表笔接反，将会显示负电压值。

活动 2　小电珠并联电路的制作

1. 器材、工具的准备

小电珠并联电路需要的器材和工具清单见表 2-8，请根据表 2-8 选取所需的器材和工具。

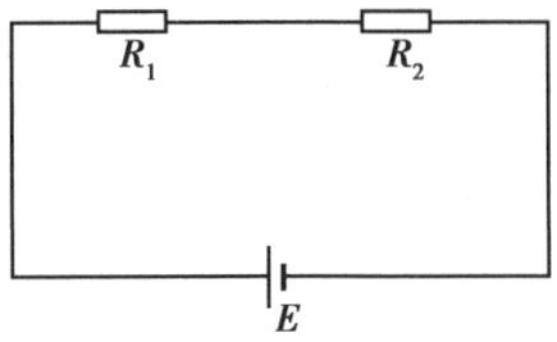

电路图

解：根据电阻串联电路特点，等效电阻为：

$$R = R_1 + R_2 = 10\ \Omega + 20\ \Omega = 30\ \Omega$$

电路中的电流为：

$$I = \frac{U}{R_1 + R_2} = \frac{12\ \text{V}}{10\ \Omega + 20\ \Omega} = 0.4\ \text{A}$$

R_1 上分得的电压为：

$$U_1 = \frac{R_1}{R_1 + R_2}U = \frac{10\ \Omega}{10\ \Omega + 20\ \Omega} \times 12\ \text{V} = 4\ \text{V}$$

电阻并联电路

1. 定义

把两个或两个以上的电阻的一端接在一起，另一端也连接在一起，这种并排连接所形成的电路，称为电阻并联电路，如下图所示。

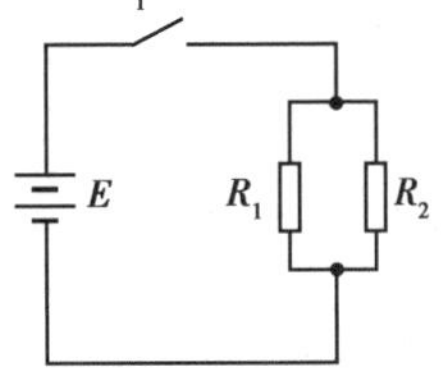

电阻并联电路

表 2-8　器材工具清单

序号	器件名称	数量	单位
1	电池	2	节
2	电池盒	2	个
3	开关	1	个
4	灯座	2	个
5	小电珠	2	个
6	连接导线	5	根
7	数字万用表	1	块

2. 评估器材的质量

①观察电池盒、灯座、开关、连接导线等器材外观是否完好，螺钉有无松动。

②用数字万用表通断挡位检测小电珠、开关、导线的质量。

③用数字万用表直流电压挡位测量电池的电压值。

3. 安装电路

小电珠并联电路由 2 个电珠(含灯座)、1 个开关、2 节 1.5 V 干电池(含电池盒)、6 根连接导线组成，电路原理图如图 2-17 所示，电路实物图如图 2-18 所示。

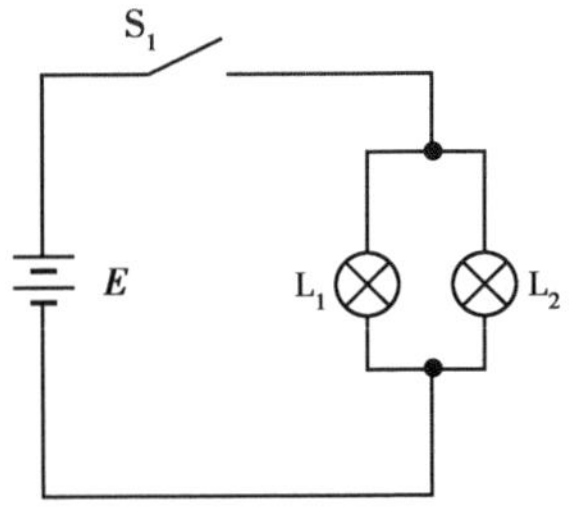

▲图 2-17　电路原理图

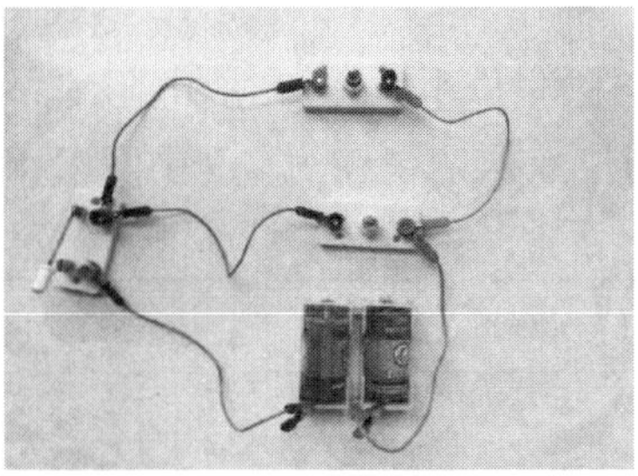

▲图 2-18　电路连接实物图

4. 检查和测试电路

1)检查电路

实物连接完成后，断开开关 S_1，进行电路检查，步骤如下。

①干电池极性是否装反，两个电池盒的金属片接触是否良好。

②鳄鱼夹与电池正负极是否接触良好，灯座、开关的旋钮是否把接线叉压紧。

2. 并联电路的特点

(1)电流特点：在并联电路中，总电流等于各支路电流之和。

$$I = I_1 + I_2 + \cdots + I_n$$

(2)电压特点：在并联电路中，总电压等于各支路的端电压。

$$U = U_1 = U_2 = \cdots = U_n$$

(3)电阻特点：在并联电路中，等效电阻的倒数等于各电阻倒数之和。

$$\frac{1}{R} = \frac{1}{R_1} + \frac{1}{R_2} + \cdots + \frac{1}{R_n}$$

两个电阻并联时，等效电阻为：

$$R = \frac{1}{R_1} + \frac{1}{R_2} = \frac{R_1R_2}{R_1 + R_2}$$

3. 分流

在并联电路中，电阻的阻值越大，分得的电流就越小，两个电阻并联的分流公式如下：

$$I_1 = \frac{R_2}{R_1 + R_2}I$$

$$I_2 = \frac{R_1}{R_1 + R_2}I$$

电阻并联的重要作用是分流，当用电器所需电流较小时，可用并联电阻分流。在实际应用中，电流表扩大量程就是利用电阻分流来实现的。

【例题】

电路如下图所示，已知 $R_1 = 20\ \Omega$，$R_2 = 30\ \Omega$，电源电压为 12 V，试计算电路的总电阻、电路的总电流和 R_1 上分得的电流。

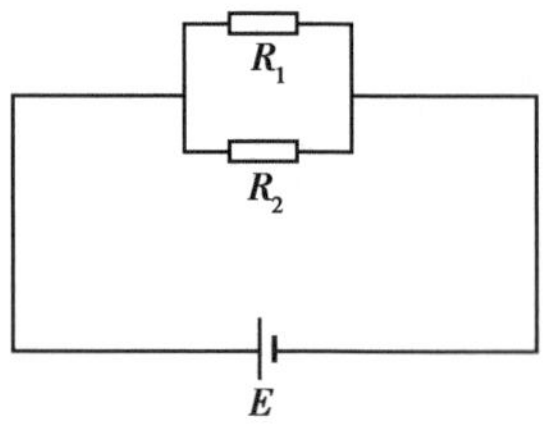

电路图

解：根据并联电路特点，电路的总电阻为：

$$R=\frac{R_1R_2}{R_1+R_2}=\frac{20\ \Omega\times30\ \Omega}{20\ \Omega+30\ \Omega}=12\ \Omega$$

电路的总电流为：

$$I=\frac{U}{R}=\frac{12\ \text{V}}{12\ \Omega}=1\text{A}$$

R_1 上分得的电流为：

$$I_1=\frac{R_2}{R_1+R_2}I=\frac{30\ \Omega}{20\ \Omega+30\ \Omega}\times1\ \text{A}=0.6\ \text{A}$$

③用万用表检测 S_1、L_1、L_2 之间导线连接是否良好。用数字万用表通断挡位检测，若万用表器发出蜂鸣声，显示的电阻值为几欧姆，说明导线连接正常；若不发出蜂鸣声，万用表显示“0L”为高阻状态，则导线连接开路，如图 2-19、图 2-20 所示。

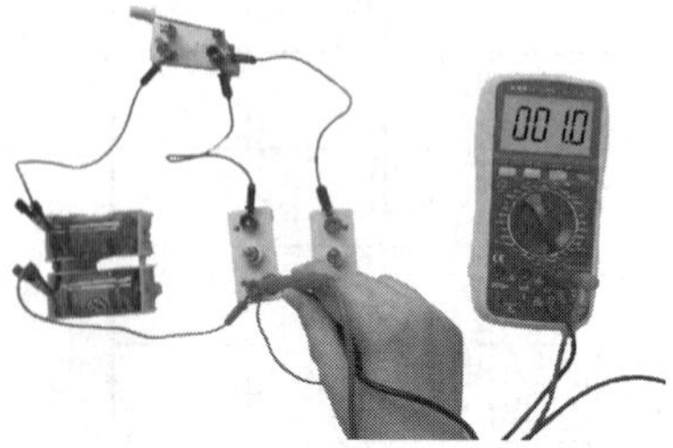

▲图 2-19　导线连接正常

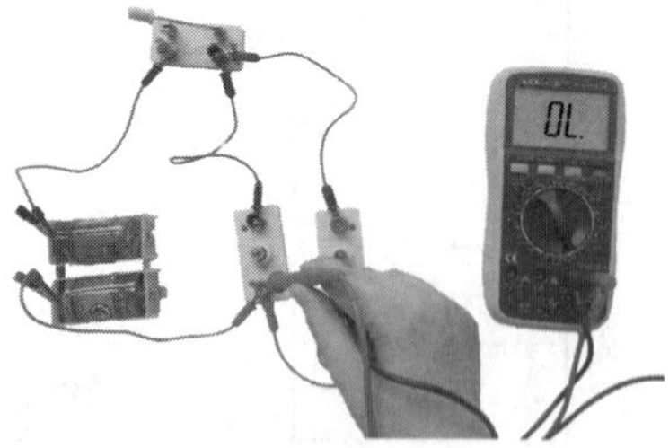

▲图 2-20　导线连接开路

④用万用表的直流电压挡位测量电路工作电压。红表笔接电池“+”极，黑表笔接电池“-”极，电池电压约为 3 V，如图 2-21 所示。

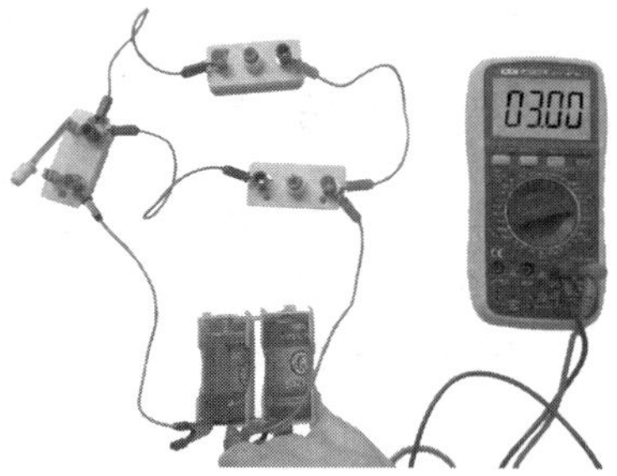

▲图 2-21　测量电池电压

2）观察电路现象

检查无误后，闭合 S_1，观察电路现象。

①用数字万用表的直流电压挡位测量小电珠 L_1 和 L_2 两端的电压 U_1 和 U_2，并测量电池电压 U_3，记录在表 2-9 中。

②用数字万用表的直流电流挡位测量小电珠 L_1 和 L_2 两端的电流 I_1 和 I_2，并测量流过开关的电流 I_3，记录在表 2-9 中。

③用数字万用表的电阻挡位测量小电珠 L_1 的电阻 R_1，小电珠 L_2 的电阻 R_2，并测量 2 个小电珠并联的总电阻 R_3，将测量数据记录在表 2-9 中。

表 2-9　参数记录表

小电珠亮暗情况			
测量电压	U_1	U_2	U_3
测量电流	I_1	I_2	I_3
测量电阻	R_1	R_2	R_3

想一想

根据表 2-9 中的电路现象和测量电压值，分析每个小电珠电压、电流和电阻之间的关系，并思考：并联电路中电压、电流和电阻之间有什么关系。

3）故障检修

（1）L_1 亮，L_2 不亮

可认为电源和开关是正常的，故障在 L_2 支路上，可以通过测量电路的电压、电流、电阻等方法来检查电路故障。

①断开 S_1，利用万用表通断挡位检测 L_2 支路中各根导线连接是否良好。

②若导线连接良好，利用万用表直流电压挡位测量小电珠 L_2 两端工作电压是否正常；若测出 L_2 工作电压为 3 V，则初步判断 L_2 小电珠出现开路。

③从灯座上取下小电珠，用万用表通断挡位进一步确认是否开路，显示“0L”为高阻状态，电珠已经烧毁（开路）。正常情况下，电珠的电阻应该是几欧姆。

（2）L_1 和 L_2 都不亮

故障在电路的公共部分的可能性较大，可以通过测量电路的电压、电流、电阻等方法来检查电路故障。

①利用万用表直流电压挡位测量电池两端电压是否约为 3 V，电池电压太低（即电池失效）会导致灯泡不亮。

②断开 S_1，利用万用表通断挡位检测各根导线连接是否良好。

③若导线连接良好，接通 S_1，利用万用表直流电压挡位分别测量小电珠 L_1 和 L_2 两端工作电压是否正常，若测出 L_1 和 L_2 两端工作电压为均为电源电压 3 V 左右，则初步判断 L_1 和 L_2 2 个小电珠出现开路。

④从灯座上取下小电珠，用万用表通断挡位进一步确认小电珠是否开路，若显示“0L”为高阻状态，说明电珠已经烧毁（开路）。正常情况下，电珠的电阻应该是几欧姆。

导师说

长期不使用数字万用表时，记得将万用表电源开关关闭，以免增加耗电量；也不要长时间地让数字万用表发出蜂鸣声，以减少耗电量。

活动 3　小电珠混联电路的制作

1. 器材、工具的准备

小电珠混联电路需要的器材和工具清单见表 2-10，请根据表 2-10 选取所需的器材和工具。

电阻混联电路

由于小电珠内部为电阻丝，可等效为一个电阻。

既有电阻串联又有电阻并联的电路称电阻混联电路。电阻混联电路有多种连接方式，如下图所示即为一种小电珠的混联电路，它可等效为右边的电阻混联电路。

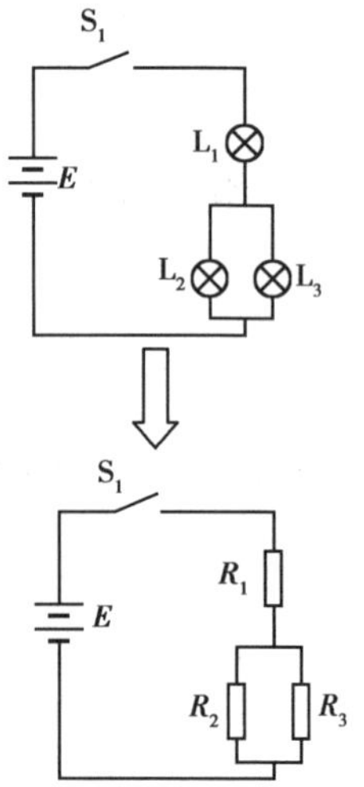

电阻混联电路

表 2-10 器材工具清单

序号	器件名称	数量	单位
1	电池	2	节
2	电池盒	2	个
3	开关	1	
4	灯座	3	
5	小电珠	3	
6	连接导线	6	根
7	数字万用表	1	块

2. 评估器材的质量

①观察电池盒、灯座、开关、连接导线等器材外观是否完好，螺钉有无松动。

②用数字万用表通断挡位检测小电珠、开关、导线的质量。

③用数字万用表直流电压挡位测量电池的电压值，1 节电池的电压应为 1.5 V 左右。

3. 安装电路

小电珠混联电路由 3 个电珠(含灯座)、1 个开关、2 节 1.5 V 干电池(含电池盒)、6 根连接导线组成，电路原理图如图 2-22 所示，电路实物图如图 2-23 所示。

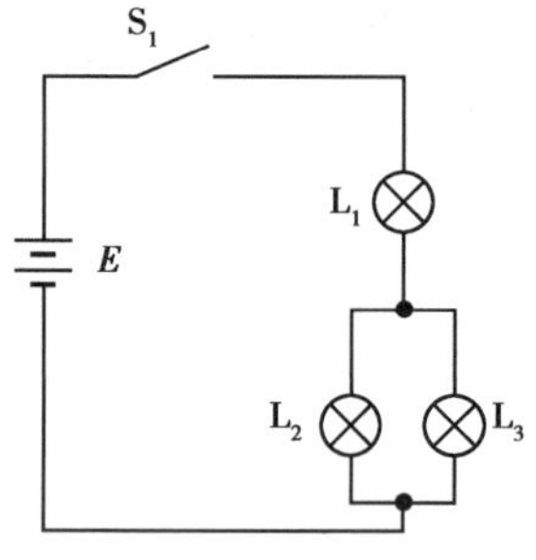

▲图 2-22 电路原理图

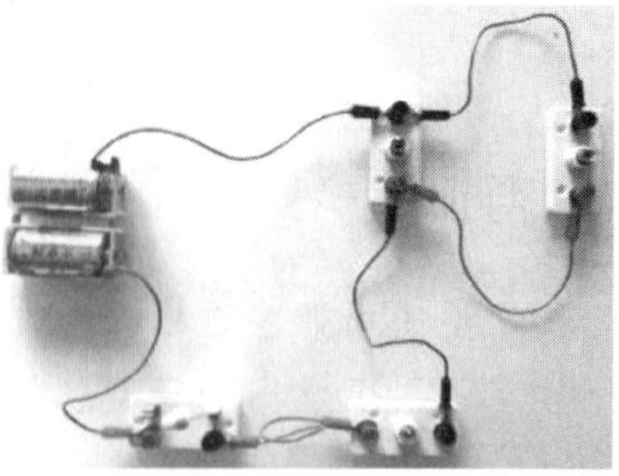
▲图 2-23 电路连接实物图

电阻混联电路的分析步骤及方法如下：

①根据电阻串、并联关系，采用逐步化简法，求出电路的等效电阻。

②根据总的等效电阻和总电压，求出总电流。

③根据电阻串联分压、并联分流等特点，逐步计算出各部分的电压或电流。

【例题】

(1)电路如下图所示，已知 $E=3\ \text{V}$，$R_1=3\ \Omega$，$R_2=6\ \Omega$，$R_3=3\ \Omega$，计算电路中的总电流 I，R_2 两端的电压 U_2。

4. 检查和测试电路

1)检查电路

实物连接完成后，断开开关 S_1，检查电路步骤如下：

①干电池极性是否装反，两个电池盒的金属片接触是否良好。

②鳄鱼夹与电池正负极是否接触良好，灯座、开关的旋钮是否把接线叉压紧。

③用万用表检测 S_1、L_1、L_2、L_3 之间导线连接是否良好，用数字万用表通断挡位检测，若万用表发出蜂鸣声，显示的电阻值为几欧姆，说明导线连接正常，如图 2-24 所示；若不发出蜂鸣声，万用表显示的“1.”高阻状态（不同的数字万用表，高阻状态的显示有区别，有的数字万用表用“0L”显示高阻状态），则导线连接开路，如图 2-25 所示。

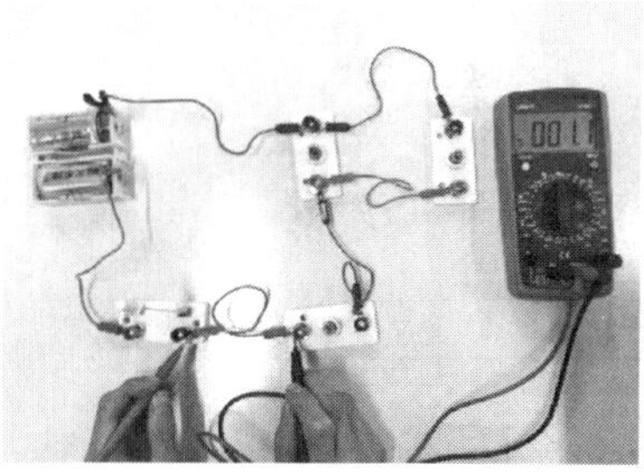

▲图 2-24　**导线连接正常**

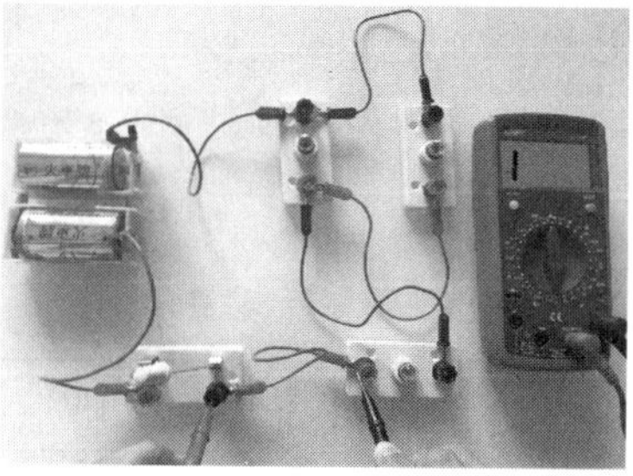

▲图 2-25　**导线连接开路**

④用万用表的直流电压挡位测量电路工作电压，红表笔接电池组“+”极，黑表笔接电池组“-”极，电池组电压约为 3 V，如图 2-26 所示。

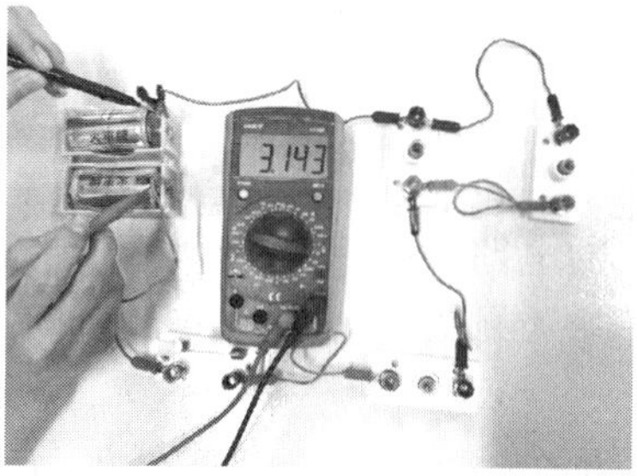

▲图 2-26　**测量电池电压**

2）记录数据

①检查无误后，闭合 S_1，观察电路现象，用万用表的直流电压挡位测量每个小电珠两端的电压，并记录在表 2-11 中。

表 2-11　参数记录表

小电珠的发光情况			
测量电压	U_1	U_2	U_3

②断开 S_1，将小电珠 L_3 与 L_2 两端连接导线，如图 2-27 所示。

解：根据题意可知，电阻 R_2 和 R_3 为并联关系，然后与 R_1 串联。电路等效过程如下图所示。

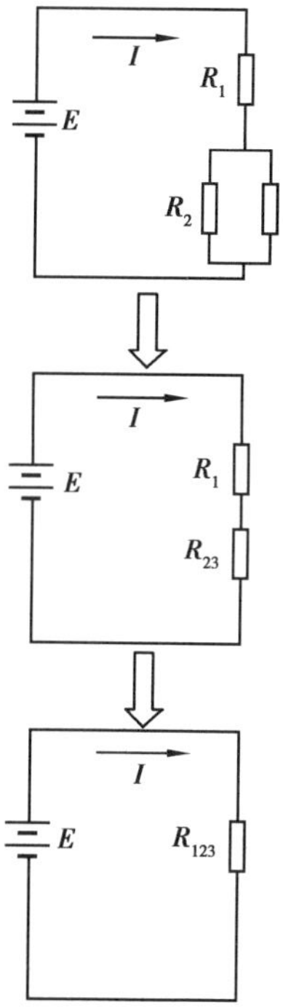

$R_{23}=R_2//R_3$

$=\dfrac{6\ \Omega\times3\ \Omega}{6\ \Omega+3\ \Omega}=2\ \Omega$

①总电阻：$R_{123}=R_1+R_{23}=3\ \Omega+2\ \Omega=5\ \Omega$

②总电流：$I=\dfrac{3\ \text{V}}{5\ \Omega}=0.6\ \text{A}$

③R_2 和 R_3 为并联，两端电压相等，则

$U_2=\dfrac{R_{23}}{R_1+R_{23}}\cdot E$

$=\dfrac{2\ \Omega}{5\ \Omega}\times3\ \text{V}=1.2\ \text{V}$

（2）电路如下图所示，已知 $R_1=5\ \Omega$，$R_2=10\ \Omega$，$R_3=10\ \Omega$，计算电路中的总电阻值 R_{AD}。

通电观察电路现象，用万用表的直流电压挡位测量小电珠 L_1、L_2 两端的电压，并记录在表 2-12 中。

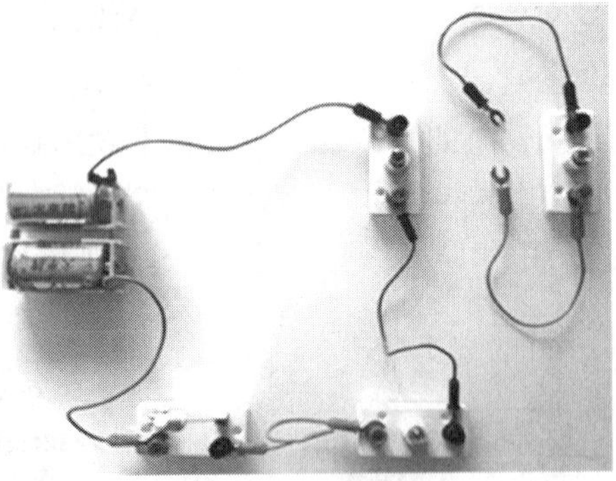

▲图 2-27　电路连接图

表 2-12　参数记录表

电路现象			
测量电压	U_1	U_2	U_3

做一做

根据①和②中的电路现象和测量电压值，结合活动 1、活动 2 所学知识与技能，分析每个小电珠亮与灭的原因。

3）故障检修

若 L_1 不亮，可以通过测量电路的电压、电阻等方法来检查电路故障。

①利用万用表直流电压挡位测量电池两端电压是否约为 3 V，电池电压降低会导致灯泡不亮。

②断开 S_1，利用万用表通断挡位检测导线连接是否良好，方法如图 2-26、图 2-27 所示。

③若导线连接良好，利用万用表直流电压挡位测量小电珠两端工作电压是否正常。如图 2-28 所示，小电珠两端电压为电池电压，但电珠不亮，初步判断电珠为开路。

④从灯座上取下小电珠，用万用表通断挡位进一步确认是否开路。如图 2-29 所示，显示“1.”为高阻状态，说明电珠已经烧断（开路）。

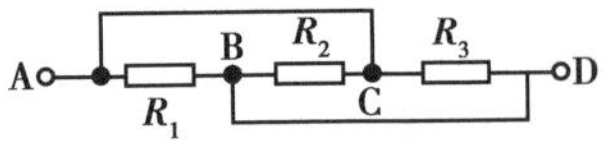

电路图

解：根据电路可知，A 点和 C 点为等电位点，B 点和 D 点为等电位点，电路变换后如下图所示。

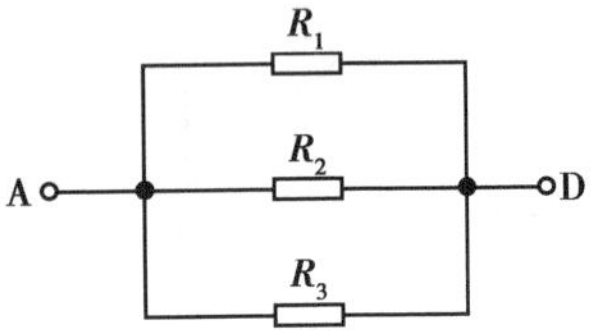

变换后的电路

总电阻：$R_{AD}=R_1//R_2//R_3=R_1//5\ \Omega=\frac{5\ \Omega\times 5\ \Omega}{5\ \Omega+5\ \Omega}=2.5\ \Omega$

电位的计算

1. 含义

在电路中，确定参考点（即零电位点），某点的电位等于从参考点出发，通过一条路径绕到参考点，该路径上的全部电压代数和就是该点的电位。电位用符号 V 表示，例如 A 点的电位为 V_A，电位的单位为伏[特]（V）。

参考点可以任意选定。在实际应用中，一般选大地作为参考点，参考点的电位为 0 V。

2. 电位计算的 3 个步骤

①确定参考点；

②确定电流方向及元件两端电压的正负；

③从该点出发，绕到参考点，该点电位等于路径上全部电压代数和。

【例题】

电路如下图所示，已知 $R_1=2\ \Omega$，$R_2=3\ \Omega$，$R_3=5\ \Omega$，$R_4=2\ \Omega$，$E=12$ V，求 A、B 点电位。

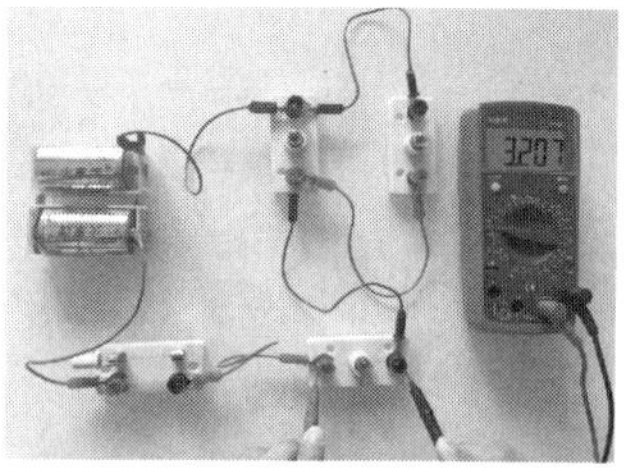

▲图 2-28　测量小电珠两端电压

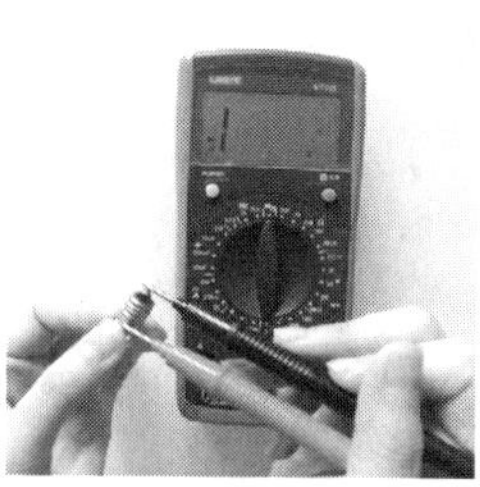

▲图 2-29　测量小电珠电阻值

导师说

①数字万用表厂家和型号较多，使用方法和功能基本一致，但也会有细微的差别。例如测量电路为高阻状态时，有的数字万用表显示“1.”，而有的数字万用表则显示为“OL”。

②小电珠内部结构为电阻丝，可以等效为电阻，损坏情况一般为开路。

③测量在路电阻时，必须断开电源开关 S_1，否则存在安全隐患。

④测量在路电阻时，被测器件在电路回路中要独立，否则影响测量数据。

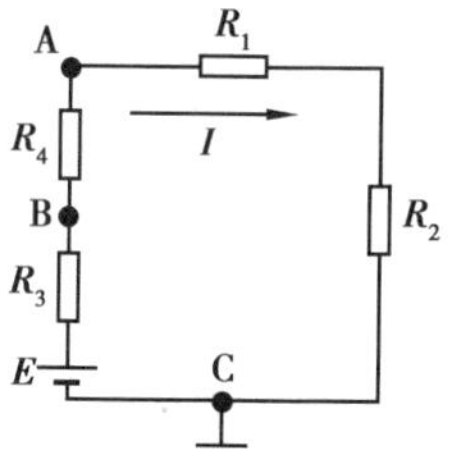

电路图

解：因为 C 点接地，所以选择 C 点为参考点。

根据欧姆定律可知，回路中

$$I=\frac{E}{R_1+R_2+R_3+R_4}=\frac{12\ \text{V}}{2\Omega+3\ \Omega+5\ \Omega+2\ \Omega}=1\ \text{A}$$

$$V_A=IR_1+IR_2=1\ \text{A}\times2\ \Omega+1\ \text{A}\Omega\times3\ \Omega=2\ \text{V}+3\ \text{V}=5\ \text{V}$$

$$V_B=-IR_3+E=-1\text{A}\times5\ \Omega+12\ \text{V}=7\ \text{V}$$

※拓展与提高

全电路欧姆定律

电源外部的电路称为外电路，电源内部的电路称为内电路，外电路和内电路组成的闭合回路称为全电路，如图 2-30 所示。全电路欧姆定律是分析电源电动势、电流、负载电阻及电源内阻之间关系的定律。

（1）内容：在闭合回路中，电流与电源电动势成正比，与回路的总电阻成反比。

（2）公式：$I=\dfrac{E}{R+r}$

式中，E 是电源电动势；R 是负载电阻；r 是电源内阻；I 是回路电流。

（3）电源内阻很小，短路时电流很大，会烧毁电源，甚至引起火灾，所以，必须防止电源短路。

【例题】

电路如图 2-31 所示，已知 $E=15\ \text{V}$，$r=2\ \Omega$，$R=3\ \Omega$，计算回路中电流 I，U_R，U_r。

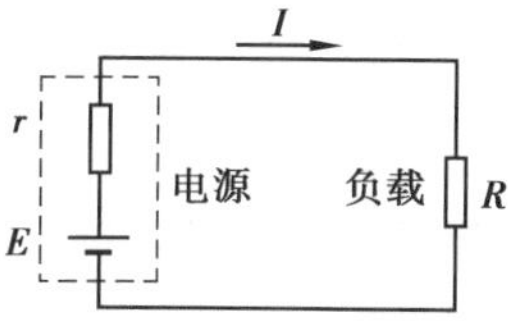

▲图 2-30　电路图

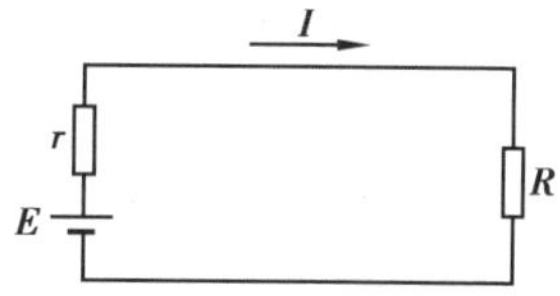

▲图 2-31　电路图

解：根据全电路欧姆定律可知

$$I=\frac{E}{R+r}=\frac{15\ \text{V}}{3\ \Omega+2\ \Omega}=3\ \text{A}$$

$$U_R=IR=3\ \text{A}\times 3\ \Omega=9\ \text{V},U_r=Ir=3\ \text{A}\times 2\ \Omega=6\ \text{V}$$

※总结与评价

1. 成果展示

各小组展示成品电路，交流汇报（用 PPT 或者文字描述均可），并回答师生提出的问题。

2. 评价

由组长、老师对各小组成员任务完成情况进行评价，填入表 2-13 中。

表 2-13

评价内容		自评	小组评价	教师评价
		优☆ 良△ 中√ 差×		
职业素养	①安全用电			
	②设备及器材的安全			
	③记录整理完整准确			
	④符合 6S 管理理念			
知识与技能	①安装电阻串联电路并测试电路			
	②安装电阻并联电路并测试电路			
	③安装电阻混联电路并测试电路			
汇报展示	①作品展示（可以为实物作品展示、PPT 汇报、简报、作业等形式）			
	② 语言流畅，思路清晰			
评价等级				

※检测与反思

A 组题

一、填空题

1. 利用万用表测量电流时，万用表是在________被测电路中；利用万用表测量电压时，万用表是在________被测电路中。

二、选择题

2. 用数字式万用表测量某电阻阻值，选择 20 kΩ 挡位，数字显示 1.5，阻值为(　　)。

A. 1.5 MΩ　　B. 15 kΩ　　C. 150 Ω　　D. 1.5 kΩ

3. 某电阻上标注为“4K7”，该电阻的阻值为(　　)。

A. 4.7 kΩ　　B. 47 kΩ　　C. 0.47 kΩ　　D. 0.47 Ω

4. 电能以耗电量的形式来表示，其单位为度(千瓦·时)，1 度电等于(　　)。

A. 3.6×10^5 J　　B. 3.6×10^6 J　　C. 36×10^6 J　　D. 3.6×10^3 J

5. 在 1 min 内通过某灯泡灯丝的电量为 30 C，流过灯丝的电流为(　　)。

A. 30 A　　B. 30 mA　　C. 0.5 A　　D. 5 mA

三、判断题

6. 利用万用表测量电流时，是将万用表红黑表笔并联在被测电路中。(　　)

7. 若用万用表电阻挡测量某电阻值为无穷大，则该电阻开路。(　　)

B 组题

一、填空题

1. 根据部分电路欧姆定律，电流与____________成正比，与____________成反比，其表达式为________________。

2. 已知电阻 $R_1=10\ \Omega$，$R_2=15\ \Omega$，并联后的总电阻 $R=$________。

3. 已知电阻 $R_1=5\ \Omega$，$R_2=2\ \Omega$，$R_3=1\ \Omega$，串联后的总电阻 $R=$________。

4. 已知 A 点电位为 15 V，B 点电位为 9 V，则电压 $U_{AB}=$________。

二、判断题

5. 规定电压方向为高电位指向低电位。(　　)

6. 在电位的计算中，参考点是可以任意选定的。(　　)

7. 欧姆定律适用于任何电路。(　　)

C 组题

一、填空题

1. 电路如图 2-32 所示，电路等效总电阻 R_{ab} = ________。

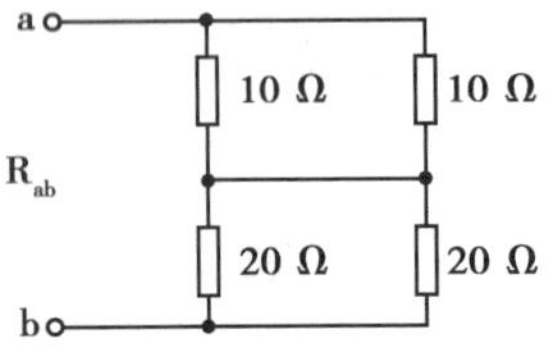

▲图 2-32

二、选择题

2. 电路如图 2-33 所示，已知 R_1 = 3 kΩ，R_2 = 20 kΩ，R_3 = 30 kΩ，总电阻 R_{ab} 为(　　)。

A. 15 kΩ　　B. 12 kΩ　　C. 18 kΩ　　D. 53 kΩ

3. 电路如图 2-34 所示，已知 $R_1 = R_2 = R_3 = R_4 = 200$ Ω，总电阻 R_{ab} 为(　　)。

A. 400 Ω　　B. 200 Ω　　C. 100 Ω　　D. 300 Ω

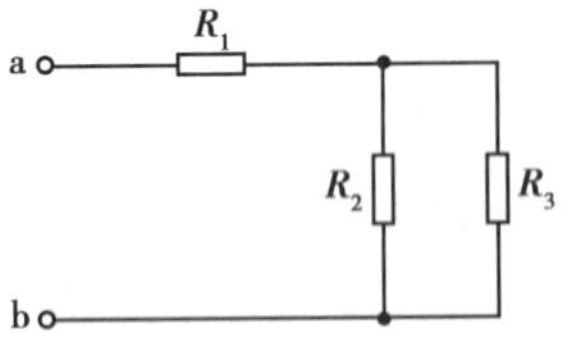

▲图 2-33

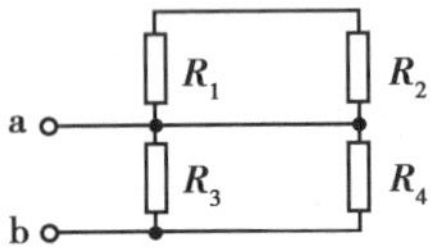

▲图 2-34

任务三　两个网孔电路的搭接与检测

基尔霍夫定律是电路分析最基本也是最重要的定律之一，它概括了电路中电流和电压分别遵循的基本规律。它包括基尔霍夫电流定律和基尔霍夫电压定律。

※工作任务说明

电子产品中既有简单的直流电路，也有复杂的直流电路，对于简单的直流电路，我们可以利用电阻串并联特点和欧姆定律进行分析；对于如图 2-35 所示的复杂直流电路，则需要利用基尔霍夫定律进行分析。请你按照如图 2-36 所示制作两个网孔电路。使用万用表测量电路中的电流及电压，记录并分析各个支路电流之间的关系、回路中电压之间的关系。通过实践操作，了解复杂直流电路的基本概念，学会用基尔霍夫定律对复杂直流电路进行分析计算。

万能板又称为万用板、实验板、学习板、点阵板。元件焊盘孔是标准 IC 间距(2.54 mm)，是可按自己的想法插装元器件及连线的印制电路板。

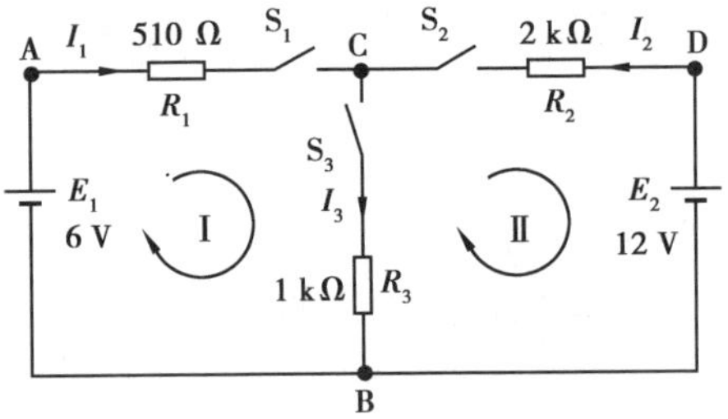

▲图 2-35　两个网孔搭建电路图

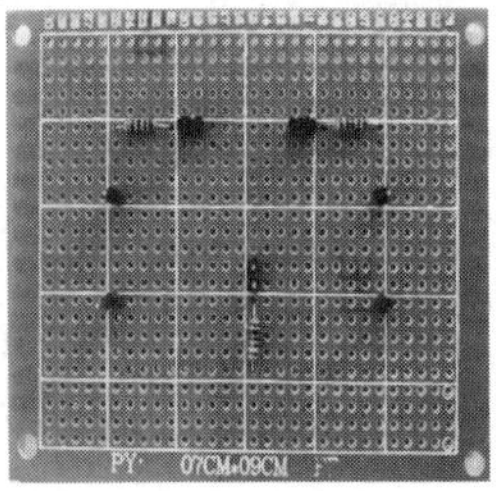

▲图 2-36　电路搭建实物图

※安全提示

①规范使用电烙铁。使用电烙铁过程中，不能用力敲击；烙铁头上焊锡过多时，应用吸水海绵擦掉，不可乱甩，以免烫伤自己和他人；在焊接过程中，短暂停止使用电烙铁时，要将其放在烙铁架上；使用结束后，应及时切断电源，拔下电源插头。

②烫伤及时用冷水冲洗。如果被电烙铁烫伤，可用自来水冲烫伤部位 10 min 以上，然后及时就医。

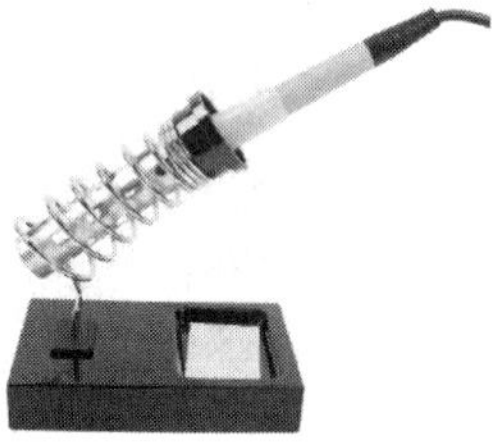

▲图 2-37　规范使用电烙铁

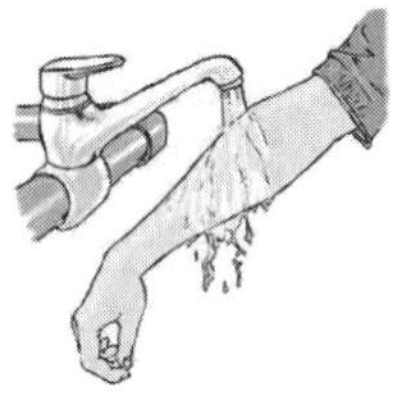

▲图 2-38　烫伤及时用冷水冲洗

※任务实施

1. 工具及元件清单

根据图 2-35，清点完成本次任务所需工具、仪表、元器件及材料，并填入表 2-14 中。

表 2-14　工具、仪表、元器件及材料清单

项目	名称	作用	数量	规格/型号	备注
所用设备	直流稳压电源	为电路提供直流工作电压			
所用仪表	数字万用表	测量电流、电压参数			
所用工具	斜口钳	剪断元件引脚，剥导线			
	尖嘴钳	弯曲导线、导线连接			
	电烙铁	焊接元器件			
所用元器件	电阻	搭建网孔电路，分析电路参数			
	单排插针	参数测试端口			
所用材料	导线	连接直流电源			
	焊锡丝	焊接元件			
	松香	助焊剂			

复杂直流电路的基本概念

1. 支路

由一个或几个元件首尾相连接组成的无分支的电路称为支路。在同一个支路里，电流处处相等。如图 2-35 所示，E_1、R_1、S_1 构成一条支路，E_2、R_2、S_2 构成一条支路，R_3、S_3 构成一条支路，共 3 条支路。

2. 回路

电路中任意一个闭合电路称为回路。如图 2-35 所示，ACDBA 是一个回路，ACBA 是一个回路，CDBC 是一个回路，共 3 个回路。

3. 节点

三条或三条以上支路的连接点称为节点。如图 2-35 所示，C 是一个节点，B 是一个节点。

4. 网孔

不能再分的回路称为网孔。如图 2-35 所示，ACBA 是一个网孔，CDBC 是一个网孔。

基尔霍夫第一定律

1. 定律的含义

基尔霍夫第一定律也称为节点电流定律，其内容是：电路中的任意一个节点，流进该节点的电流之和等于流出该节点的电流之和，在图2-35中，表达式为 $I_3=I_1+I_2$。

如果规定流入节点的电流为正，流出节点的电流为负，则基尔霍夫第一定律还可以描述为：对于电路中任意一个节点，电流代数和等于0，即 $\sum I=0$。

2. 定律说明

(1) 标出的电流方向为参考方向。若计算结果为正值，表明电流实际方向与参考方向相同；若计算结果为负值，表明电流实际方向与参考方向相反。

(2) 如果电路的总节点数位 n，则列出的独立节点电流方程为 $(n-1)$ 个。

测量支路电流

2. 元器件及工具质量检查

元器件及工具质量好坏直接决定电路搭建是否成功，因此，首先应检测元器件质量好坏，参数与电路图是否一致，以及电烙铁质量好坏，具体检查方法见表2-15。

表2-15　判断元器件及工具质量好坏

名称	质量判断	图　示
电阻 (510 Ω)	利用数字万用表2 kΩ挡位测量，电阻值约为5.05 kΩ。注意测量时手指只能拿电阻的一端，如果同时接触电阻两端，会造成测量值不准确	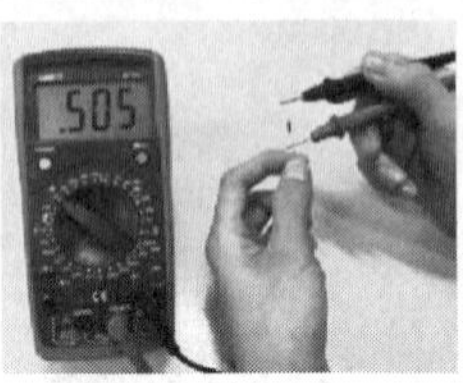
电阻 (2 kΩ)	利用数字万用表20 kΩ挡位测量，电阻值约为1.98 kΩ	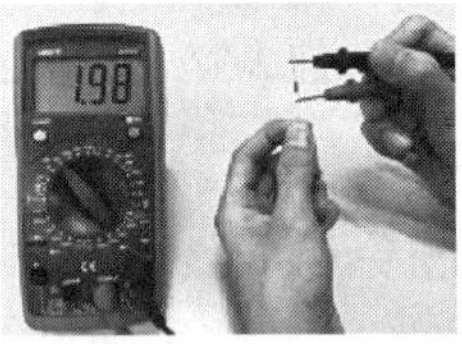
电阻 (1 kΩ)	利用数字万用表2 kΩ挡位测量，电阻值约为0.99 kΩ	
电烙铁	目测电烙铁的电源线有无烫伤、导体裸露，烙铁头松动等现象。利用数字万用表20 kΩ挡位测量电阻值，阻值约为1.5 kΩ，若显示1，则表示内部开路；若显示0，则表示内部短路	
万能 电路板	目测万能电路板的铜箔有无氧化、脱落等现象	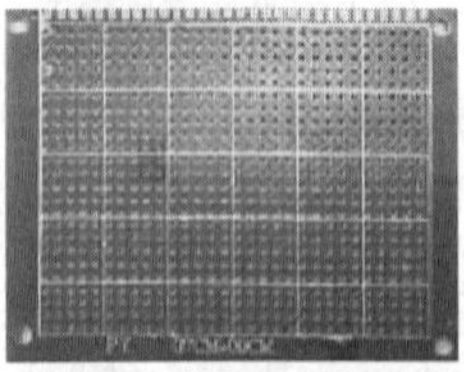
插针 (短接帽)	目测插针有无氧化，短路帽接在插针上有无松动现象	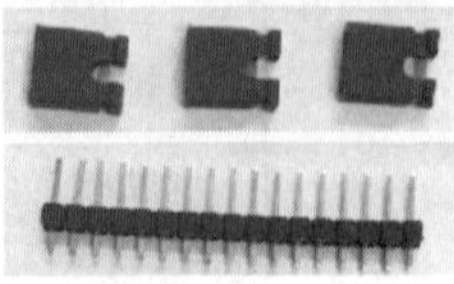

3. 电路搭建

根据图 2-35 电路原理图，将元器件在万能电路板上布局，再利用焊接工具焊接，电路搭建步骤见表 2-16。

表 2-16　电路搭建

步骤	操作内容	图　示
①元器件布局	在万能电路板适当的位置合理布局元器件，元器件从电路板有网格线方向插入，在有圆孔焊盘面进行焊接	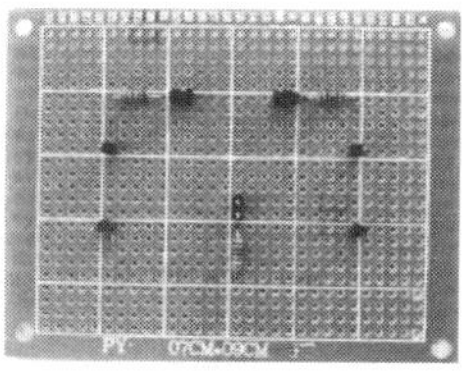
②元器件焊接	采用握笔法握住电烙铁，焊锡丝与焊接点、烙铁头与电路板呈 45°，待烙铁头加热元件引脚到一定温度后，再送焊锡丝，一个焊点时间控制在 2 s 左右	
③电路连线	元器件之间的连接采用拖锡方法完成，电路连接完成后，检查电路是否连接完好。 焊接拖锡方法：先在焊盘上镀锡，再熔化焊锡丝进行拖锡。拖锡完成后要先移开电烙铁，再移开焊锡丝。拖锡的走线应大小粗细均匀，焊盘上拖锡时间不宜太长，否则易造成铜箔脱落	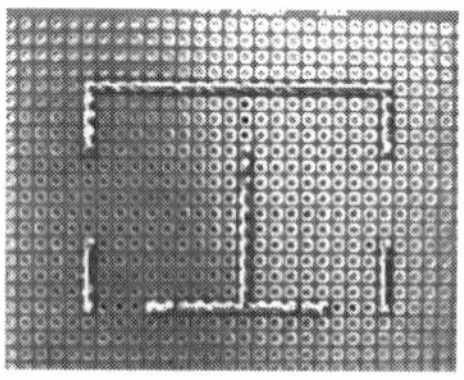

基尔霍夫第二定律

1. 定律的含义

基尔霍夫第二定律也称为回路电压定律，内容是：电路中的任意一个闭合回路，沿闭合回路绕行一周，各元件上电压的代数和等于零。表达式为：$\sum U=0$。

在前图中，对于网孔Ⅰ：

$U_{BA}+U_{AC}+U_{CB}=0$

对于网孔Ⅱ：

$U_{CD}+U_{DB}+U_{BC}=0$

测量回路电压

4. 直流电源调试

电路需要两组直流稳压电源，分别为 6 V 和 12 V，这里使用的直流稳压电源为优利德 UTP3705S 型，电压调节步骤见表 2-17。

表 2-17　直流稳压电源调试

步骤	操作内容	图　示
①调节直流稳压电源	优利德 UTP3705S 型直流稳压电源有两组直流电压输出，打开电源开关，调节电压旋钮，输出直流电压 6 V 和 12 V	

2. 定律说明

(1)对于电阻，若电流方向与绕行方向相同，则电压为正；相反则电压为负。

(2)对于电源，若绕行方向先遇到电源的正极，则取正；相反则取负。

(3)列出的回路电压方程个数等于电路中的网孔个数。

【例题】电路如图 2-35 所示，求：①写出独立的节点的电流方程；②写出网孔的回路电压方程；③解出 I_1、I_2、I_3。

解：首先假设三条支路中电流 I_1、I_2、I_3 的参考方向，如前图所示。

①根据基尔霍夫第一定律可知，两个节点可列出 1 个节点电流方程：$I_1+I_2=I_3$。

②根据基尔霍夫第二定律，列出回路电压方程，绕行方向如图 2-39 所示。

网孔Ⅰ电压方程为：

$-E_1+I_1R_1+I_3R_3=0$。

网孔Ⅱ电压方程为：

$E_2-I_3R_3-I_2R_2=0$。

③将节点电流方程和回路电压方程组合成方程组：

$$\begin{cases} I_1+I_2=I_3 \\ E_2-I_3R_3-I_2R_2=0 \\ -E_1+I_1R_1+I_3R_3=0 \end{cases}$$

代入值得

$$\begin{cases} I_1+I_2=I_3 \\ 12-10^3I_3-2\times10^2I_2=0 \\ -6+510I_1+10^3I_3=0 \end{cases}$$

代入数据，通过解方程组，解得 $I_1=1.6$ mA

$I_2=3.4$ mA

$I_3=5$ mA

基尔霍夫定律是德国物理学家基尔霍夫提出的，它既可以用于直流电路的分析，也可以用于交流电路的分析，还可以用于含有电子元件的非线性电路的分析。

续表

步骤	操作内容	图　示
② 连接电源线	关闭电源开关，连接电源线，红色导线接电源正极，绿色导线接电源负极。接线时，一定要区分电源正负极	
③ 连接电路板电源线	根据电路图，红色鳄鱼夹连接电路的正极，绿色鳄鱼夹连接电路的负极。连好后，打开电源开关	

5. 测量支路电流

将 S_1、S_2、S_3 3 个短路帽接上，根据图 2-35 电路图中标注的电流方向，将数字万用表挡置于直流电流 20 mA 挡，测量电流 I_1、I_2、I_3，步骤及方法见表 2-18。

表 2-18　测量支路电流

步骤	操作内容	图　示
①测量电流 I_1	断开短路帽 S_1，根据电路图中标注的 I_1 电流方向，红表笔接靠近 R_1 一端的测试端，黑表笔接另外一端，观察万用表读数，并将数据记录在表 2-20 中。测量结束后，接上 S_1	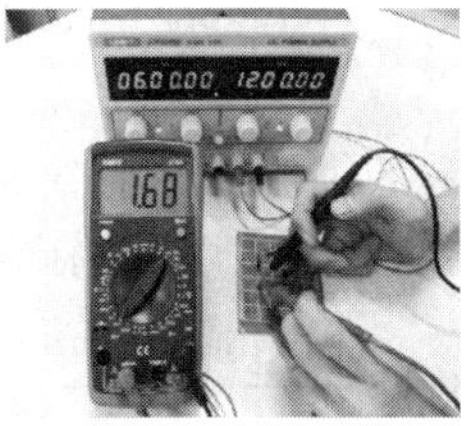
②测量电流 I_2	断开短路帽 S_2，根据电路图中标注的 I_2 电流方向，红表笔接靠近 R_2 一端的测试端，黑表笔接另外一端，观察万用表读数，并将数据记录在表 2-20 中。测量结束后，接上 S_2	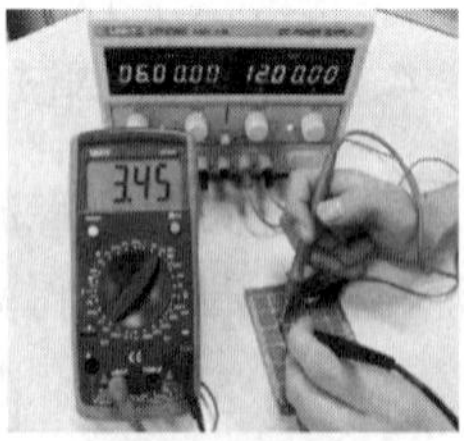
③测量电流 I_3	断开短路帽 S_3，根据电路图中标注的 I_3 电流方向，黑表笔接靠近 R_3 一端的测试端，红表笔接另外一端，观察万用表读数，并将数据记录在表 2-20 中。测量结束后，接上 S_3	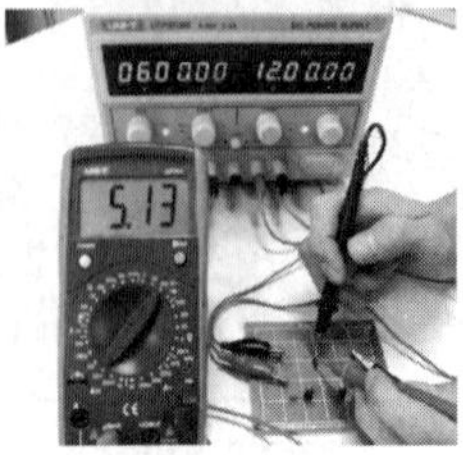

6. 测量回路电压

根据图 2-35 电路图中回路绕行方向，将数字万用表挡置于直流电压 20 V 挡，测量相应的电压，并将数据记录在表 2-20 中。

表 2-19　直流稳压电源调试

步骤	操作内容	图　示
①测量网孔Ⅰ中的 E_1 电压	红表笔接电路图中的 B 点，黑表笔接其 A 点，测量电源 E_1 两端的电压，观察万用表读数，并将数据记录在表 2-20 中	
②测量网孔Ⅰ中的 R_1 电压	红表笔接电路图中的 A 点，黑表笔接 C 点，测量电阻 R_1 两端的电压，观察万用表读数，并将数据记录在表 2-20 中	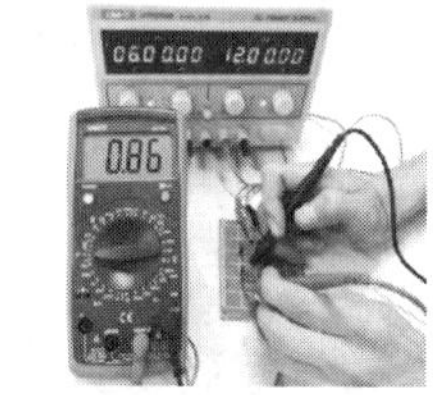
③测量网孔Ⅰ中的 R_3 电压	红表笔接电路图中的 C 点，黑表笔接 B 点，测量电阻 R_3 两端的电压，观察万用表读数，并将数据记录在表 2-20 中	
④测量网孔Ⅱ中的 R_2 电压	红表笔接电路图中的 C 点，黑表笔接 D 点，测量电阻 R_2 两端的电压，观察万用表读数，并将数据记录在表 2-20 中	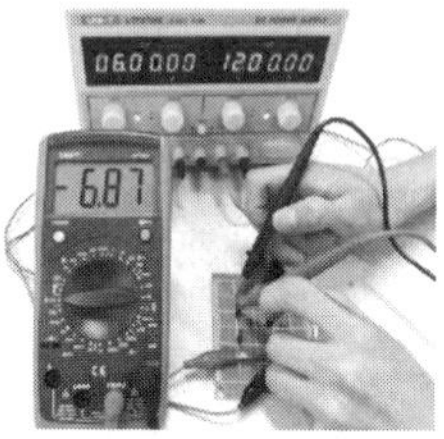
⑤测量网孔Ⅱ中的 E_2 电压	红表笔接电路图中的 D 点，黑表笔接 B 点，测量电源 E_2 两端的电压，观察万用表读数，并将数据记录在表 2-20 中	
⑥测量网孔Ⅱ中的 R_3 电压	红表笔接电路图中的 B 点，黑表笔接 C 点，测量电源 R_3 两端的电压，观察万用表读数，并将数据记录在表 2-20 中	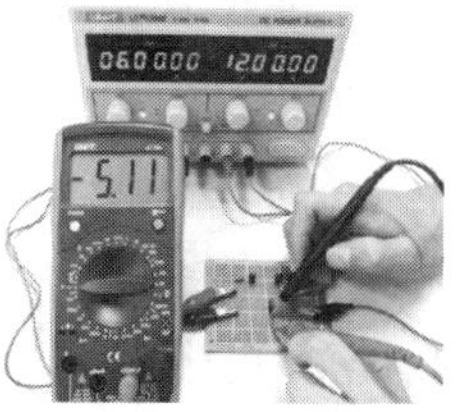

负载获取最大功率的条件

如下图所示，电源所提供的能量一部分消耗在负载 R 上，另一部分消耗在内阻 r 上。在实际应用中，只有当负载电阻等于电源内阻，即 $R=r$ 时，负载获得功率最大。最大功率为：

$$P_m = \frac{E^2}{4r} = \frac{E^2}{4R}。$$

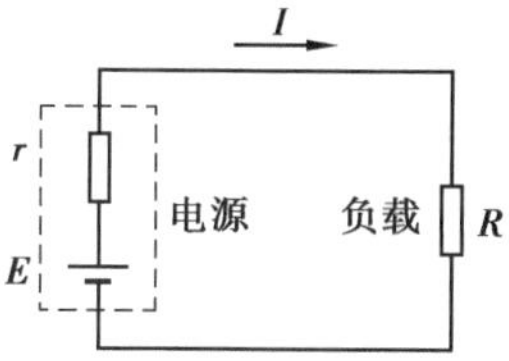

负载获得最大功率

7. 参数分析

根据前面测量的电流和电压，分析电流之间、回路电压之间的关系，并将得出的结论填写在表 2-20 中。

表 2-20　参数记录表

参数	测量电流			测量电压					
				回路Ⅰ			回路Ⅱ		
内容	I_1	I_2	I_3	U_{BA}	U_{AC}	U_{CB}	U_{CD}	U_{DB}	U_{BC}
测量值									
分析	观察 I_1、I_2、I_3 的关系？			$U_{BA}+U_{AC}+U_{CB}=?$			$U_{CD}+U_{DB}+U_{BC}=?$		
结论									

导师说

①测量支路电流时，一定要根据电路中假设的电流方向来测量，电流从红表笔流进，从黑表笔流出。由于电流表的内阻很小，所以将万用表串联在测试端口中进行电流测量。数字万用表测量电流时，需要将红表笔插入电流测试插孔中。

②由于电压表内阻很大，所以将万用表并联在被测电路两端进行电压测量。一定要根据电路图中的电压绕行方向来进行回路电压测量，否则测量的数据会影响参数分析结果。在测量电流、电压时，不能带电转换量程开关，否则容易损坏仪表。

※拓展与提高

1. 电桥平衡条件

电桥电路如图 2-39 所示。图中被测电阻 R_X 与已知电阻 R_1、R_2、R_3 组成电桥的 4 个桥臂。四边形的一条对角线上接电源 E 和开关 S，另一条对角线接有电流计 G（该支路称为“桥”）。

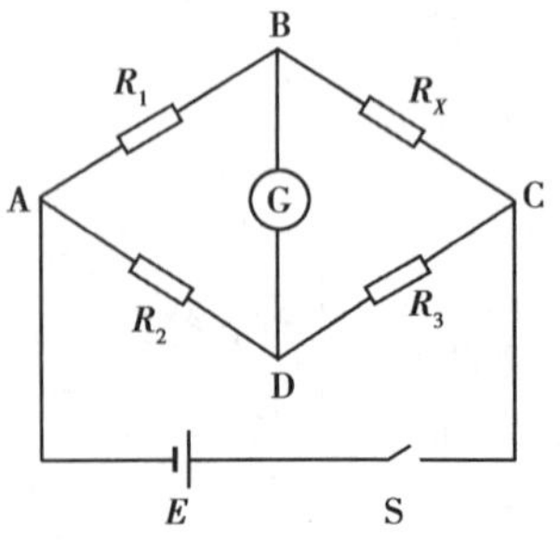

▲图 2-39　电桥电路图

当 B、D 两点之间的电位相等时，“桥”路中的电流 $I_g=0$，电流计指针指示为零，这时电桥处于平衡状态。

【例题】

如下图所示，已知电源的电动势为 $E=12$ V，电源内阻 $r=2\ \Omega$，$R_1=6\ \Omega$，求：①R_2 为多大时，负载 R_L 可以获得最大功率？②R_L 获得的最大功率为多少呢？

解：根据题意可知：

①只有当 $R_L=R_1+r$ 时，负载才可以获得最大功率，即

$$R_L=r+R_1=2\ \Omega+6\ \Omega=8\ \Omega$$

②R_L 上获得的最大功率为：

$$P_m=\frac{E^2}{4R_L}=\frac{(12\ \text{V})^2}{4\times 8\ \Omega}=4.5\ \text{W}$$

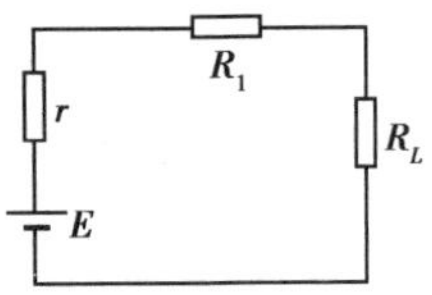

电路图

此时 $V_D=V_B$，即$\dfrac{R_X}{R_3}=\dfrac{R_1}{R_2}$，等式整理为：

$$R_X=\frac{R_1}{R_2}R_3$$

式中，$\dfrac{R_1}{R_2}$为电桥的比率臂，称为倍率 K；R_3 为比较臂。

2. 电桥应用

直流电桥常用于精确测量电阻值，在各种传感器及测量仪器中也经常会用到电桥电路将被测信号转换成电压或电流，在工矿企业、车间现场等场合应用十分广泛。电桥实物如图 2-40 所示。

▲图 2-40　常见电桥设备

※总结与评价

1. 成果展示

各小组展示搭建的网孔电路，交流汇报（用 PPT 或者文字描述均可），并回答师生提出的问题。

2. 评价

由组长、老师对各小组成员任务完成情况进行评价，填入表 2-21 中。

表 2-21　任务完成情况评价表

评价内容		自评	小组评价	教师评价
		优☆　良△　中√　差×		
职业素养	①安全用电			
	②设备及器材的安全			
	③记录整理完整准确			
	④符合 6S 管理理念			

续表

<table>
<tr><th colspan="2" rowspan="2">评价内容</th><th>自评</th><th>小组评价</th><th>教师评价</th></tr>
<tr><th colspan="3">优☆ 良△ 中√ 差×</th></tr>
<tr><td rowspan="5">知识与技能</td><td>①熟记基尔霍夫第一定律</td><td></td><td></td><td></td></tr>
<tr><td>②熟记基尔霍夫第二定律</td><td></td><td></td><td></td></tr>
<tr><td>③电路安装符合工艺要求</td><td></td><td></td><td></td></tr>
<tr><td>④电路焊接正确无误</td><td></td><td></td><td></td></tr>
<tr><td>⑤电压电流参数测量正确,满足基尔霍夫定律</td><td></td><td></td><td></td></tr>
<tr><td rowspan="2">汇报展示</td><td>①作品展示(可以为实物作品展示、PPT 汇报、简报、作业等形式)</td><td></td><td></td><td></td></tr>
<tr><td>② 语言流畅,思路清晰</td><td></td><td></td><td></td></tr>
<tr><td colspan="2">评价等级</td><td></td><td></td><td></td></tr>
</table>

※检测与反思

A 组题

一、填空题

1. 简单直流电路一般用电阻串并联或欧姆定律来分析,复杂直流电路用________来分析。
2. 基尔霍夫第一定律又称为________定律;基尔霍夫第二定律又称为________定律。
3. ____称为节点。
4. 如果电路中的总节点数为 3,则独立的节点电流方程只有________个。
5. 对于电阻上的压降,若电流方向与绕行方向相同,则________;相反,则________。

二、判断题

6. 若电路的总节点个数为 n,则可以列出独立的节点电流方程为$(n-1)$个。 (　　)
7. 当 $R=r$ 时,负载可以获得最大功率。 (　　)
8. 沿电路中任一闭合回路绕行一周,各部分电压的代数和不等于零。 (　　)
9. 对于电路中的任一节点,流入该节点的电流之和等于流出该节点的电流之和。(　　)
10. 基尔霍夫第一定律也称为回路电压定律。 (　　)
11. 利用基尔霍夫第二定律列出的回路电压方程个数等于电路中的网孔个数。 (　　)
12. 列回路电压方程时,对于电源,若绕行方向是从其正极指向负极,则取正;否则取负。 (　　)
13. 用基尔霍夫定律计算支路电流,电流的值若为正,说明实际方向与假设方向相同。 (　　)

14. 基尔霍夫定律用于分析复杂直流电路,欧姆定律用于分析非线性电阻电路。（　　）

15. 直流电桥平衡条件为电桥相对臂电阻的乘积相等。（　　）

B 组题

一、填空题

1. 由一个或几个元器件首尾相连接组成________称为支路。
2. 负载获得最大功率的条件为________。
3. 当负载获得最大功率时,最大功率 P_m =________。
4. 电路如图 2-41 所示,该电路回路数为________个。
5. 电桥平衡时,桥路的电流为________。

二. 选择题

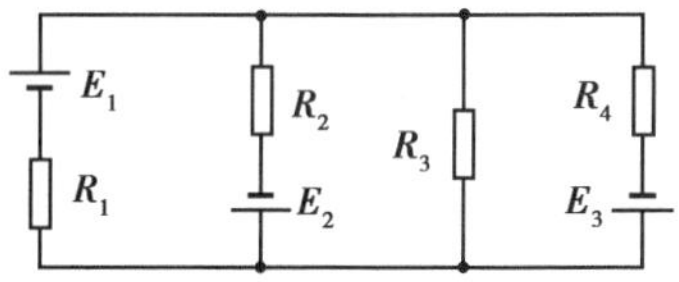

▲图 2-41

6. 电路如图 2-41 所示,电路中网孔电压方程个数为(　　)。

A. 3　　B. 6　　C. 4　　D. 5

7. 用基尔霍夫定律计算出电流 I_1 = −2 A,说明(　　)。

A. 电流实际方向与绕行方向相同　　B. 电流实际方向与假设方向相同

C. 电路连接有误　　D. 电流实际方向与假设方向相反

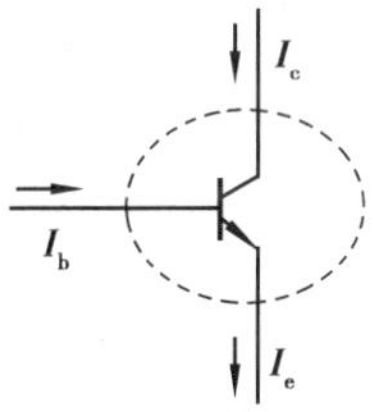

▲图 2-42

8. 电路如图 2-42 所示,已知 I_b = 10 mA, I_e = 45 mA,则 I_c 为(　　)。

A. 55 mA　　B. 35 mA

C. 0.35 mA　　D. 0.55 mA

9. 电路如图 2-41 所示,可以列出独立的节点电流方程个数为(　　)。

A. 2 个　　B. 3 个

C. 1 个　　D. 4 个

C 组题

一、选择题

1. 电路如图 2-43 所示,网孔 I 的回路电压方程为(　　)。

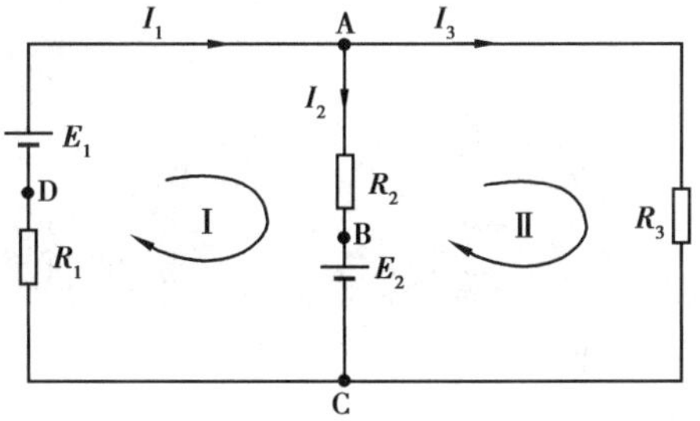

▲图 2-43

A. $-E_1+I_2R_2+E_2+I_1R_1=0$　　B. $E_1+I_2R_2-E_2+I_1R_1=0$

C. $-E_1-I_2R_2+E_2+I_1R_1=0$　　D. $E_1+I_2R_2+E_2-I_1R_1=0$

2. 电路如图 2-43 所示，网孔Ⅱ的回路电压方程为(　　)。

A. $-E_2+I_2R_2+I_3R_3=0$　　B. $-E_2-I_2R_2+I_3R_3=0$

C. $E_2-I_2R_2+I_1R_1=0$　　D. $E_1+I_2R_2-I_1R_1=0$

3. 当 $R=r$ 时，负载获得最大功率的计算公式为(　　)。

A. $p_m=\frac{E^2}{2R}$　　B. $p_m=\frac{E^2}{4R}$　　C. $p_m=\frac{E}{4r}$　　D. $p_m=\frac{E^2}{2r}$

二、问答题

4. 简述基尔霍夫第一定律的内容。

5. 简述基尔霍夫第二定律的内容。

※课外阅读

世界首条 35 千伏公里级超导电缆在沪投运

2021 年 12 月 22 日，世界首条 35 千伏公里级超导电缆示范工程在沪投运(图 2-44)，标志着这一国内新型电力系统建设领域关键技术取得了重大突破，有效解决窄通道大容量输电难题，有助于消除负荷热点地区的供电“卡脖子”现象。

▲图 2-44　35 千伏公里超导电缆

35 千伏公里级超导电缆示范工程位于上海市徐汇区长春变电站和漕溪变电站两座 220 千伏变电站之间，线路全长 1.2 km，设计电流 2200 A，为国家电网在国内首次建设的超导输电项目，是目前世界上输送容量最大、线路最长、全商业化运行的 35 千伏高温超导电缆。

超导输电的原理是在零下 196 ℃的液氮环境中，利用超导材料的超导特性，使电力传输介质接近于零电阻，电能传输损耗趋近于零，从而实现低电压等级的大容量输电。

一条 35 千伏超导电缆相当于传统 220 千伏电缆的输送容量，可以替代 4 ~6 条相同电压等级传统电缆，较以往可节省 70% 的地下管廊空间。采用这种传输效能和空间经济性上的显著优势，使得超导电缆适用于将大容量电能直接输送到寸土寸金的城市中心区域。

项目三

照明电路及用电器的安装与检修

交流电是交变电流,其大小和方向都随时间作周期性变化。人们在生产、生活中主要使用正弦交流电,如我国家庭用电是220 V的单相正弦交流电,工厂用电是380 V的三相正弦交流电,如图3-1所示。

本项目要求同学们学会对室内照明线路及其配电装置、典型用电器的安装与检测,知道单相正弦交流电的基础知识,能独立处理室内用电的常见问题。

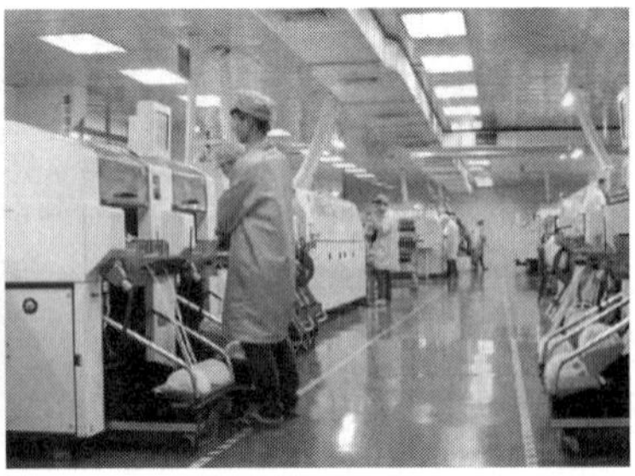

▲图3-1　交流电在生产、生活中的应用

【项目目标】

(1)能理解单相正弦交流电的表示方法和三要素;能描述单相负载供电的方式;能了解单相负载安装的规范;能描述典型家居电路安装、检修的步骤与注意事项。

(2)能理解纯电阻、纯电容、纯电感电路的基本概念,以及它们之间的电压、电流数量关系和相位关系。

(3)会测量交流电路的电压和电流;会正确选用配电板安装所需的电能表、低压断路器、导线;会使用万用表、测电笔进行电路检测,分析故障并排除故障。

(4)具有初步的文献检索、资料查找与阅读等能力。

(5)在实训过程中,逐步树立6S管理理念。

人们在生产生活中为什么要用交流电而不用直流电?

利用建立在电磁感应原理基础上的交流发电机可以很方便地把机械能、化学能等其他形式的能转化为交流电能。

发电厂要将生产出来的电输送到很远的地方,供用户使用。电压越高,输送中损失越小,就更加经济。交流电可以通过变压器升压和降压,这给配送电能带来极大的方便。这就是交流电与直流电相比所具有的独特优势,因而应用很广泛。

交流电的表达式

交流电在某一时刻的瞬时值可用三角函数式(解析式)来表示,即:

$$i_t = I_m \sin(\omega t + \varphi_0)$$

$$u_t = U_m \sin(\omega t + \varphi_0)$$

$$e_t = E_m \sin(\omega t + \varphi_0)$$

式中:I_m、U_m、E_m分别称为交流电流、电压、电动势的振幅(也称为峰值或最大值),电流的单位为安[培](A),电压和电动势的单位为伏[特](V);ω称为交流电的角频率,单位为弧度每秒(rad/s),它表示正弦交流电流每秒内变化的电角度;φ_0是电流、电压、电动势的初相位或初相,单位为弧度(rad)或度(°),它表示初始时刻正弦交流电所处的电角度。

任务一　照明配电板的安装与检修

※工作任务说明

为提倡低碳生活，节约用电，学校决定从下月起对学生宿舍实行用电计量管理，计划对每个宿舍安装配电板。请你的团队根据如图 3-2 所示配电板电路原理图和元器件布置图设计并安装配电板。

某宿舍电器配置情况如下：空调 1 台（功率 1 P）、日光灯 2 盏（每盏 20 W）、台式电脑 2 台（300 W）、笔记本电脑 4 台；另外，还需要配置手机及其他电器使用的插座。请设计并安装配电板（在网孔板上安装）。要求配电线路除能计量电能外，还具有短路、过载、漏电等保护功能，以保护人身安全和用电设备的安全。

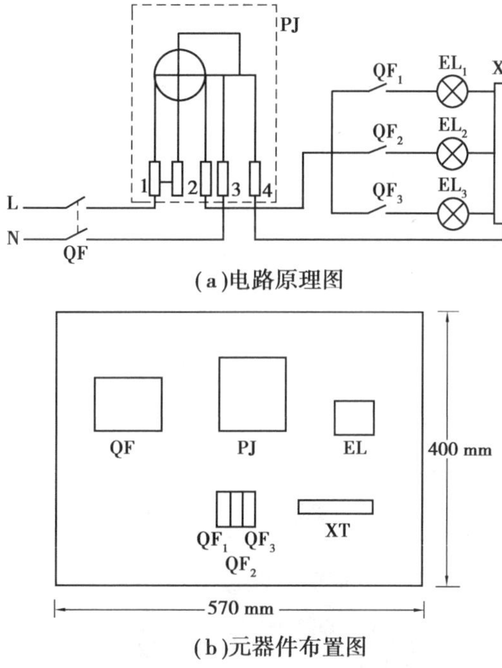

(a)电路原理图

(b)元器件布置图

L—相线（火线）；N—中性线（零线）；QF—低压断路器（总开关）；
QF_1 ~ QF_3 低压断路器（支路开关）；PJ—单相电能表；
EL_1 ~ EL_3——照明灯；XT—接线排

▲图 3-2　照明配电板电路原理图和元器件布置图

表示正弦交流电大小或强弱的物理量——瞬时值、最大值、有效值、平均值

1. 瞬时值

瞬时值是指随时间变化的电流、电压、电动势和功率在任何一瞬间的数值。电流、电压、电动势和功率分别用 $i_{(t)}$、$u_{(t)}$、$e_{(t)}$、$p_{(t)}$ 表示。

2. 最大值

交流电是按正弦曲线变化的，每一周期出现两次最大值（也称为幅值），电流、电压、电动势的最大值分别用 I_m、U_m、E_m 表示。

3. 有效值

在相同时间内，一个直流电流和一个交流电流通过大小相等的电阻 R，若电阻上的发热量相等，这个直流电的数值即称为该交流电的有效值。电流、电压、电动势的有效值分别用 I、U、E 表示。

有效值与最大值的关系为：

$$E = \frac{E_m}{\sqrt{2}} = 0.707E_m$$

$$U = \frac{U_m}{\sqrt{2}} = 0.707U_m$$

$$I = \frac{I_m}{\sqrt{2}} = 0.707I_m$$

4. 平均值

平均值是指正弦交流电在半个周期内，在同一方向通过导体横截面积的电流与半个周期时间之比的值。电流、电压、电动势的平均值分别用 I_{PJ}、U_{PJ}、E_{PJ} 表示。

※安全提示

①电笔握法要正确。用大拇指和中指夹住笔身，食指按压笔帽的金属部分。千万不能用手接触笔尖的金属部分。

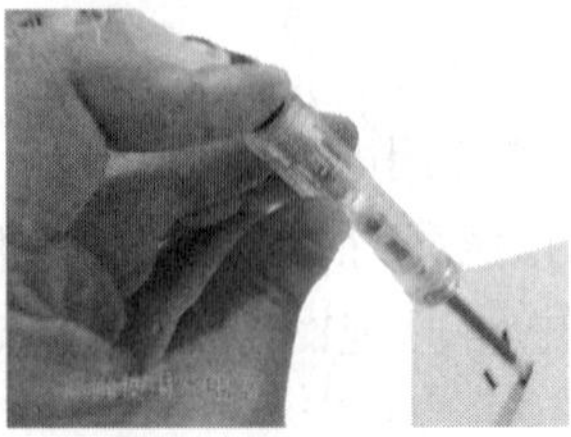

▲图 3-3　握法要正确

②电路接线不能错。按图施工，进线、出线不能错；火线、零线不能错。

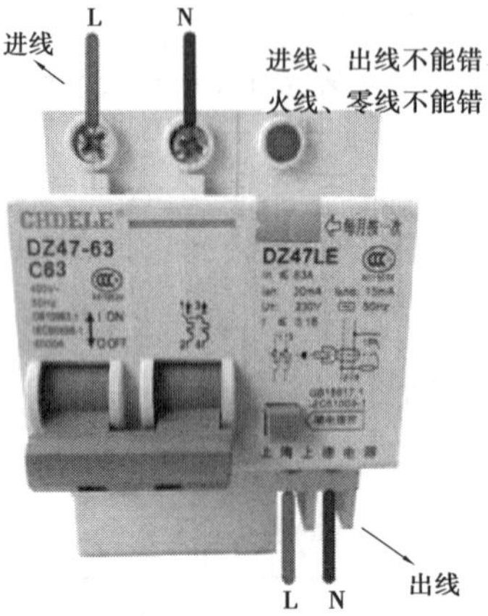

▲图 3-4　电路接线不能错

③自检、互检、老师检。通电前，学生间相互检查，最后由老师检查，合格后才可以通电。严禁学生私自通电。

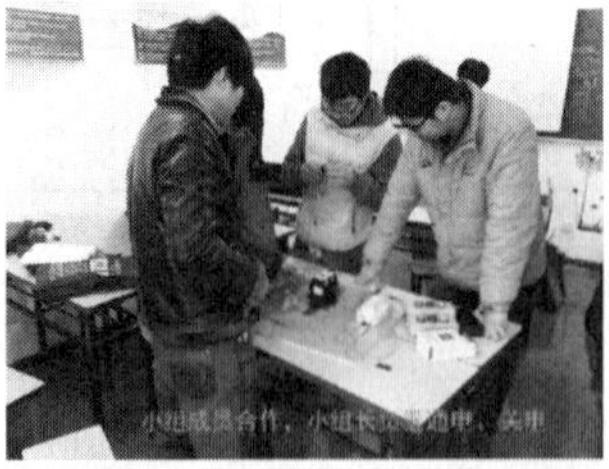

▲图 3-5　自检、互检、老师检

※任务实施

室内照明线路安装及检测是电工初学者必须掌握的基本技能之一。从现在起，你就是一位电气工程技术人员，请你与所在团队的其他几名技术人员共同完成本任务。

表示交流电所处状态的物理量——相位、初相位、相位差

1. 相位

相位是表示正弦交流电在某一时刻所处状态的物理量。“$\omega t+\varphi_0$”就是正弦交流电的相位，单位为度(°)或弧度(rad)。

2. 初相位

初相位是表示正弦交流电起始时刻所处状态的物理量。正弦交流电在 $t=0$ 时的相位称为初相位，简称初相，用 ϕ_0 表示。初相位用小于 π 的角(弧度)表示。

3. 相位差

两个同频率正弦交流电，在任一瞬间的相位之差就是相位差，用 $\Delta\phi$ 表示。

表示正弦交流电变化快慢的物理量——周期、频率、角频率

1. 周期

周期是指交流电完成一次周期性变化所用的时间，用 T 表示，单位是秒(s)。

2. 频率

频率是指交流电在单位时间内(1 s)完成周期性变化的次数。频率用 f 表示，单位是赫兹(Hz)。频率常用的单位还有千赫兹(kHz)和兆赫兹(MHz)。

周期和频率之间互为倒数关系，即

$$T=\frac{1}{f},\quad f=\frac{1}{T}$$

周期、频率和角频率三者的关系如下：

$$\omega=2\pi f=\frac{2\pi}{T}$$

$$f=\frac{1}{T}=\frac{\omega}{2\pi}$$

$$T=\frac{1}{f}=\frac{2\pi}{\omega}$$

活动1　工具、仪表、元器件的清点和选用

1. 工具、仪表、元器件的清点

根据图3-2，清点完成本次任务所需仪表、工具、元器件及材料，填入表3-1中。

表3-1　工具、仪表及器材清单

项目	名　称	作　用	数量	规格/型号	备注
所用设备	网孔板	安装配电装置			
所用仪表	数字万用表	检查故障、测试电路			
所用工具	剥线钳、电工刀	剥削导线			
	螺丝刀	安装配电器件			
	钢丝钳、斜口钳	剪断导线			
	尖嘴钳	弯曲导线、导线连接			
	验电笔	检查线路是否带电			
所用元器件	低压断路器	电源开关			
	漏电保护器	漏电保护开关			
	单相电能表	计量电能			
所用材料	导线	连接电路			
	线卡	紧固导线			
	螺钉	固定电能表、断路器等			

正弦交流电的三要素

交流电与直流电的不同之处是，交流电的大小和方向都随时间变化，而直流电的大小和方向一直保持恒定，不随时间变化。

交流电的变化规律表现在其大小、快慢及初始值3个方面，而它们分别由幅值、频率和初相位来确定，我们把这3个物理量称为交流电的三要素。

只要知道了某正弦交流电的三要素，就可以写出其瞬时值表达式，进而可以画出其波形图。

电能表俗称电度表，是用来累计用户消耗电能多少的电工仪表。

2. 元器件的选用

(1) 单相电能表的选用

单相电能表选择的依据有两个：额定电压和额定电流。我国单相电源电压为220 V，所以电能表的额定电压也应选择为220 V。额定电流的选择应根据所带用电设备的总电流值来确定（总电流值可通过计算求得，一般按照每千瓦负载5 A电流来估算）。

电能表铭牌电流5(10)A、10(20)A、5(20)A是什么意思？

括号前的电流值称为标定电流，是作为计算负载基数电流值的；括号内的电流称为额定最大电流（短时间内可以通过的最大电流）。

• 计算负载的总功率

在本实训任务中,各个负载的功率估算为:1 P 空调 735 W+日光灯 40 W(20 W×2)+台式电脑 600 W(300 W×2 台)+笔记本电脑 80 W(20 W×4 台)+手机充电 12 W(2 W×6 只)= 1 467 W。考虑到将来有可能会出现较大功率的临时用电设备(如电吹风、暖手器等),一般预留总功率的 50% 左右的富余量(733 W),即总功率为 1 467 W+733 W=2 200 W 左右。按照每千瓦负载 5 A 电流,应该选用 10(20)A 的单相电能表。

感应式电能表具有直观、动态连续、停电不丢数据等优点。

电子式电能表具有体积小巧、精度高、可靠性好、安装方便等优点。

• 生产厂家及品牌的选择

目前常用的有感应式电能表和电子式电能表两大类,用户根据具体需求进行选用。本次实训选用 DD862-4 型 10(20)A 单相电能表。

导师说

选用电能表时,电能表额定电流应不小于该总电流值,但也不应大于用电总电流的 4 倍。

(2)断路器的选用

家庭及类似场所一般用二极(即 2 P)断路器作总电源保护,用单极(1 P)断路器作分支保护。2 P 和 1 P 断路器如图 3-6 所示。

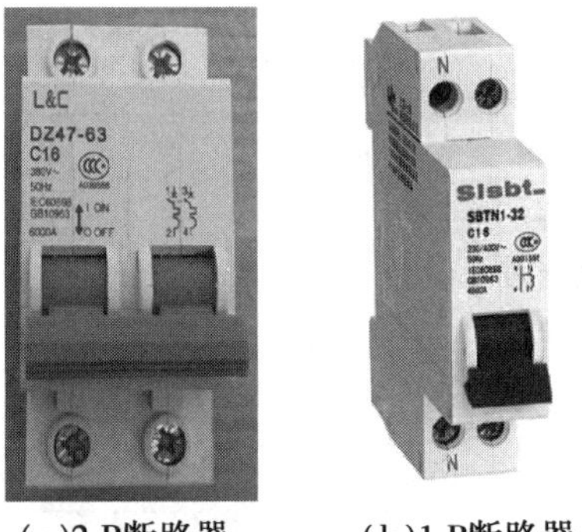

(a)2 P断路器　　(b)1 P断路器

▲图 3-6　断路器

断路器全称为自动空气断路器,也称空气开关,可实现短路、过载等保护功能。当住宅线路或家用电器发生短路或过载时,能自动跳闸,切断电源,从而有效地保护这些设备免受损坏或防止事故扩大。

断路器的额定电流选择原则:一般选取为总负载额定电流的 1.25~1.30 倍。

• 断路器(总开关)的额定电流选择

本次任务总的最大功率为 2 240 W,把总的功率除以 220,再乘以 1.25~1.30,就可以得出电流值。即 $\frac{2\ 240\ \text{W}}{220\ \text{V}}\times 1.3=13.2\ \text{A}$。由于小型断路器的规格主要以额定电流来区分的,如 6 A,10 A,16

A,20 A,25 A,32 A 等,因此作为总开关的断路器应选择 16 A 的 2 P 断路器。

作为支路开关的断路器,空调回路的负载为 735 W,计算其电流为:$\frac{735\ \text{W}}{220\ \text{V}}\times 1.3=3.3\ \text{A}$,应选择 6 A 的 1 P 断路器。照明灯回路的负载只有日光灯共 40 W,选择 6 A 的 1 P 断路器。插座回路的负载为 720 W 左右,考虑到插座上有可能连接电吹风等大功率电器,应选择 10 A 的 1 P 断路器。

本次实训,插座回路和空调回路均有 1 个 15 W 灯泡作为负载,因此支路开关断路器均选用 6 A 的 1 P 断路器。

● 品牌的选择

国内较知名的品牌主要有富士、正泰、德力西等。

导师说

断路器的额定电流如果选择偏小,则断路器易频繁跳闸,引起不必要的停电;如选择过大,则达不到预期的保护效果。

(3)导线的选用

● 线材的选择

导线的粗细(横截面积大小)的单位是 mm^2。家庭常用导线有 1,2.5,4,6,10 mm^2 等规格。

国家标准《住宅设计规范》GB 50096—2011 强制规定:室内照明线路"导线应采用铜芯线"。因此,只能选择铜芯线。

● 导线粗细的选择

一般来说,按照每 1 kW 功率匹配 1 mm^2 的铜芯线即可。例如 1.5 kW 的电器,用 1.5 mm^2 的铜芯线就完全满足要求。或者把电流换算一下,每 1 mm^2 铜芯线带 4 ~5 A 的负载电流是没问题的。

本次任务总的最大功率为 2 240 W,选用 2.5 mm^2 的铜芯线即可满足安全供电的要求。

● 导线颜色的选择

一般规定为:火线用红色线,零线用绿色或者蓝色线,接地线用黄绿相间的双色线。

● 品牌的选择

国内较知名的品牌主要有鸽牌、正泰、德力西、江南等,均可选用。

上面仅介绍 3 个主要元器件的选用方法,本实训中其他器材的选用,请同学们自己查阅有关资料解决问题。

活动 2　判断元器件质量

1. 判断断路器的质量

初步判断断路器的质量可采用目测法，比较准确地判断断路器的质量可以用万用表检测法，见表 3-2。

检测低压断路器时，可以用数字万用表的电阻挡或二极管挡，也可用指针式万用表的 R×1 挡。

检测时，红、黑表笔分别接断路器对应的两个接线端，测量各组开关的电阻值来判断其是否正常。

表 3-2　判断低压断路器的质量好坏

方法	质量判断要点	图　示
目测法	铭牌标志应清晰；型号及规格应符合设计规定；接线柱应光洁、无毛刺	
万用表检测法	①置于“ON”，测得的各组开关的正常电阻值应为 0； ②置于“OFF”，测得的阻值为无穷大； ③在“ON”或“OFF”状态下，若测得的电阻值时大时小，说明其内部触点接触不良	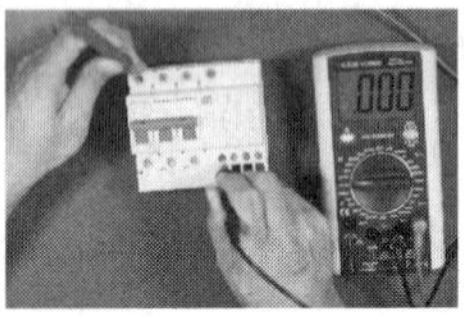

2. 判断单相电能表的质量

一般来说，对单相电能表的质量评估需要专业的设备才能进行。在业余条件下，主要通过直观检查，看电能表的铭牌参数是否符合设计规定，表壳有无损坏，接线柱是否有松动。

3. 判断铜芯导线的质量

铜芯线也有优劣之分。铜芯线质量鉴别的方法可归纳为“三看”，见表 3-3。

表 3-3　铜芯线质量鉴别方法

项目	鉴别方法	图　示
看外表	电线表面应有制造厂名、产品型号和额定电压的标志	

续表

项目	鉴别方法	图　示
看铜芯	剥开一段绝缘层，质量较好的铜芯线，其铜芯粗细均匀，无损伤和锈蚀，颜色金黄光亮。另外，质量好的电线无铜芯偏心、歪斜现象	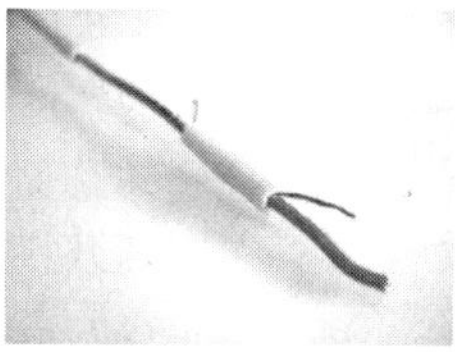
看柔韧性	质量较好的电线手感柔软，弯折数十次以上也不会轻易折断	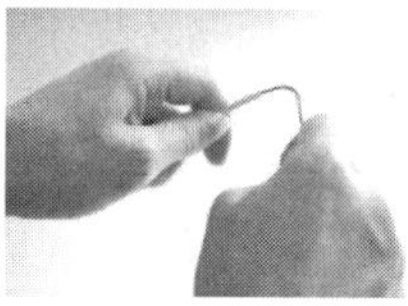

活动3　安装电路

1. 固定元器件

(1)准备工作

根据表3-1准备好工具、仪表及元器件，并整齐地摆放在工作台上，如图3-7所示。

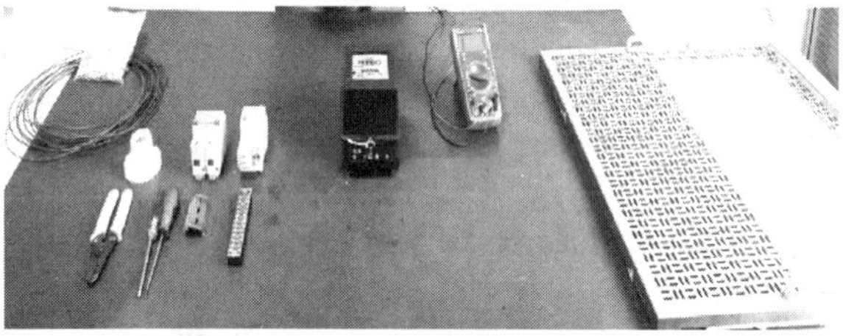

▲图3-7　工具、仪表及元器件准备

照明电路搭建

(2)定位画线

根据图3-2(b)，在网孔板上对器材进行画线定位。要求网孔板的四周应留有足够宽度的空隙，以方便安装、检修，同时也可使布局满足美观的要求。

(3)固定元器件

建议按照表3-4所示进行元器件固定。

表3-4　元器件固定的步骤及方法

步骤	操作内容	图　示
①固定电能表	将电能表摆放正，表的上下各有一个螺钉孔。先将螺钉穿过表的螺钉孔和网孔板的网孔，再在网孔板的底面加上螺母，最后用螺丝刀拧紧螺钉	

续表

步骤	操作内容	图　示
②固定接零排	先将接零排摆放正，再将螺钉穿过接零排的螺钉孔和网孔板的网孔，然后在网孔板的底面加上螺母，最后用螺丝刀拧紧螺钉	
③固定断路器	用2颗螺钉将导轨固定在网孔板上，再把断路器卡在导轨上	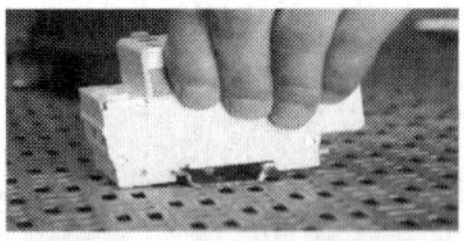
④固定灯座	用2颗螺钉将灯座固定在网孔板已规划的位置上	

导师说

根据元器件布置图来确定元器件的摆放位置。保持元器件的上边线与配电板的上边线平行，与左边线垂直。元器件要固定牢固。

照明电路连线

2. 接线

元器件固定好后，接下来根据图3-2(a)，按照表3-5进行接线。

表3-5　接线步骤及方法

步骤	操作内容	图　示
①	用脚踩住铜芯线的一端，双手向上使劲拉另一端，将单股铜芯线拉直（工作台配有台虎钳的可用台虎钳）	
②	根据连接元器件间距离的长短，用尖嘴钳剪切一段长度适中的2.5 mm^2 单股铜芯导线	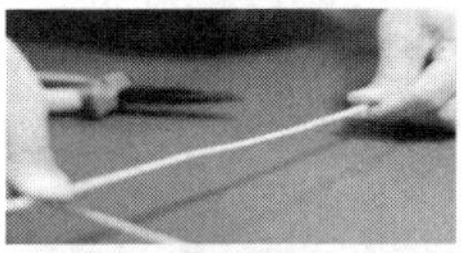
③	火线（红线）与总断路器上部的L端连接，零线（蓝线）与总断路器上部的N端连接	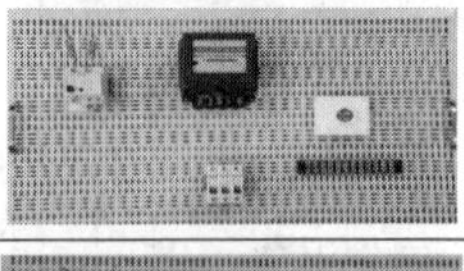
④	总断路器下部出线端的L与电能表1号接线端连接；总断路器下部出线端的N与电能表3号接线端连接	

续表

步骤	操作内容	图　示
⑤	电能表2端(火线出端)与分路断路器上接线端连接,并把所有的分路断路器上端接在一起	
⑥	电能表4端(零线出端)与接零排的上接线端连接,并把所有的接零排上端接在一起。 将分路开关QF_1下部出线端与灯座的中心电极片连接,接零排的一根零线与灯座的螺口电极连接	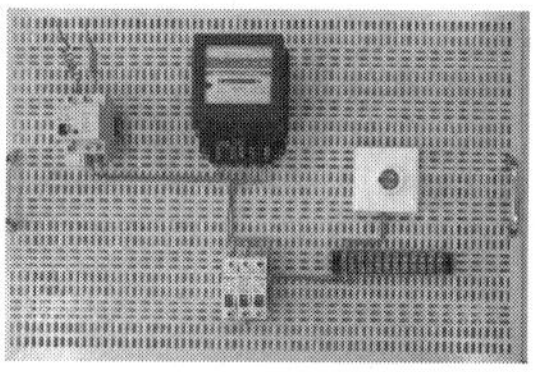

导师说

单相电能表接线规则为:1、3接进线,2、4接出线;1、2为火线,2、4为零线。

低压断路器接线规则为:上部为进线端,下部为出线端;标注“L”端接火线,标注“N”端接零线。

活动4　检查并调试电路

照明电路断电检查

1.不通电检查

对安装完工的配电板,先在断电条件下根据电气图及工艺要求进行自查、互查,如发现错误应及时改正。

自查、互查可按照表3-6的步骤进行操作,主要注意检查以下两个方面是否存在问题:

①元器件固定是否牢固?接线是否正确?是否达到工艺要求?

②线路是否接通?线路是否受断路器控制?

表3-6　不通电检测

步骤	操作内容	图　示
①	检查总开关。用万用表的R×1挡检测总开关断路器的通断情况	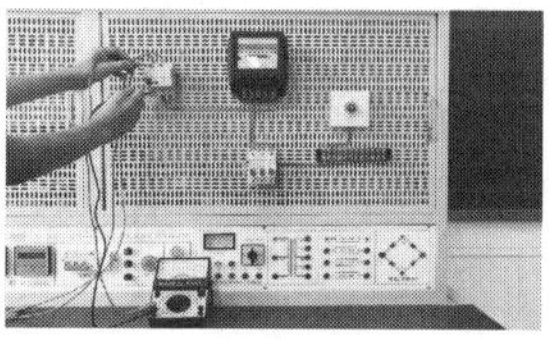

续表

步骤	操作内容	图　示
②	检查分路开关断路器。用万用表的 R×1 挡检测各个回路断路器的通断情况	
③	检查电线通断情况。用万用表的 R×1 挡检测线路的通断情况	

2. 通电检查

断电检查完毕,待老师检查确认后,可用导线将总断路器的进线端与实训台上的 220 V 电源连接,如图 3-8 所示;闭合总断路器,接通电源。通电检查可按照表 3-7 的步骤进行操作。

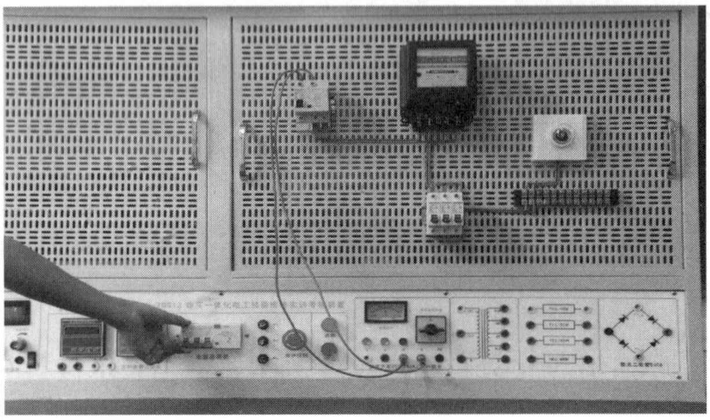

▲图 3-8　接通电源

表 3-7　通电检查

步骤	操作内容	图　示
①	合上总开关 QF,分别用试电笔检查总断路器的入线端、出线端,电能表 1、3 接线端,分路开关的进出接线端,正常时应有电;接零端子排上应无电	
②	合上分路开关 QF_1,灯泡能发光;闭合 QF_1,灯泡熄灭	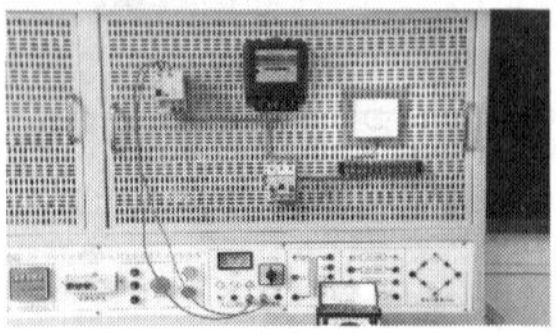

导师说

试电笔验电时，手指必须触及笔尾的金属体；使用试电笔应注意避光，以免光线太强影响观察氖泡是否发亮而引起误判。

3. 工作情况检测

配电板安装与调试5环节

清——清点元器件，并检测其好坏。

固——固定元器件（牢固、不倾斜、不装倒）。

接——线头剥削、导线成形（若导线不直，可用螺丝刀整形）、连接。

检——用电笔或万用电表进行自检、互检，确认线路无故障。

试——通电试验，检验成果。

断电，在灯座上接一个100 W灯泡，作为线路的负载，进行工作情况检查，见表3-8。

表3-8　电路工作情况检查

步骤	操作内容	图　示
①	通电后，观察断路器是否有跳闸现象。如果有跳闸，说明电路中有短路现象	
②	观察电能表的铝盘是否顺时针转动。如果是顺时针转动，则数一数每分钟铝盘转动的圈数。断电，更换功率大小不同的灯泡，观察铝盘转动速度有无变化。断开QF_1，观察铝盘是否仍然转动	

活动5　维修电路

一般来说，只要配电板的元器件选择合适，安装与接线正确，电路是可以正常工作的，且工作稳定性较高。

若故障现象为灯泡不发光，可按照表3-9的步骤进行维修。

照明线路常见故障有短路、断路和漏电3种。

①短路故障的明显表现为：电流急剧增大，断路器跳闸，短路点有明显烧痕、绝缘层炭化，严重的会使导线绝缘层烧焦，导线烧断，甚至会引起火灾事故等。

②断路故障发生后，电路无电压，照明灯不亮，一切用电器不能工作。

表3-9　灯泡不亮故障的维修

步骤	操作内容	图　示
①	用眼观察灯泡灯丝是否完好，或者用万用表欧姆挡检测灯泡是否有阻值。若灯泡损坏，更换灯泡即可排除故障	

续表

步骤	操作内容	图　示
②	通电，用试电笔依次从供电端至负载端检查是否有电，也可以用万用表交流 250 V 电压挡测量线路中有无 220 V 电压	
③	断电，用万用表的欧姆挡检测 QF、QF_1 是否损坏。检测线路中各段导线的通断情况	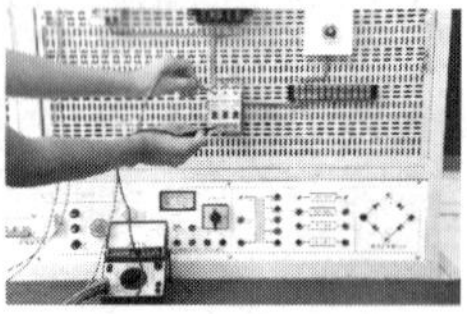

③漏电若不严重，没有明显的故障现象；较严重时，就会出现建筑物带电和用电量无故增加甚至直接导致火灾等事故发生。

各小组根据列出的几个模拟故障进行检修，将检修情况记录在表 3-10 中。

表 3-10　配电板维修记录

序号	故障现象	故障原因分析	故障点	维修方法
1	通电后，电能表反转			
2	通电后，电能表不转			
3	QF 不能合闸			
4	QF_1 不能分闸			

※拓展与提高

交流电在生产、传输及应用等方面有其特有的优越性，故在工农业生产和日常生活中得到广泛应用，它是我们学习后续专业课的重要理论基础。

1. 两个同频率交流电的相位

两个同频率正弦交流电的相位之差等于初相位之差。设第一个正弦量的初相为 φ_{01}，第二个正弦量的初相为 φ_{02}，则这两个正弦量的相位差为：

$$\Delta\varphi = \varphi_{01} - \varphi_{02}$$

两个同频率正弦交流电的相位存在 5 种情形，见表 3-11。

表 3-11　两个同频率正弦交流电的相位

关系	相　位	波形图
同相	$\Delta\varphi=\varphi_{01}-\varphi_{02}=0$，称 i_1 与 i_2 同相	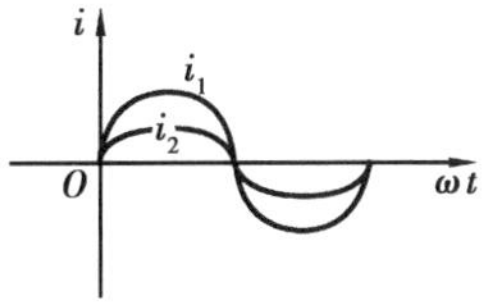
反相	$\Delta\varphi=\varphi_{01}-\varphi_{02}=\pi$，称 i_1 与 i_2 反相	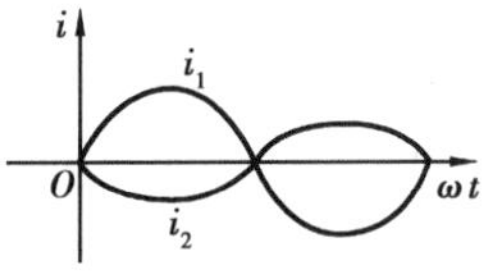
正交	$\Delta\varphi=\varphi_{01}-\varphi_{02}=\dfrac{\pi}{2}$，即 i_1 超前于 i_2 $\dfrac{\pi}{2}$，称为 i_1 与 i_2 正交	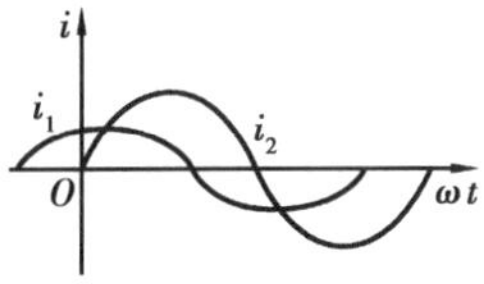
超前	$\Delta\varphi>0$，称 i_1 超前 i_2	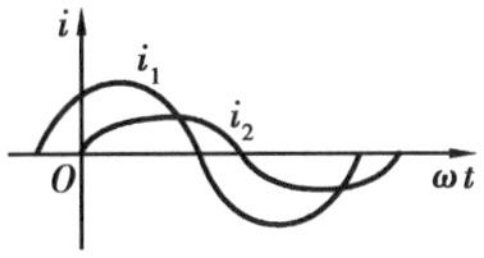
滞后	$\Delta\varphi<0$，称 i_1 滞后 i_2	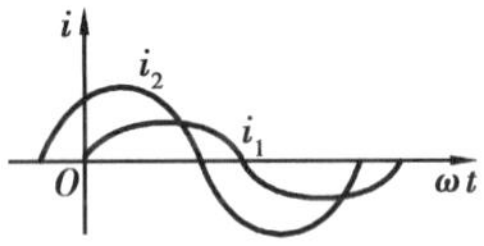

“五点”分别为：起始点、最大值点、过 X 轴点、最小值点、终点。相邻两点相差 90°。

在作图时，先把这“五点”描出，然后用光滑的曲线连接。

2. 正弦交流电的波形图和矢量图

（1）正弦交流电的波形图

根据交流电的最大值和初相位两个要素，用一个周期的正弦函数图像表示正弦交流电。一般采取“五点”法进行绘制，如图 3-9 所示为交流电某一瞬时电流波形。

以熟悉的初相为 0 的正弦函数的波形为参照，根据所需表示的正弦交流电的初相判定超前或滞后关系，将波形起始点前移或后移相应角度，结合最大（有效）值调整幅值，并按波形的自然趋势补充完整。

（2）正弦交流电的矢量图

用初始位置的矢量来表示正弦量：矢量的长度与正弦量的最大值或有效值成正比；矢量与横轴正方向的夹角等于初相。这种表示方法称正弦量的矢量图表示方法。

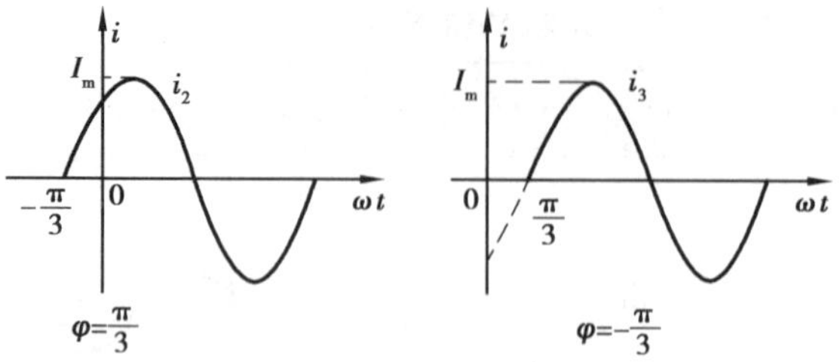

▲图 3-9 某一瞬时电流的波形

若波形起点在坐标原点（或者纵轴）的左侧，表示初相位为“+”；若波形起点在坐标原点（或者纵轴）的右侧，表示初相位为“−”。

矢量以角速度 ω 逆时针旋转。当 $\varphi>0$ 时，矢量在横轴的上方；$\varphi<0$ 时，矢量在横轴的下方；矢量以角速度 ω 逆时针旋转，这就是正弦交流电的相量表示法。如图 3-10 所示为某一电流瞬时值的向量图。

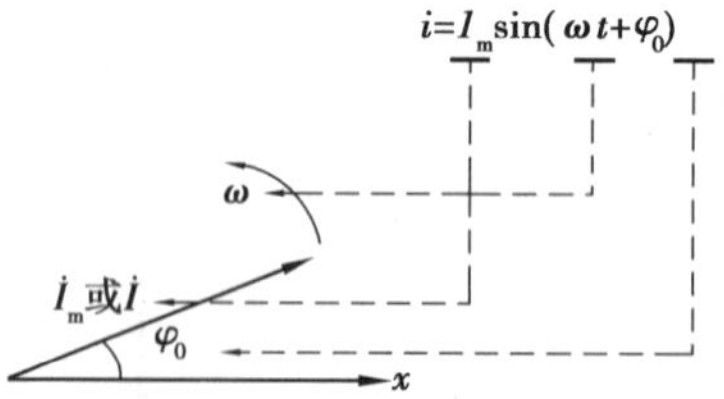

▲图 3-10 某一电流瞬时值的矢量图

在大写字母上加点表示矢量。

①矢量长度正比于最大值；

②矢量初始夹角为正弦量的初相；

③矢量以角速度 ω 沿逆时针方向匀速转动；

④旋转矢量在纵轴上的投影即为相应时刻的瞬时值。

作图要用比例尺和量角器。

导师说

正弦交流电常用的表示方法有解析式法、波形图法和矢量图法，每一种表示方法都能反映正弦交流电的三要素。

在通常情况下，解析式和波形图可互换，解析式和波形图可换成矢量图，但矢量图不能直接换成解析式和波形图，还需要知道正弦量的频率（角频率或周期）才行。同频率的正弦量能画在同一矢量图上和波形图上，在矢量图上能直观反映出各个正弦量的大小和相位关系。

※总结与评价

1. 成果展示

各小组展示成品配电板，交流汇报（用 PPT 或文字描述均可），并回答师生提出的问题。

2. 评价

由组长、老师对各小组成员任务完成情况进行评价，填入表 3-12 中。

表 3-12　评价表

评价内容		自评	组长评价	教师评价
		优☆　良△　中√　差×		
职业素养	①安全用电			
	②设备及器材的安全			
	③记录整理完整准确			
	④ 符合 6S 管理理念			
知识与技能	①电路元器件布局美观			
	②安装工艺规范			
	③正确调试和测量电路			
	④功能全部实现			
汇报展示	①作品展示(可以为实物作品展示、PPT 汇报、简报、作业等形式)			
	②语言流畅,思路清晰			
评价等级				

※检测与反思

A 组题

一、填空题

1. 选用电能表时,电能表的最大额定电流要________于负载的工作电流,但不能大太多。
2. 电路板安装与调试要牢记的 5 个环节是____________________。
3. 用试电笔验电时,手________接触笔尖的金属部分。

二、判断题

4. 配电板安装完毕,应立即进行通电观察电路是否工作正常。（　　）

5. 作为电源总开关的断路器在接线时,一定要区分清楚进线与出线的接线柱,同时还要注意区分清楚火线、零线的接线柱。（　　）

B 组题

一、填空题

1. 相位的单位可以用弧度来表示，通常用英文缩写________表示弧度。
2. 作正弦交流电的矢量图时，矢量初始夹角是正弦量的________。
3. ____________________是用来表示正弦交流电大小或强弱的物理量。
4. 正弦交流电的周期和频率之间互为________关系。

二、判断题

5. 有两个同频率的正弦交流电，其相位差为 180°，称为同相的交流电。（　　）
6. 交流电的频率越高，则表明该交流电的幅值越大。（　　）
7. 通过精确计算，正弦交流电的最大值是有效值的 0.707 倍。（　　）

三、选择题

8. 交流电的三要素是指最大值、频率和（　　）。

A. 相位　　B. 角度　　C. 初相角　　D. 电压

9. 正弦交流电的（　　）不随时间按一定规律作周期性的变化。

A. 电压、电流的大小　　B. 电动势、电压、电流的大小和方向

C. 电动势、电压、电流的大小　　D. 频率

10. 我们通常所说的 220 V 的交流电，指的是（　　）。

A. 瞬时值　　B. 有效值　　C. 最大值　　D. 平均值

C 组题

1. 谈谈你是如何理解正弦交流电三要素的。

2. 解释最大值、有效值、平均值的含义，并指出它们之间存在什么关系。

3. 已知交流电流为 $i=110\sin(100\pi t+45°)$，求 I_m、I、T、f 和 φ_0，试画出该交流电流的波形图。

4. 如图 3-11 所示，请写出交流电流 i_1、i_2 的瞬时值表达式。

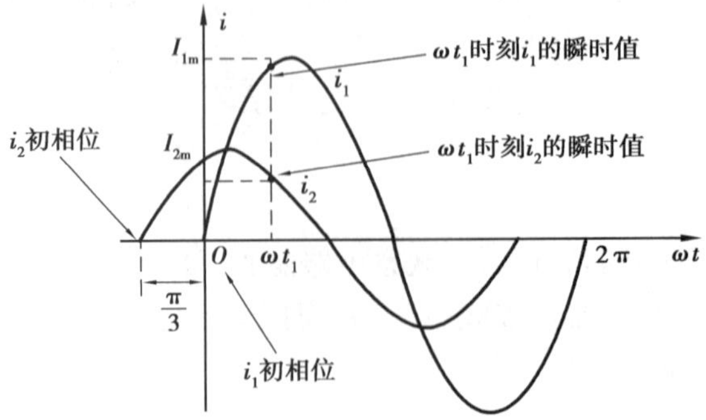

▲图 3-11　电流的波形图

5. 已知 3 个正弦交流电的频率均为 50 Hz，且①$U=10\ \mathrm{V}$，$\varphi_{U_0}=\frac{\pi}{3}$；②$I=5\ \mathrm{A}$，$i$ 和 u 的相位关系为 i 超前 $u\ \frac{\pi}{3}$；③$E_m=10\ \mathrm{V}$，e 和 i 的相位关系为 e 滞后 $i\ \frac{\pi}{2}$。写出 3 个函数的表达式，并在同一坐标轴上画出 3 个正弦交流电的矢量图。

任务二　居室用电线路的安装与检修

※工作任务说明

在家居照明电路中，有一个开关控制一盏灯的场合，如厨房、卫生间等；也有客厅、卧室等需要两个开关异地控制同一盏灯的场合，如在客厅设置双控开关，控制客厅内的同一盏灯，进客厅时打开灯，进卧室时可用客厅另一面墙上的双控开关关闭客厅的灯；插座也是家居用电中必不可少的器件。

某学校学生宿舍为一室一卫单间配套，现要进行室内“2 开双控+1 开单控+1 插座”的用电线路安装。要求：室内安装一盏白炽灯，用双控开关控制；卫生间内安装一盏白炽灯，用单控开关控制；居室内配 1 个三孔插座。请你的团队根据图 3-12 所示电路图设计并安装此电路。

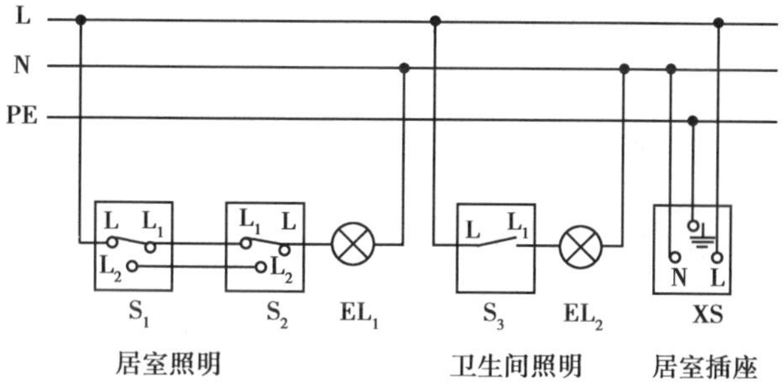

(a)电路原理图

元件布置图要遵循横平竖直的原则，保证布局合理、整齐、美观。

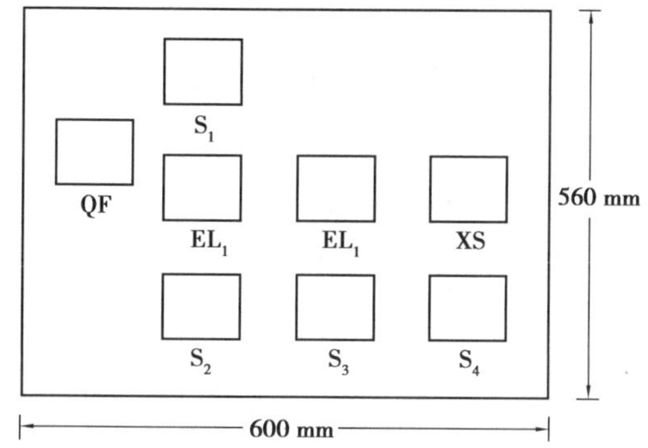

(b)元器件布置图

▲图 3-12　“2 开双控+1 开单控+1 插座”电路原理图和元器件布置图

※安全提示

①器材质量把好关。选用符合电气安装规范的导线、开关、照明灯、插座等，并在安装前仔细观察、检测质量，避免因器材质量不过关而发生用电事故，如图 3-13 所示为电源插座的质

量检测。

②电路接线不能错。按图施工，双控开关、带开关的插座接线不能错，螺口灯座接线不能错，如图 3-14 所示。

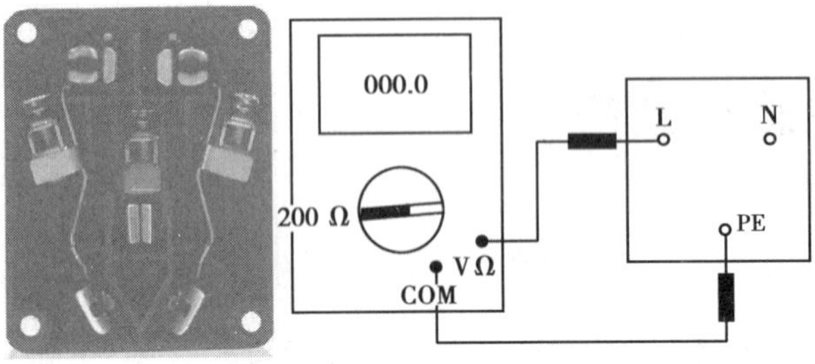

▲图 3-13　电源插座的质量检测

▲图 3-14　电源插座接线示例

※任务实施

室内照明线路的安装及检测是电工初学者必须掌握的基本技能之一。请你与所在团队的其他技术人员共同完成本任务。

活动 1　工具、仪表、元器件的清点和选用

1. 工具、仪表、元器件的清点

根据图 3-11，清点完成本次任务所需工具、仪表及元器件，填入表 3-13 中。

表 3-13　工具、仪表及器材清单

项目	名称	作用	数量	规格/型号	备注
所用设备	网孔板	安装配电装置			
所用仪表	数字万用表	检查故障、测试电路			
所用工具	剥线钳、电工刀	剥削导线			
	螺丝刀	安装配电器件			
	钢丝钳、斜口钳	剪断导线			
	尖嘴钳	弯曲导线、导线连接			
	验电笔	检查线路是否带电			

常用开关插座的规格

◎86 系列：面板长和宽均为 86 mm，该系列产品应用最为广泛，如下图所示。

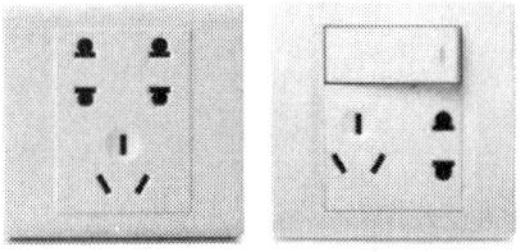

86 系列开关插座

◎ 118 系列：面板长 118 mm，宽 78 mm，如下图所示。

118 系列开关插座

续表

项目	名称	作用	数量	规格/型号	备注
所用元器件	低压断路器	电源开关			
	双控开关	控制白炽灯的通断			
	单控开关	控制白炽灯和插座的通断			
	灯座	固定白炽灯并供给电源			
	白炽灯	照明元件			
	五孔插座	电源插座			
所用材料	导线	连接电路			
	线卡	紧固导线			
	螺钉	固定元器件			

◎120 系列：有两种外形尺寸，一种面板长和宽均为 120 mm；另一种面板长为 120 mm，宽为 78 mm。120 mm×78 mm 开关可配置一个单元、两个单元或三个单元的功能件。120 mm×120 mm 开关可配置 4 个单元、5 个单元或 6 个单元的功能件，如下图所示。

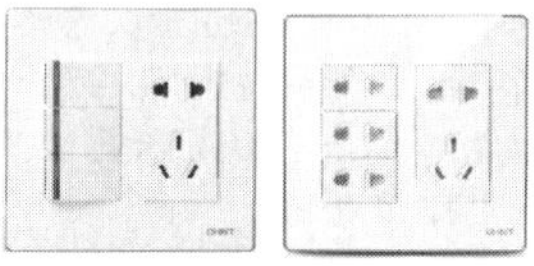

120 系列开关插座

2. 主要元器件选用

(1)双控开关的选用

双控开关实质上是单刀双掷开关，它内部由一个动触点、两个静触点组成。在选用上主要考虑开关的安装方式、颜色、额定电流、品牌等几个方面的要求。

- 开关尺寸规格、安装方式及颜色的选择

开关主要规格有 86 系列、118 系列、120 系列，其中 86 系列使用最为广泛。开关的安装方式分为明装式和暗装式两种，在实际生活中根据场地需要进行选择，家庭装修中以暗装为主。开关颜色多种多样，常见的是白色、银色、香槟色等，对于颜色的选取则主要考虑消费者的喜好。本次实训任务选择白色明装 86 型双控开关，其外形如图 3-15 所示。

(a)正面　　(b)内部

▲图 3-15　双控开关

- 开关额定电流的选择

本次任务，开关控制的是 40 W 的白炽灯，根据 $I=\frac{P}{U}$，算出白

炽灯的电流 $I_{灯}=\dfrac{40\ \text{W}}{220\ \text{V}}\approx 0.19\ \text{A}$，按照开关的额定电流选择原则：一般选取为总负载额定电流的 1.25～1.30 倍，所以白炽灯通过开关电流 $I_{开关}=0.19\ \text{A}\times 1.3=0.247\ \text{A}$。由于开关额定电流有：6 A、10 A、16 A 等，因此应选择 6 A 的开关控制白炽灯的通断，与此对应的额定电压为 250 V。

• 开关品牌的选择

国内较知名的开关品牌主要有公牛、正泰、德力西等。

（2）灯具的选用

本任务使用的光源为白炽灯，白炽灯是将灯丝通电加热到白炽状态，利用热辐射发出可见光的电光源。白炽灯泡内的灯丝，是用很细的钨丝绕制成的。白炽灯主要有螺口式和卡口式两种，如图 3-16 所示。

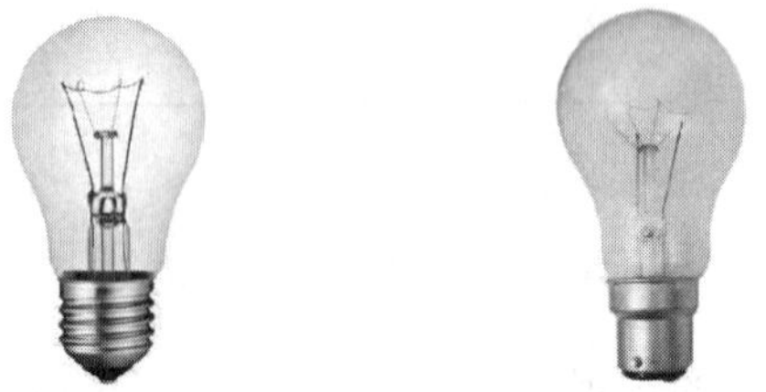

(a)螺口式白炽灯　　(b)卡口式白炽灯

▲图 3-16　常见的两种白炽灯

灯具额定电压和功率常标注在灯身顶端或者外包装上面。本次任务选用 40 W 螺口式白炽灯（也可以选用 5 W 节能灯或 LED 灯）。

（3）灯座的选用

灯座又称为灯头，是固定灯泡位置和使灯泡触点与电源相连接的器件。根据安装方式的不同灯座分为卡口灯座、螺口灯座等，如图 3-17 所示。

(a)吊装螺口灯座　(b)圆形明装螺口灯座　(c)吊装卡口灯座

▲图 3-17　家庭及类似场所常用灯座

• 灯座型号的选用

根据灯头螺口的大小，灯座常用型号为 E27、E14 等，本次任务采用的是 E27 型灯座。

开关控制白炽灯电路是纯电阻单相正弦交流电路在生活生产中的实际应用，下面我们就来学习纯电阻电路的相关知识。

1. 纯电阻电路

由纯电阻性元器件组成的电路称为纯电阻电路。我们所接触的白炽灯泡、电烙铁、电熨斗等发热元器件都是由高电阻材料镍铬丝等制成的，在它们的电气参数中，电阻值很大，而其他参数如电感、电容则小到可以忽略，所以将它们的电路视为纯电阻电路。如下图所示为常见纯电阻用电器。

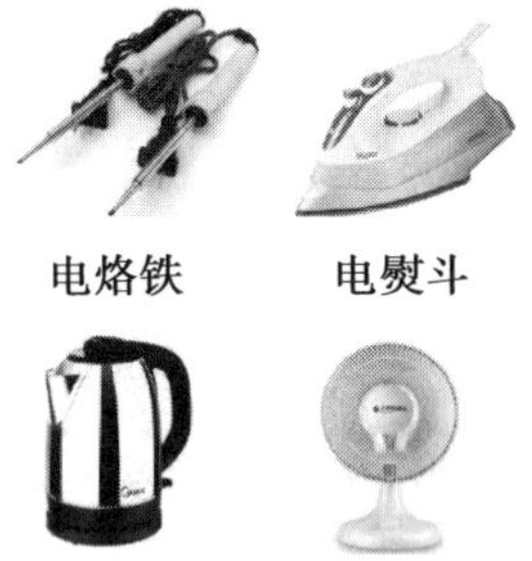

常见纯电阻用电器

电阻是电路中最常用的元器件，当一个纯电阻接到正弦交流电源中，构成的电路会有什么特点呢？

下图所示为一个纯电阻电路，下面来研究它的特性。

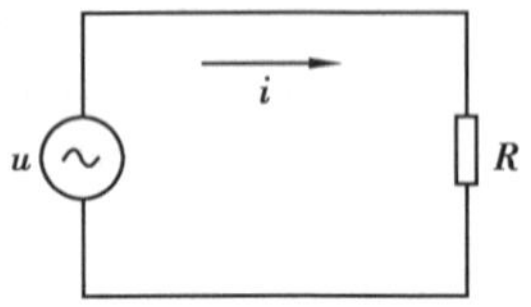

纯电阻交流电路

纯电阻电路交流电流与电压的关系测试

(1)电压与电流的关系

假设初相位 $\varphi=0$,纯电阻电路电压、电流表达式为:

$$u_{(t)} = U_m \sin\omega t$$

$$i_{(t)} = \frac{u}{R} = \frac{U_m \sin \omega t}{R}$$

$$i_{(t)} = I_m \sin \omega t$$

$u_{(t)}$ 与 $i_{(t)}$ 的解析式表明:在纯电阻电路中,$u_{(t)}$ 与 $i_{(t)}$ 同频率、同相位。

(2)电压与电流的相量图和波形图

相量图

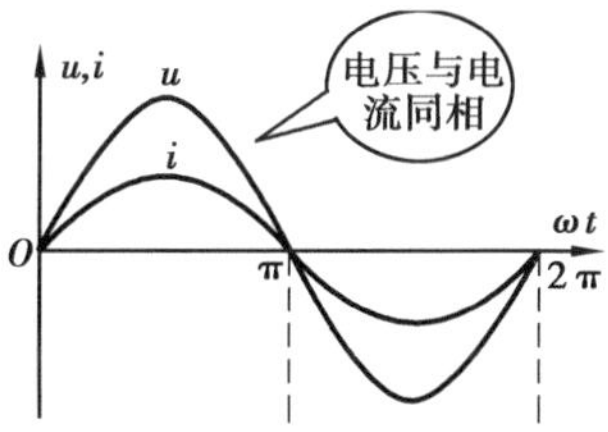

波形图

2. 电流与电压的数量关系

在纯电阻电路中,电流与电压的瞬时值、最大值、有效值都符合欧姆定律。

$$i = \frac{u}{R}$$

$$I_m = \frac{U_m}{R}$$

$$I = \frac{U}{R}$$

【例题】

在纯电阻电路中,已知电阻 $R=44\ \Omega$,交流电压 $u=311\sin(314t+30°)$ V,求通过该电阻的电流大小,并写出电流的解析式。

解:第一步,求 U:

$$U = \frac{U_m}{\sqrt{2}} = \frac{311}{\sqrt{2}} = 220\ \text{V}$$

第二步,求 I:

$$I = \frac{U}{R} = \frac{220\ \text{V}}{44\ \Omega} = 5\ \text{A}$$

第三步,求 I_m:

$$I_m = \sqrt{2}I = 7.07\ \text{A}$$

● 灯座额定电流选择

灯座的额定电流选择原则:一般选取为总负载额定电流的1.25~1.30倍。本任务电路中白炽灯的电流估算值为0.19 A,则实际选用灯座电流应为 $I_{灯座}=0.19\ \text{A}\times1.3=0.247\ \text{A}$,E27型灯座额定电流有:2 A、4 A、16 A,因此选择额定电压为220 V、额定电流为2 A的灯座。

(4)插座的选用

● 插座尺寸规格、安装方式及颜色的选用

插座尺寸规格、安装方式及颜色的选用与开关相同,在本实训任务中,为了保证使用安全,选用带保护的86型五孔明装插座,其外形如图3-18所示。

(a)86型明装五孔插座面板

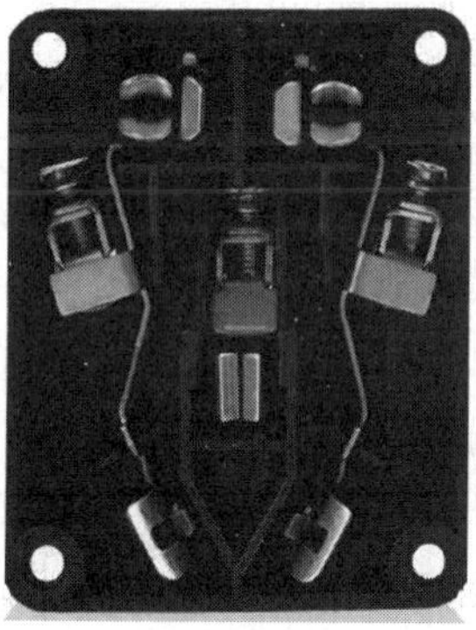

(b)插座内部金属片连接图

(c)86型明装五孔插座内部结构

▲图3-18　常见86型五孔插座

插座的规格主要有 250 V 级的 10 A、15 A、20 A、30 A；380 V 级的 15 A、20 A、30 A；专用空调插座为 16 A。我国家庭供电一般采用 220 V 市电，应选择电压为 250 V 级的插座。插座的额定电流一般选取为负载总电流的 1.25 ~ 1.30 倍，本任务中考虑到插座上有可能连接电吹风等大功率用电器，选择 10 A 的插座。

第四步，求电流的解析式：

在纯电阻电路中，由于电流与电压的频率和相位都相同，因此电流的解析式为：

$$i_{(t)} = I_m \sin(\omega t + \varphi_0) = 7.07\sin(314t + 30°)\ \text{A}$$

导师说

①单控开关在组成上只比双控开关少一个静触点。选购注意事项与双控开关相同。双控开关可当单控开关使用。

②家用最多的是螺口式灯座。

③开关、插座是保障电气用电安全的第一道防线，在选择开关插座时绝对不能马虎。不同场所应搭配不同种类的开关、插座。

活动 2　判断元器件质量

1. 判断双控开关的质量

初步判断双控开关的质量可采用目测法，比较准确地判断开关的质量可用万用表检测法，见表 3-14。

表 3-14　判断双控开关的质量好坏

方法	质量判断要点	图　示
目测法	①外壳塑料硬度、韧度及光洁度较好，按键声音清脆、手感稳定准确，双控开关铭牌标志应清晰。 ②开关中的金属器件是铜材料	
万用表电阻挡检测	①将数字万用表调到任意电阻挡。 ②用红黑表笔检测开关任意两点，如果按下开关万用表显示“0”；断开开关，万用表显示“0L”（有些数字表显示“1”），说明这两点正常，且说明有一个点是动触点	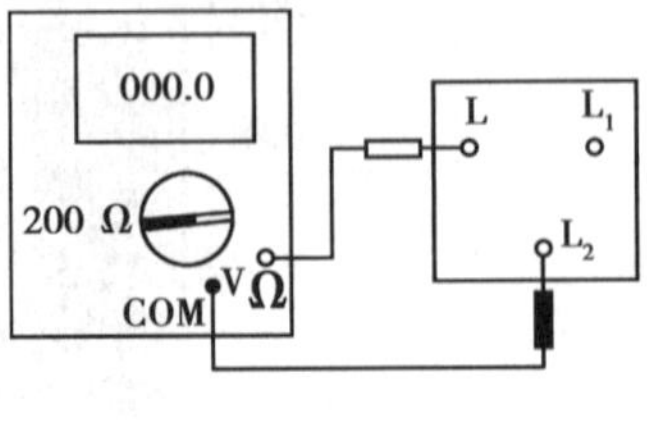

续表

方法	质量判断要点	图　示
万用表电阻挡检测	③移动一只表笔去测第三个点，如果按下开关万用表显示“0”，断开开关万用表显示“0L”，说明这两点正常，且说明一直不动的表笔所测的点为动触点，其余两点为静触点	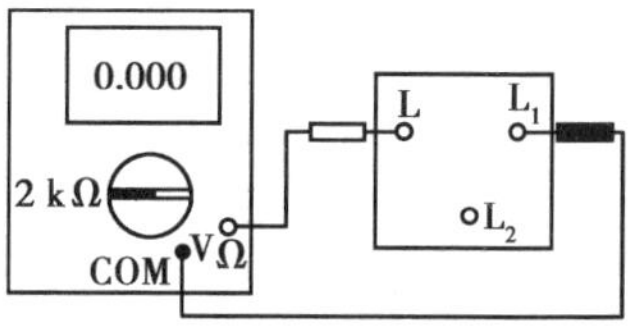

纯电阻电路功率

1. 瞬时功率 p

任一瞬间，电阻中电流瞬时值与同一瞬间的电阻两端电压的瞬时值的乘积，称为瞬时功率。

$$
\begin{aligned}
p &= u_{(t)}i_{(t)} \\
&= U_m \sin \omega t I_m \sin \omega t \\
&= U_m I_m \sin \omega t \\
&= 2UI \sin^2 \omega t \\
&= UI(1 - \cos 2\omega t)
\end{aligned}
$$

2. 有功功率 P

电能通过做功而转化为热能、光能、机械能或化学能等的那一部分功率，称为有功功率，又称平均功率。它是瞬时功率在一个周期内的平均值。

$$P = UI = I^2R = \frac{U^2}{R}$$

P——有功功率，单位为瓦[特](W)，常用的单位还有千瓦(kW)。

U，I——均为正弦交流电的电压、电流有效值，单位分别为伏[特](V)和安[培](A)。

导师说

为了确保用电安全，不合格的开关或者质量有问题的开关，不能使用。

2. 判断白炽灯的质量

(1)外观检查

用眼睛观察灯丝是否有明显断开现象，如果有，说明白炽灯已坏。

(2)通断检查

对于看不见灯丝的白炽灯，则应用万用表 200 Ω 或 2 kΩ 电阻挡检测其冷态阻值，如果导通会显示一定的阻值，断开万用表显示“0L”，表示有断路现象，如灯丝断开，如图 3-19 所示。

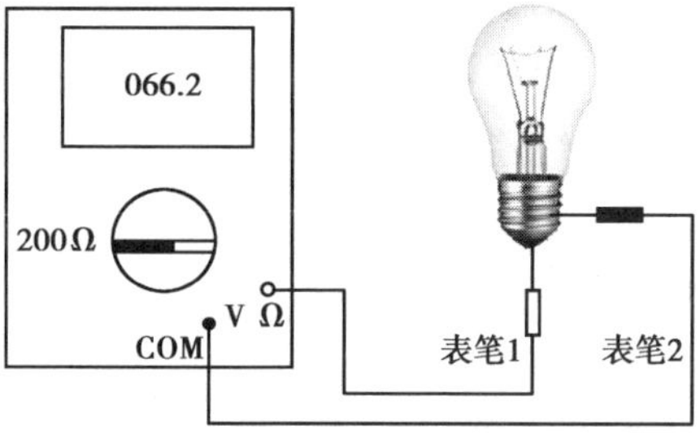

▲图 3-19　万用表检测白炽灯通断情况

本任务中测得 40 W 白炽灯的冷态电阻约为 100 Ω。

导师说

相同电压下，白炽灯功率越大，灯丝越粗，电阻值越小，发光越强；反之亦然。

3. 判断灯座的质量

用眼睛观察灯座外观，看外壳有无破损，拧开外壳观察里面的金属连接片有无破损，连接螺丝有无脱落。

导师说

螺口式灯座的螺口只允许接在零线上，这样手接触到灯泡的螺口部分也不会触电。

4. 判断插座的质量（表 3-15）

表 3-15 判断插座的质量好坏

方法	质量判断要点	图 示
目测法	①检查外包装。优质插座的包装印刷清晰，信息齐全。 ②检验面板。优质插座做工精细，磨砂面颗粒均匀，表面有光泽，外壳四周和插孔边没有毛刺、飞边。 ③掂分量。优质插座一般比较重。	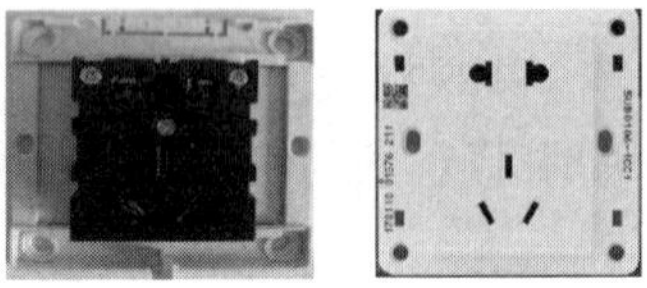
万用表检测法	①平视插座正面，用万用表检测两孔与三孔插座左侧零线端是否导通。 ②将换挡开关调至任意电阻挡，将两表笔接触插座左边的两孔与三孔端，如果导通，那么示数为“0”，说明左侧零线端连接良好；反之显示“0L”	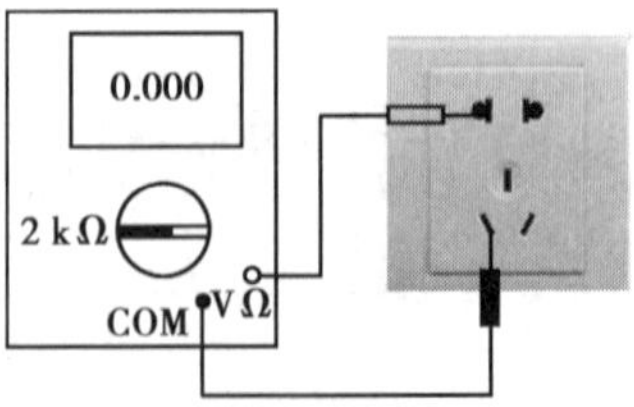

【记一记】

从以上的知识中可归纳出纯电阻电路有如下特点：

①电流和电压的瞬时值、最大值、有效值均满足欧姆定律。

②电流与电压频率相同、周期相同、相位也相同，但是最大值不同。

③电阻是耗能元件，电路所消耗的功率全部为有功功率。满足直流功率运算关系，电阻的功率在交直流电路中大小相等。

用蜂鸣挡检测开关通断：

①将数字万用表调到有蜂鸣器标志的挡位。

②用红黑表笔检测开关任意两点，如果蜂鸣器发声且电源指示灯亮（或蜂鸣器不发声，但按下开关蜂鸣器发声），则说明这两点有一个点是动触点。

③移动一只表笔去测第三个点，如果蜂鸣器发声且电源指示灯亮，则说明一直不动的表笔所测的点为动触点，其余两点为静触点。

④若满足以上三点，说明性能良好！

用蜂鸣挡检测插座内部通断情况

①数字万用表红表笔接“VΩ”端，黑表笔接“COM”端，将挡位调至蜂鸣挡，打开电源开关，平视插座正面准备检测。

②将两表笔接触插座左边的两孔与三孔端，如果导通，那么数字万用表会发出蜂鸣声，左侧零线端连接良好；反之，则不会发出蜂鸣声。

③将两表笔接触插座右边的两孔与三孔端，如果导通，数字万用表会发出蜂鸣声，说明右侧火线端连接良好；反之，则不会发出蜂鸣声。

④用两只表笔检测火线和零线端，如果蜂鸣器不叫，说明火线与零线断开，插座性能良好。

续表

方法	质量判断要点	图　示
万用表检测法	①准备工作与检测左边插孔相同。 ②将两表笔接触插座右边的两孔与三孔火线端，如果导通，那么示数为“0”，说明右侧火线端连接良好；反之显示“0L”	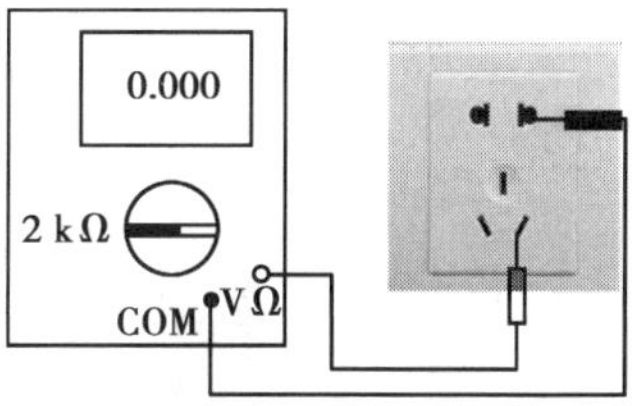

活动 3　安装电路

双控灯电路连接及工艺要求

1. 固定元器件

（1）准备工作

根据表 3-13 准备好工具、仪表及元器件，并整齐地摆放在工作台上。

（2）定位画线

根据图 3-17 元器件布置图，在网孔板上对器材进行画线定位。要求网孔板的四周应留有足够宽度的空隙，以方便安装、检修，同时满足布局美观的要求。

（3）元器件固定

用螺钉将元器件固定在网孔板上，注意要固定牢固。图 3-20 为元器件位置固定图。

目测法判断双控开关的动、静触点

仔细观察开关的铭牌标记，如下图所示，一般 L 为开关的动触点，动触点又名公共端，那么 L_1、L_2 为开关的静触点。

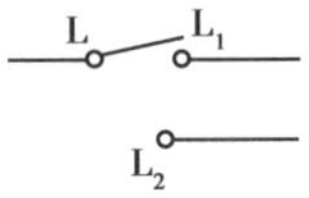

双控开关电路符号

双控，就是两个控制开关，也就是说，开关可以在不同的地方控制一个照明灯具。生活中最常用到双控的地方有：楼梯间、地下室、大卧室等。双控灯电路原理图如下图所示。

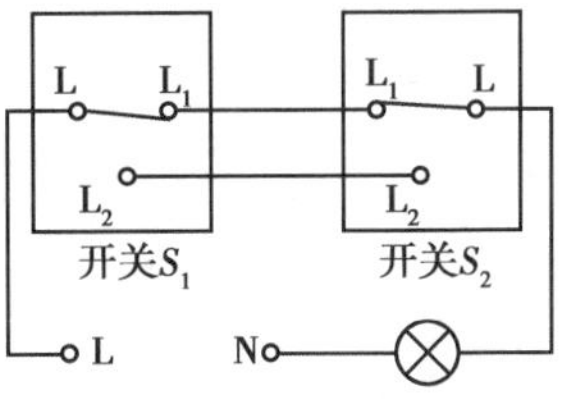

双控灯电路原理图

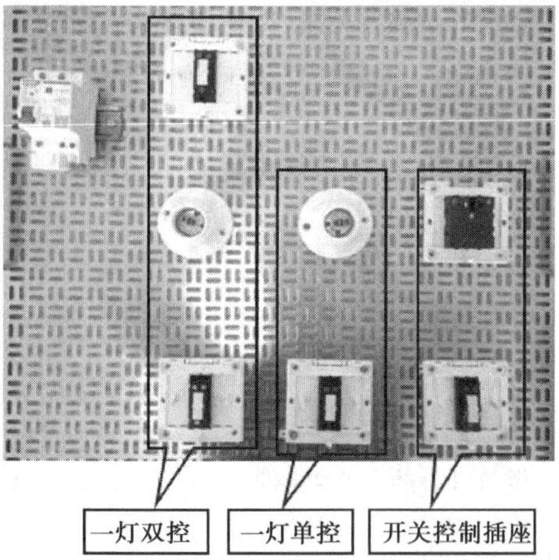

▲图 3-20　“2 开双控+1 开单控+1 插座”元器件位置固定图

2. 接线

小组成员分工合作，完成剥线、导线成形、元器件安装、接线等工作。建议根据如图 3-21 所示实物连接图，按照表 3-16 的步骤进行接线。其中，L 是火线(红色)，N 是零线(蓝色)，PE 是地线(黄绿双色)。

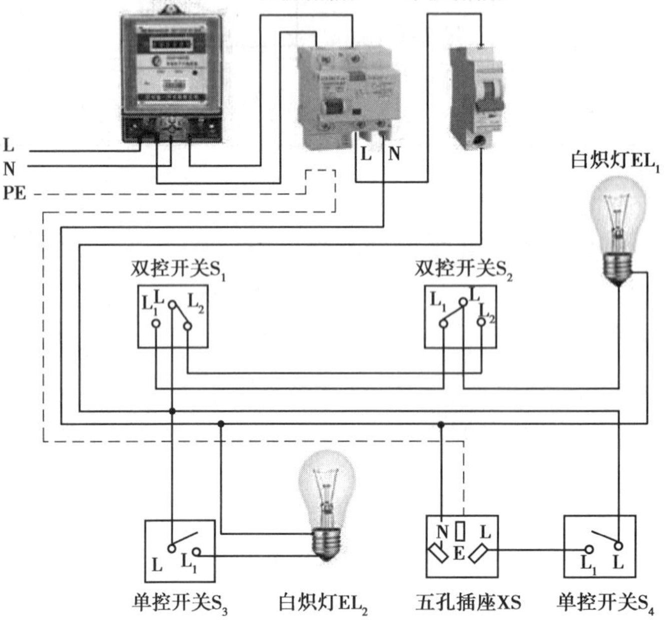

▲图 3-21 “2 开双控+1 开单控+1 插座”实物连接参考图

表 3-16 接线

步 骤	操作内容	图 示
(1) 理线、剪线	①准备、整理导线，将弯曲的导线拉直 ②目测长度然后剪线	
(2)接双控灯电路	①火线从配电板上断路器的出线端 L 接出，连接到双控开关 S_1 的公共端 L 上 ②双控开关 S_1 的 L_1 接双控开关 S_2 的 L_1，S_1 的 L_2 接 S_2 的 L_2 ③S_2 的公共端 L 接白炽灯 EL_1 螺口灯座的中心触点连接端 ④白炽灯 EL_1 螺口灯座的螺纹连接端子与零线出口 N 端连接	

电路原理分析

两个双控开关接在火线端上，其中 L 为开关的公共端，能实现的功能为：

S_1 不动，S_2 控制灯亮灭；

S_2 不动，S_1 控制灯亮灭；

S_1 控制灯亮，S_2 控制灯灭；

S_2 控制灯亮，S_1 控制灯灭。

电路连接方法

连接时开关串联在火线上；火线电源 L 接 S_1 的 L 端；

两个开关 L_1 接 L_1，L_2 接 L_2；

S_2 的 L 端接白炽灯火线端；白炽灯零线端接电源零线端 N。

连接工艺

按任务一中线路安装工艺要求进行。

连接灯座时，中心触点应接在火线上，如果接反，火线与螺纹端连接，安装或取出白炽灯时造成触电的几率增大。

单相电源插座接线口诀

单相插座有多种，
常分两孔和三孔。
两孔并排分左右，
三孔组成品字形。
接线孔旁标字母，
L 为火，N 为零。
三孔之中有 PE，
表示接地在正中。
面对插座定方向，
各孔接线有规定。
左接零线右接火，
保护地线接正中。

续表

步　骤	操作内容	图　示
(3)接1开单控电路	①在双控开关 S_1 的 L 处分出1根火线连接到单控开关 S_3 的 L 端 ②单控开关 S_3 的 L_1 接白炽灯 EL_2 螺口灯座的中心触点连接端 ③白炽灯 EL_2 螺口灯座的螺纹触点端连接到白炽灯 EL_1 螺口灯座的螺纹触点端上	
(4)接插座	①从单控开关 S_3 的 L 端连接一根火线到单控开关 S_4 的 L 端 ②从单控开关 S_4 的 L_1 端连1根火线到插座标有 L 的接点处 ③在插座的 N 接点处连接1根零线到白炽灯 EL_2 螺口灯座的螺纹触点端	
(5)盖面板	①插座的地线应接在配电箱公共地线端上 ②电路连接完成，盖上面板	

关于开关控制插座的说明

住宅内电源插座应采用安全型插座，卫生间等潮湿场所应采用防溅型插座。几乎所有的家用电器都有待机耗电，为了避免频繁插拔，类似于洗衣机插座、电热水器插座这类电器可以考虑用“带开关插座”。

导师说

插座安装要规范，错误接线有危险。

维修思路

如果两个白炽灯和插座均不能正常工作，故障一般出在干线电路上，需要重点检查干线电路；如果只是一盏白炽灯不能正常工作，故障一般出在该白炽灯支路上，可重点检查该支路。

活动4　检查并调试电路

1.不通电检查

对安装完工的“2开双控+1开单控+1插座”电路板，先在断电条件下根据电气图及工艺要求进行自查、互查，如发现错误及时改正。

自查、互查，可按照以下步骤进行操作：

①观察元器件固定是否牢固，接线是否正确，工艺是否达到要求。

②用万用表电阻挡检测线路是否接通，线路是否受断路器控制。

2. 通电检查

断电检查完毕，待老师检查确认后，可接上负载进行通电检查。

通电检查可按照以下步骤进行操作：

①用导线将总断路器的进线端与220 V电源连接，合上总断路器。

②用试电笔检查总断路器的出线端、分断路器各个出线端是否有电。

③用万用表测量总断路器和分断路器各个出线端的电压是否正常。若电压正常应在220 V左右。

低压验电笔判断交流单相电路故障的方法

交流验电用电笔，
亮为火线不亮零。
电路故障可检查，
通电测量火和零。
亮灭正常查设备，
电路断开不可疑。
若是两端都不亮，
电源火线已脱离，
若是两端都发亮，
零线断裂或脱离。

导师说

在本实训任务中，插座的地线需与电源配电箱中引出的地线连接。

3. 工作情况检测

断电，在灯座上接一个100 W灯泡，作为线路的负载，进行工作情况检查，见表3-17。

表3-17 电路工作情况检查

步骤	操作内容	图 示
(1)检测灯泡的工作情况	①总断路器合闸，分路开关合闸，按下开关S_1，观察灯泡是否发光。 ②按下开关S_2，观察灯泡是否熄灭；再按下S_2，观察灯泡是否发光；按下开关S_1观察灯泡是否熄灭。 ③同时S_1、S_2也能独立控制灯熄灭	
(2)检测插座的工作情况	方法1：用电笔分别检测两孔插座和三孔插座的左右两端，如果检测右端时氖管发光，检测左端时氖管不发光，说明插座正常工作。 方法2：用万用表的交流电压500 V挡位分别测量两孔和三孔插座对应的火线和零线之间的电压，如果电压值在220 V左右说明插座正常工作	

活动 5　维修电路

各小组根据表 3-18 列出的几个模拟故障进行检修，将检修情况记录在表 3-19 中。

表 3-18　故障维修

步骤	操作内容	图　示
(1)灯泡不亮	通电后，无论按哪个开关灯泡均不亮。 ①断电，进行故障检查和排除，若灯泡损坏，更换灯泡即可排除故障。 ②检测开关质量，若开关损坏，则需更换开关。 ③若元器件完好，则可能是接触不良。用万用表检测电路通断情况，若导线松动，则将连接螺钉拧紧；若连接头压在绝缘皮上，则重新剥线再连接	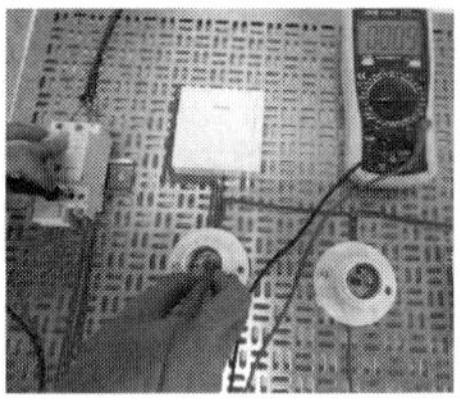
(2)开关不能实现功能	通电后，S_1 能控制灯泡的熄灭，但是 S_2 不能控制灯泡的熄灭。 ①断电，进行故障检查和排除。 ②因之前已检测 S_2 性能良好，可能是连接端接触不良，用万用表蜂鸣挡进行检测	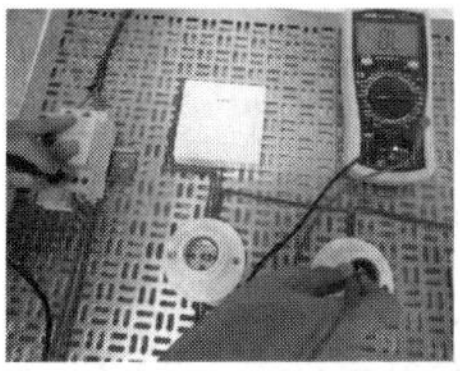
(3)插座不通电	通电后，电笔检测插座的左右两端，氖管均不发光。 ①断电，用万用表检测插座质量。 ②若插座性能良好，则可能是接触不良，用万用表蜂鸣挡进行检测	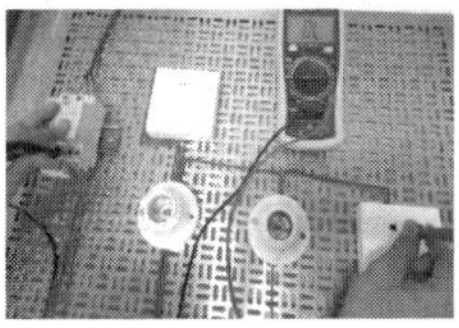

表 3-19　双控灯电路板维修记录

序号	故障现象	故障原因分析	故障点	维修方法
①	通电后，按下 S_3 灯泡不亮			
②	通电后，S_1 能控制灯泡的熄灭，但是 S_2 不能控制灯泡的熄灭			
③	通电后，电笔检测插座的左右两端，氖管均不发光			
④	通电后，电笔检测插座，氖管左端发光，右端不发光			

※拓展与提高

一、室内线路安装遵循的原则

①强、弱电的线路间距要在 50 cm 以上，如图 3-22 所示，因为强电信号可能会干扰电话、电视等信号。

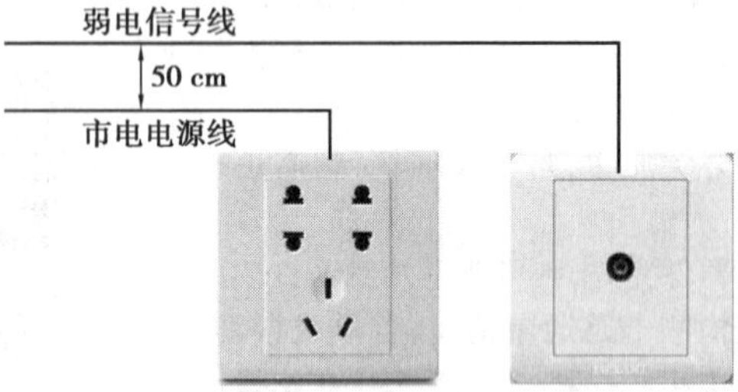

▲图 3-22　强弱电导线间的布线距离

②强、弱电线不能穿在同一根管内。弱电导线，如电话线、电视线、网线等与强电导线严禁共槽同管。

③当布线长度超过 15 m 或中间有 3 个弯曲时，在中间应该加装一个接线盒，因为穿线时，电线太长或弯曲多了，从线管穿不过去。

④一般情况下，电线线路要和煤气管道相距 40 cm 以上。

⑤家里不同区域的照明、插座、空调、热水器等电路都要分开、分组布线，一旦某部分需要断电检修时，不影响其他电器的正常使用。

二、室内各房间的布线工艺原则

(1)客厅

客厅一般为两组线。强电线为一组，有电源线、照明线、空调线；弱电线为一组，有网线、安防报警线、门铃或对讲线等。

①电视机柜的上方预留电源线、网线。

②在门内侧预留门铃或对讲器线口，在顶部或门侧预留安防报警线口。

③可以预留电话线。

④客厅应预留 5 个以上的五孔插座端，如饮水机、冰箱、电视机等。

(2)卧室

卧室一般设置为两组 6 路线，即电源线、照明线、空调线、网线、电话线和安防报警线。

①卧室开关建议采用双控开关，一个安装在卧室门附近，另一个安装在床头柜的上侧或床边附近。

②床头柜上方应预留电源线口，可采用 5 孔插座，且预留电话线口。

③写字台或电脑桌上方或下方应安装电源线、插座、网线口。

④空调、电视机、安防报警线口的预留位置应根据业主及专业人员的规划来预留。

(3)厨房

厨房应为 2 路线,即电源线、照明线。厨房家电较多,且用电量大,因此最好采用 4 mm^2 的导线。可根据业主的要求在不同部位预留电源接口,但是电源接口距地不得低于 50 cm,避免因潮湿发生短路事故。

(4)卫生间

卫生间一般为 3 路线,即电源线、照明线、等电位线。简单来说,人体潮湿时,接触到金属表面感应产生的静电,容易形成较大的瞬间电流,引发电击伤亡事故,“等电位”装置可以将静电安全导入地下,防止电击伤害。“等电位”连接端子和连接方法如图 3-23 所示。金属(搪瓷)浴盆及金属管道应进行局部“等电位”连接;洗脸盆下方金属存水弯与金属排水管道相连时的情况,应进行局部“等电位”连接;洗脸盆金属支架预埋件与混凝土墙内钢筋相连时的情况,金属支架应进行“等电位”连接。另外,非金属浴盆及塑料管道可不进行“等电位”连接。

(5)插座

安装插座时,明装插座离地面的高度应不低于 1.3 m,一般为 1.5 ~ 1.8 m;暗装插座允许低装,但距地面的高度不低于 0.3 m。

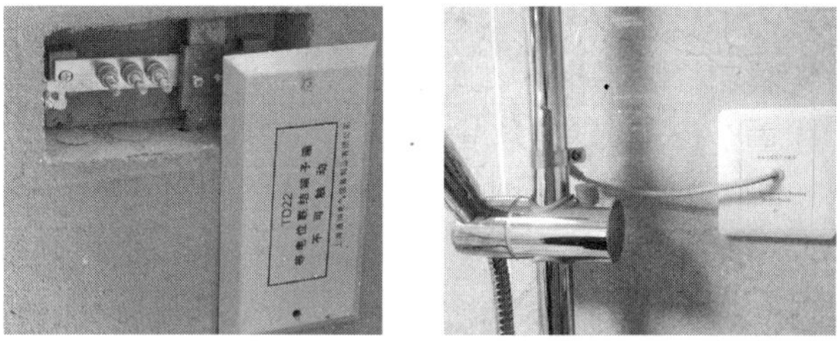

(a)等电位连接端子　　(b)等电位连接方法

▲图 3-23　电位端子和连接方法

三、开关插座底盒的安装工艺

在施工过程中,开槽完毕后,就可以安装底盒了,安装底盒的相关标准和要求见表 3-20。

表 3-20　安装底盒的相关标准和要求

序号	标准和要求
①	进门开关底盒边距地面 1.2 ~ 1.5 m ,侧边距门套线 ≥70 mm,开关不得置于单扇门后,并列安装相同型号开关,开关之间的水平差 ≤1 mm
②	底盒安装时,开口面须与墙面平整,安装应牢固且方正
③	在贴砖处,应尽量装在瓷砖正中,不得装在腰花或花砖上,一个底盒不能装在 4 块瓷砖接缝处
④	并列安装的底盒与底盒之间,应留有缝隙,一般情况为 4 ~ 5 mm
⑤	若遇到钢筋,标准型底盒装不进,需将底盒锯掉一部分或明装底盒。
⑥	若底盒装在石膏板上,则需要至少 2 块 20 mm×40 mm 木块,将其稳固于龙骨架上
⑦	在布线、布管前应将底盒安装好

※总结与评价

1. 成果展示

各小组展示成品双控灯电路连接板，交流汇报（用 PPT 或者文字描述均可），并回答师生提出的问题。

2. 评价

由组长、老师对各小组成员任务完成情况进行评价，填入表 3-21 中。

表 3-21

评价内容		自评	组长评价	教师评价
		优☆ 良△ 中√ 差×		
职业素养	①安全用电			
	②设备及器材的安全			
	③记录整理完整准确			
	④ 符合 6S 管理理念			
知识与技能	①电路元器件布局美观			
	②安装工艺规范			
	③正确调试和测量电路			
	④功能全部实现			
汇报展示	①作品展示（可以为实物作品展示、PPT 汇报、简报、作业等形式）			
	②语言流畅，思路清晰			
评价等级				

※检测与反思

A 组题

一、填空题

1. 照明线路中的三孔插座是左零右火，上接________或空置。

2. 在照明布线中一般要求线路“横平________”，火线用________色的线，零线用________色的线。

3. 明装插座离地面的高度应不低于________ m，一般为 1.5 ~ 1.8 m；暗装插座允许低装，但距地面的插座高度不低于________ m。

二、判断题

4. 国家标准规定的相色标志地线为黄绿双色。（　　）
5. 控制一盏灯具的开关必须串接在相线上,不应装在中性线上。（　　）
6. 万用表使用完毕,应将转换开关置于交流电压的最大挡或者 OFF 位置上。（　　）
7. 使用螺口灯座时,中心触点应接在零线上。（　　）

三、选择题

8. 正确使用验电笔的方法是(　　)。

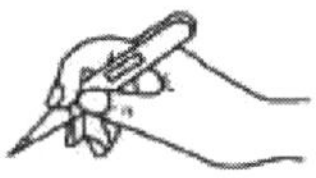
A.

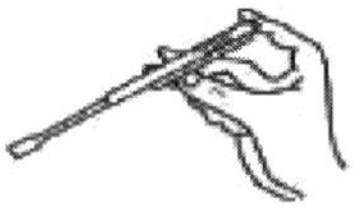
B.

C.

9. 在我国地线就是(　　)线。

A. L　　B. PE　　C. N　　D. PEN

10. 单相电度表(俗称火表)是用来测量(　　)。

A. 电功　　B. 电功率　　C. 电压　　D. 电流

B 组题

一、填空题

1. 在纯电阻电路中,因电阻是耗能元件,故其无功功率为________。
2. 有功功率是瞬时功率的________。
3. 在纯电阻电路中________、________、________均满足欧姆定律。

二、判断题

4. 纯电阻电路中,电压和电流的初相位均为零。（　　）
5. 由荧光灯组成的照明电路也是纯电阻电路。（　　）
6. 在纯电阻电路中,电流和电压初相位相同,频率相等。（　　）
7. 在纯电阻电路中,最大值、有效值满足欧姆定律,瞬时值不满足欧姆定律。（　　）

三、选择题

8. 已知正弦交流电压为 $U_{(t)}=311\ \sin(314t+\pi/6)$ V,它的有效值、频率和初相位分别是(　　)。

A. $U=311$ V　$f=-100$ Hz　$\varphi=\pi/6$　　B. $U=220$ V　$f=50$ Hz　$\varphi=\pi/6$

C. $U=311$ V　$f=50$ Hz　$\varphi=-\pi/6$　　D. $U=220$ V　$f=100$ Hz　$\varphi=-\pi/6$

9. 在纯电阻交流电路中,电压与电流的相位关系是(　　)。

A. 电流超前于电压　　B. 电流滞后于电压

C. 电压与电流同相位　　　　　　　　　D. 无法判断

10. 在我国,居民用电电压有效值为(　　)。

A. 110 V　　　　B. 220 V　　　　C. 380 V　　　　D. 400 V

11. 将“110 V,100 W”和“110 V,40 W”2 灯泡串联后接于 220 V 照明电路上,其结果为(　　)。

A. 40 W 灯泡最亮　　　　　　　　B. 100 W 灯泡最亮

C. 两灯泡一样亮　　　　　　　　D. 两灯泡都不亮

C 组题

1. 已知交流电压 $u_{(t)}=311\sin(314t+45°)$ V,若电路接上一电阻负载 $R=220\ \Omega$,请求出电路上电流的有效值 I,电流 i 的解析式,电阻上消耗的功率。

2. 将“220 V,100 W”和“220 V,40 W”2 灯泡串联后接于 220 V 照明电路中,请问灯泡能发光吗? 如果能,试推算哪个灯泡亮度更高。

任务三　换气扇的装卸和检修

※工作任务说明

在日常工作生活中,工厂、商场、地下室、浴室等闭塞空间一般都使用换气扇流通空气,换气扇出现故障后需快速检修。现在器材保管室换气扇坏了,请你的团队解决这个问题。要求:知道每个组成部件的名称、作用,能正确拆装、检测,迅速维修。换气扇如图 3-24 所示。

▲图 3-24　换气扇

※安全提示

①检查换气扇插座是否有接地线。

▲图 3-25　预防触电

②注意尖锐工具的使用安全。

换气扇工作原理

换气扇采用的是单相电机,当单相正弦电流通过电机绕组时,会产生一个正弦规律变化的交变磁场,在电容的移相作用下,产生一个转动力矩驱动轴旋转,从而带动风叶旋转驱动气流,使室内外空气交换。

如何选购换气扇

换气扇的分类较复杂,选购换气扇时一般根据使用场所(家用/工业用)、排气方式(吸气/排气/共用)、进排气口(隔墙型/导管排气型/导管进气型/全导管型)、气流形式(离心式/轴流式/横流式)、风量、静压、换气面积等因素综合考虑。

换气扇的插座如无接地线,换气扇的金属外壳有带电危险。

▲图 3-26　注意使用安全

※任务实施

常用小电器的装卸及检测是电工初学者提升专业知识和技能的有效途径之一。现在你是一位换气扇的维修员，请你与你的技术团队完成本任务。

活动 1　工具、仪表、设备的清点和选用

清点任务所需设备、仪表、工具及材料，填入表 3-22 中。

表 3-22　工具仪表统计表

项目	名称	作用	数量	规格/型号	备注
所用设备	换气扇	拆装对象	1 台		
所用仪表	万用表	检查故障、测试电路	2 块	指针和数字	
	钳形表	测导线电流	1 把		
所用工具	剥线钳、电工刀	剥削导线	各 1 把		
	螺丝刀	安装配电器件	十字和一字各 1 把		
	钢丝钳、斜口钳	剪断导线	各 1 把		
	尖嘴钳	弯曲导线、连接导线	1 把		
	验电笔	检查线路是否带电	1 只		
	旋具（套筒扳手）	拆装螺丝	1 套		

套筒扳手一般称为套筒，它是由多个带六角孔或十二角孔的套筒并配有手柄、接杆等多种附件组成，特别适用于拧转位置十分狭小或凹陷很深处的螺栓或螺母。

套筒扳手

续表

项目	名称	作用	数量	规格/型号	备注
所用工具	兆欧表	测绝缘电阻	1 把	500 V	
	台虎钳	夹持零部件	1 把		
	活动扳手	拆装螺母	1 把		
	套筒扳手	拆装取螺母	1 把		
	吹尘器	吹灰尘	1 把		
所用材料	煤油	清洗部件	1 瓶		
	汽油	清洗部件	1 瓶		
	抹布	清洁	1 块		
	润滑脂	润滑	1 瓶		

活动 2　换气扇拆卸

对换气扇进行拆卸，具体步骤见表 3-23。

表 3-23　换气扇的拆卸

步骤	操作内容	图　示
(1)拆卸支架和外罩	①正确选择螺丝刀头的型号，避免螺母滑丝。 ②拆下支架和外罩的连接螺栓。 ③放置好拆下的外罩和螺栓	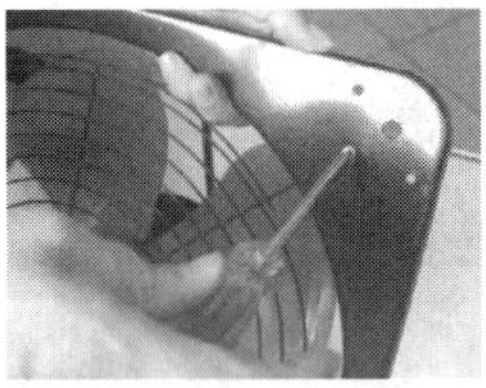
(2)卸下支架和端盖上的螺栓	①检查螺母适用的螺丝刀头型号，正确选择以免滑丝。 ②固定好换气扇。 ③拆卸螺栓。 ④分类放置好拆卸下的螺栓、支架、电机及外罩，并记录	 

续表

步骤	操作内容	图　示
(3)拆卸扇叶	①旋下螺帽。 ②取下塑料罩。 ③拆下扇叶。 ④放置好取下的部件，并记录	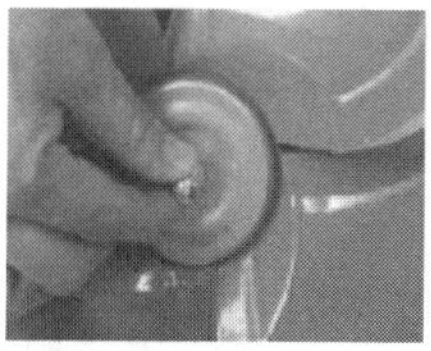  
(4)拆卸电气线路	①记录电容及电机引脚连接情况，并根据实物图画出电路原理图。 ②取下电容。 ③放置好电容，并标记	 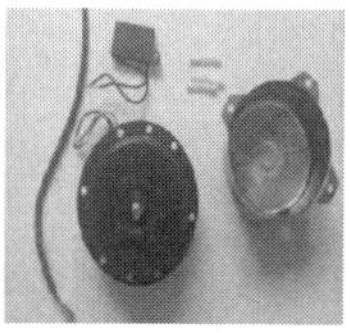
(5)清点拆卸部件	对照记录表清点所有部件	

电容器的检测

换气扇上使用的电容器容量一般为 1 ~1.5 μF。检测时，可用指针万用表电阻“R×1 k ”挡检查。当两表笔分别接触电容器的两端时，电容器被充电，指针先沿顺时针方向摆动一下，然后慢慢向左退回，呈现放电现象。当指针稳定不动后所指示的读数，就是该电容器的绝缘电阻。读数越大，电容器漏电越小，质量越好。若指针指在 $R=0$ 时，表示电容器已短路，不能使用。若没有充、放电现象，表示电容器已断路，也不能使用。可以交换表笔，进行两次测量，判定好坏，还可以使用数字万用表测出容量。

导师说

认真记录拆卸过程，防止回装时错接；规范放置零部件，不能乱放或损伤，可拍照辅助记录。

活动 3　电气元件的检测

对拆卸下来的电气元件进行检测，具体步骤见表 3-24。

表 3-24 电气元件的检测

内容	操作内容	图　示
(1)电容器的检测	①观察并记录电容器主要参数。 ②正确选择万用表挡位。 ③读数并记录。 ④判断质量好坏	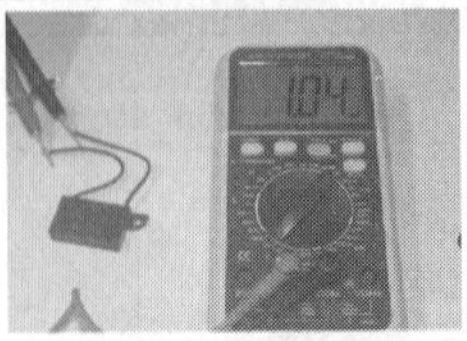
(2)电动机绕组的检测	①用万用表“R×1”挡检测电动机绕组是否断路或短路。 ②用万用表挡位检测电机绕组直流电阻。 ③读数并记录	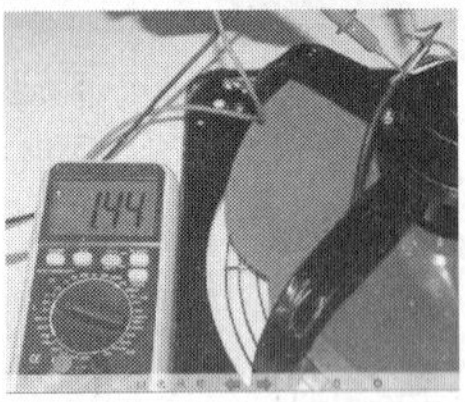
(3)电动机绝缘度的检测	①校表。将兆欧表把两连接线开路，摇动手柄，指针应指在“∞”处；再把两连接线短接，指针应指在“0”处。符合上述条件者即良好，否则不能使用。 ②被测设备与线路断开，对大电容设备要进行放电处理。 ③选用电压等级符合的摇表。 ④测量绝缘电阻。将兆欧表的“L”和“E”端分别接电线和外壳，摇动兆欧表的手柄转速达到120 r/min左右时（ZC-25型），1 min后，保持匀速转动下进行读数。 ⑤拆线放电。读数完毕，一边慢摇，一边拆线，然后将被测设备放电。放电的方法是：将测量时使用的地线从摇表上取下来与被测设备短接一下即可（不是摇表放电）	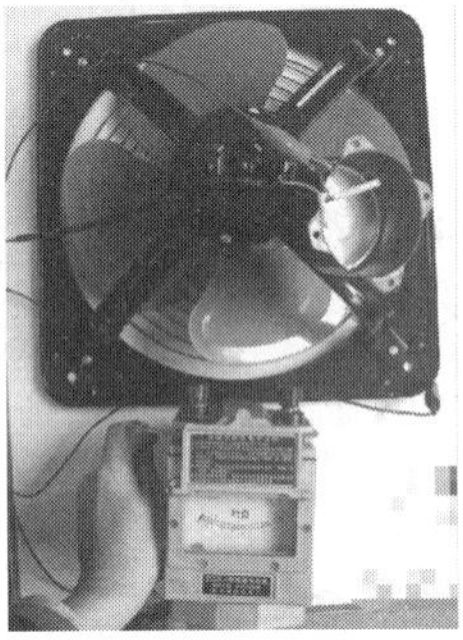
(4)导线的检测	可用万用表电阻挡检查导线是否断线。若 $R=0$，则表示导线通路；若 $R\to\infty$，则表示导线断路	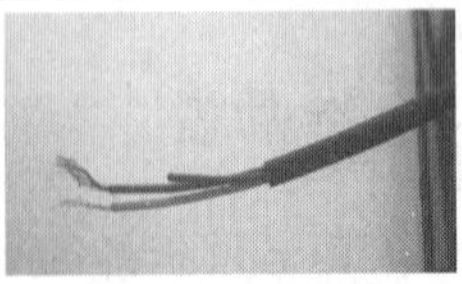

兆欧表的使用

兆欧表测量绝缘电阻时，一般只用“L”和“E”端；在测量电缆对地的绝缘电阻或被测设备的漏电流较严重时，就要使用“G”端，并将“G”端接屏蔽层或外壳。正确连接线路后，按要求转速顺时针转动摇把同时读数，示数正常情况应趋近于∞。

电机绕组检测

常用单相电机绕组直流电阻一般为几十欧到几百欧，我们一般只对电机绕组进行断路、短路检测。局部短路可根据电机运转情况，参考直流电阻阻值辅助判断。

导师说

能熟练使用指针和数字万用表检测电容器；能正确使用兆欧表检测电动机绝缘度。

活动 4　换气扇维修

换气扇常见故障有：风扇不转、转速过慢、电机发热、风向转叶不动、噪声大，具体分析见表 3-25。

表 3-25　换气扇故障分析表

故障现象	故障原因	故障处理
风扇不转	①线圈损坏； ②电容器损坏； ③轴承卡死	①更换电机； ②更换电容器； ③更换电机
转速过慢	①缺少润滑； ②电容器容量减少	①加油； ②更换电容器
电机发热	①线圈匝间短路； ②电压过低	①更换电机； ②减少使用时间
风向转叶不动	电机损坏	更换电机
噪声大	①轴承松动； ②风叶变形	①更换电机； ②校正或更换风叶

检修过程分析，以电机不转或运转不良为例，检修步骤见表 3-26。

表 3-26　检修流程表

检测部位	检测步骤	故障判断及处理
换气扇绕组	①把万用表调到“$R\times100$”挡。 ②用一手持两只万用表笔，夹住电风扇电源插头进行测量。 ③读数	①阻值趋近于∞，说明内部开路，需连接熔断器或更换电机。 ②与参考值（常见型号一般几欧到几十欧）比较，再结合换气扇转速判断是否存在局部短路，若有，更换电机。 ③阻值正常，电机转速正常，转入下一个部位
启动电容器	①观察并记录电容器标称容量。 ②用数字万用表检测电容器容量。 ③比较两个容量值	测得容量比标称值小，容量下降较多，同时转速变慢或不转，应更换电容器
电机转动性能	①拆开换气扇护罩。 ②用手旋动电机轴	①不能旋转说明抱轴严重，一般选择更换电机。 ②若无同型号电机更换，可拆开电机除锈加油后看能否恢复性能

线圈局部短路另一快速判断方法：电机正常转动时用手指捏轴，电机旋转无力，可以捏住，并且可以轻易改变电机旋转方向，就可判断电机绕组局部短路；绕组正常时则无法捏住电机轴。

注意：需佩戴手套，防止手指划伤。

换气扇绕组检测

导师说

维修换气扇要胆大心细，科学分析，大胆判断，找准故障点。

活动5　换气扇的组装

换气扇组装前应先检查各部件有无磨损，若有磨损，则应更换新品。换气扇的组装应该遵循“先拆后装，后拆先装”的原则，具体步骤见表3-27。

表3-27　换气扇的组装步骤

步　骤	操作内容	图　示
(1)连接电气线路	①查看记录。 ②正确接线。 ③用纳管遮盖线头裸露部分	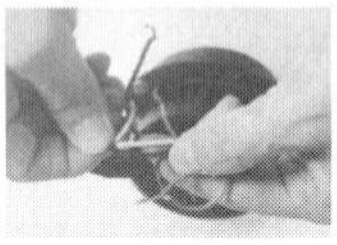 
(2)安装电机	①摆好电容器位置。 ②固定电机外壳并拧紧螺栓	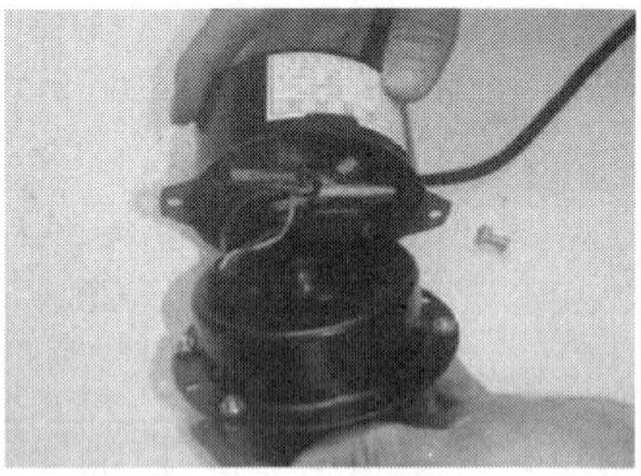
(3 安装扇叶	①固定好扇叶位置。 ②拧紧螺钉	 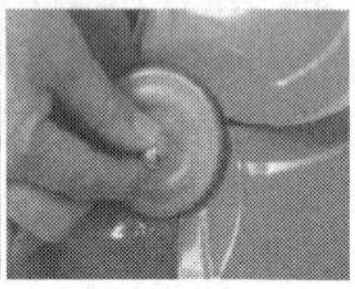
(4)安装支架、外罩	①固定好支架与外罩并拧紧螺栓。 ②固定好电机与支架并拧紧螺栓	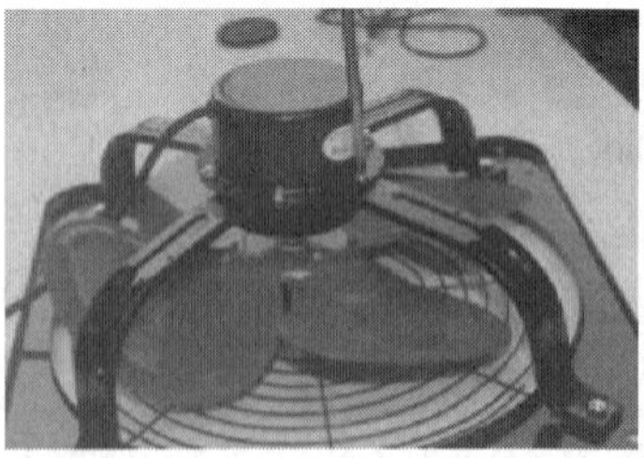

导师说

组装时一定要注意保护部件，不要造成人为二次损坏。

活动6　换气扇通电测试

1. 电机通电测试

(1)测试准备

①检查电机接线完好,电机本体及电机底脚螺钉已上紧,并向老师申请试运。

②用万用表检测电机是否有开路、短路现象,用兆欧表检测电机绝缘性能,经老师检查允许后,方可通电测试。

(2)通电测试

①电机空载(不安装扇叶)试运转应在30 min以上,如有异常情况,应及时停运,查明原因。

②用钳形表测量电机空载电流,应运行稳定或与过去无明显变化。

③观察电机是否平稳运行。

④测量电机温升,应不超标准。

电机升温不超过55 ℃。

⑤记录结果。

测出各挡主副绕组的参数填入表3-28中。

绕组电流可参考铭牌参数推算额定值。

表3-28　电机通电测试表

项目	情况说明	备注
绕组电流		
运行情况		
电机温度		

2. 换气扇通电测试

换气扇试运转前,最好进行绝缘性能检查,用500 V兆欧表检查电路与外壳的绝缘性能,要求绝缘电阻大于2 MΩ。然后通电试运转,观察扇叶转动是否平稳。如果检查结果满足要求,表明安装正确,将测试情况填入表3-29中。

表3-29　换气扇通电测试表

项目	性能	备注
扇叶		

导师说

通电前检查零部件是否有剩余，一定要用兆欧表检测绝缘性能；通电时，注意安全。

※总结与评价

1. 成果展示

各小组展示换气扇的拆卸、维修、组装成果，交流汇报（用 PPT 或文字描述均可）并解答师生提问。

2. 评价

由组长、老师对各小组成员任务完成情况进行评价，填入表 3-30 中。

表 3-30 任务完成情况评价表

评价内容		自评	小组评价	教师评价
		优☆良△中√差×		
职业素养	①安全用电			
	②设备及器材的安全			
	③记录整理完整准确			
	④ 符合 6S 管理理念			
知识与技能	①换气扇的拆卸			
	②电气元件的检测			
	③换气扇的组装			
	④工具的选择和使用			
汇报展示	①作品展示（可以为实物作品展示、PPT 汇报、简报、作业等形式）			
	② 语言流畅，思路清晰			
评价等级				

※拓展与提高

1. 电容器和电容

1）电容器

被绝缘介质隔开的两个相互靠近的导体就构成了一个电容器，这两个导体就构成电容器的两个电极，中间的绝缘物质称为电介质。

电容器也是储存电场能量的装置，其每个极板上所储存的电荷量称为电容器的电量。

电容器具有储存和释放电能的特性，其在电路中的表现是充电现象和放电现象。

电容器具有“隔直流、通交流”的特性，因此，在电路中常用于极间耦合、滤波、去耦、旁路及信号调谐。

电容器的种类：按结构可分为固定电容器、可变电容器及微调电容器三类，使用最多的是固定电容器；按极性可分为有极性电容器和无极性电容器。其中，电解电容器属于有极性电容，有正、负之分。

电容器的参数有：额定工作电压、电容量、允许误差、工作温度范围等参数，一般标在电容器的外壳上。对于容量小于 1 μF 的电容量，通常在容量后面用字母表示误差。

• 额定工作电压：额定工作电压又称为耐压，要使电容器能安全可靠地工作，所加的电压值不得超过其耐压值。

• 标称容量：电容器上所标明的电容量称为标称容量。电容器容量标注法有直标法、数字表示法、数字字母法、数码法、色标法，见表 3-31。

表 3-31　电容器容量的标注法

标注法	含　义	举例说明
直标法	将标称容量及偏差直接标在电容体上。若是零点零几，常把整数位的“0”省去	.01 μF 表示 0.01 μF。有些电容器也采用“R”表示小数点，如 R47 μF 表示 0.47 μF
数字表示法	只标数字不标单位的直接表示法。采用此法的仅限 pF 和 μF 两种	某瓷片电容上标注数字 68，表示其容量为 68 pF
数字字母法	容量的整数部分写在容量单位标志字母的前面，容量的小数部分写在容量单位标志字母的后面	1p5 表示容量为 1.5 pF；6n8 表示容量为 6.8 nF，即 6 800 pF
数码法	一般用三位数字表示电容器容量大小，其单位为 pF。其中第一、第二位为有效值数字，第三位表示倍数，即表示有效值后“零”的个数	103 表示容量为 10×10^3 pF(0.01 μF)
色标法	用色码标注，其标志的颜色的含义与电阻器采用的规律一致，容量单位为 pF	对于立式电容器，色环顺序从上而下，沿引线方向排列。如果某个色环的宽度等于标准宽度的 2 或 3 倍，则表示相同颜色的有 2 个或 3 个色环。 有时小型电解电容器的工作电压也采用色标表示

• 允许误差：不同的电容器，有不同的误差范围，在此范围之内的误差称为允许误差。

电容器的标称容量与实际容量的误差反映了电容器的精度。精度等级与允许偏差的对应关系见表 3-32。实际容量和标称容量允许的最大偏差范围一般分为 3 级：Ⅰ级±5%，Ⅱ

级±10%，Ⅲ级±20%。

表 3-32　电容器的精度等级与允许偏差对比

精度级别	罗马数字标注			字母标注					
	Ⅰ	Ⅱ	Ⅲ	D	F	G	J	K	M
允许偏差/%	±5	±10	±20	±0.5	±1	±2	±5	±10	±20

2）电容及其计算公式

电容器所带的电荷量 Q 与它的两极板间电压 U 的比值称为电容器的电容量，简称电容，用 C 表示。

$$C = \frac{Q}{U}$$

式中　C——电容器的电容，单位为法［拉］（F）；

Q——电容器所储存的电荷量，单位为库［仑］（C）；

U——电容器两极板间电压，单位为伏［特］（V）。

电容的常用单位还有 mF、μF、pF，它们的关系为：

$$1\ \mathrm{F} = 10^3\,\mathrm{mF} = 10^6\,\mu\mathrm{F} = 10^{12}\,\mathrm{pF}$$

平行板电容器的电容与极板正对面积 S 和电介质的介电常数 ε 成正比，与两极板间的距离 d 成反比。即：

$$C = \varepsilon S/d$$

式中　ε——电介质的介电常数，单位为法［拉］每米（F/m），$\varepsilon=\varepsilon_0\varepsilon_r$，$\varepsilon_0$ 为真空中的介电常数，$\varepsilon_0=8.85\times10^{-12}$ F/m，ε_r 为物质的相对介电常数；

S——两极板间正对的有效面积，单位为平方米（m^2）；

d——两极板间的距离，单位为米（m）。

电容是电容器的固有特性，其大小仅与电容器自身的结构（两极板正对面积、极板间距离及极板间的电介质）有关。外界条件变化、电容器是否带电和带电的多少，都不会使电容器的电容发生改变。

3）电容器的充放电

当电容器连接到直流电路时，在特定的情况下，有两个过程会发生，分别是电容器的“充电过程”和“放电过程”。

（1）充电过程

电容器在充电时，充电电流开始时较大，然后逐渐减小直至为零，电容器两个极板储存的电压从零开始逐渐上升至电源电压。在充电过程中，电容器储存电场能，其电场能为：

$$W_C = C\,U_C^2/2$$

式中　C——电容器的电容，单位为法［拉］（F）；

U_C——电容器两端的电压，单位为伏［特］（V）；

W_C——电场能量，单位为焦［耳］（J）。

(2)放电过程

电容器在放电时,放电电流开始时较大,然后逐渐减小直至为零,电容器两个极板储存的电压从电源电压逐渐下降至零。在放电过程中,电容器释放电场能。

4)电容器的串联和并联

电容器基本连接方式有串联和并联两种。串联是将若干个电容器依次连接成无分支的电路,如图 3-27 所示;并联是将若干个电容连接在相同的两点之间,如图 3-28 所示。电容器串联、并联特点的比较见表 3-33。

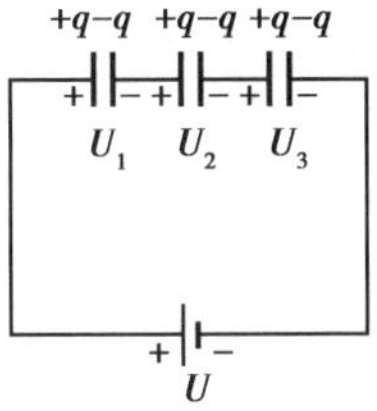

▲图 3-27　**电容器串联**

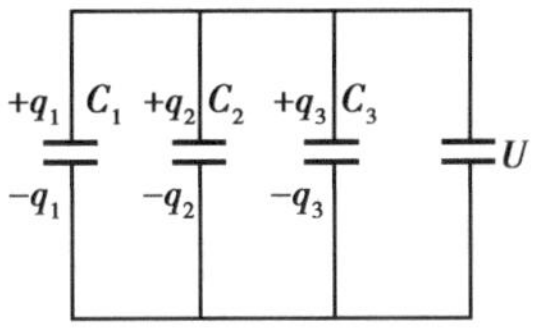

▲图 3-28　**电容器并联**

表 3-33　电容器串联、并联特点的比较

特点 / 比较项	电容器串联	电容器并联
总电容量	总电容量的倒数等于各个电容器电容的倒数之和。即 $\frac{1}{C}=\frac{1}{C_1}+\frac{1}{C_2}+\frac{1}{C_3}+\cdots+\frac{1}{C_n}$	总电容等于每个电容器的电容之和。即 $C=C_1+C_2+C_3+\cdots+C_n$
电量关系	每个电容器所带的电量相等。即 $Q=Q_1=Q_2=Q_3=\cdots=Q_n$	总电量等于每个电容器所带的电量之和。即 $Q=Q_1+Q_2+Q_3+\cdots+Q_n$
电压关系	总电压等于各分电压之和。即 $U=U_1+U_2+U_3+\cdots+U_n$	每个电容器上的电压相等,等于电源电压。即 $U=U_1=U_2=U_3=\cdots=U_n$
应用	①电容器串联可以提高耐压。 ②电容器上的电压分配和它的电容量成反比	①电容器并联时,电容量将增大。 ②电容器并联时,每个电容器的耐压均应大于外加电压

(1)当两个电容器串联时,分压公式为:

$$U_1=\frac{C_2}{C_1+C_2}U,U_2=\frac{C_1}{C_1+C_2}U$$

(2)当两个电容器串联时,总电容为:

$$C=\frac{C_1C_2}{C_1+C_2}$$

(3)当两个电容器并联时,电量分配公式为:

$$Q_1=\frac{C_1}{C_1+C_2}Q,Q_2=\frac{C_2}{C_1+C_2}Q$$

5)电容器质量判定

根据电容器的充、放电原理,用指针万用表就能判断电容器的质量、电解电容器的极性,并能定性比较容量大小。数字万用表的电容挡可快速检测电容器容量大小。

2. 电磁感应

1)磁场

磁体的周围空间存在的特殊形式的物质,这种特殊形式的物质称为磁场。磁场具有力和能量的性质。

磁场方向的规定:在磁场中任一点,放入可以自由转动的小磁针,当小磁针静止时 N 极所指的方向就是该点的磁场方向。

任何磁体的磁极总是成对出现的,即 S 极(南极)和 N 极(北极)。磁极之间具有相互作用的磁力。同名磁极相互排斥,异名磁极相互吸引。

2)磁感线

磁感线是为研究问题方便引入的假想曲线,实际上并不存在。曲线上每一点的切线方向都与该点的磁场方向相同。磁感线具有以下特征:

①磁感线在磁体外部从 N 极(北极)出来,绕进 S 极(南极),而在磁体内部却是从 S 极指向 N 极,形成一个闭合回路。磁感线之间互不相关。

②磁感线上任意一点的切线方向就是该点的磁场方向。

③磁场越强,磁感线越密。匀强磁场的磁感线是一些分布均匀的平行直线。

④当存在导磁材料时,磁感线主要从导磁材料中通过。

3)磁场的基本物理量

磁场的基本物理量有磁感应强度、磁通、磁导率和磁场强度,见表 3-34。

表 3-34　磁场的基本物理量

名称	表达式	单位及符号	说　明
磁感应强度	$B=\frac{F}{IL}$	特[斯拉](T)	①磁感应强度又称磁通密度,是反映磁场中某一个点磁场强弱和方向的物理量。 ②匀强磁场的磁力线是均匀分布的平行直线。 ③$B=\frac{F}{IL}$成立的条件是导线与磁感应强度垂直
磁通	$\Phi=BS$	韦[伯](Wb)	①磁通是反映磁场中某个面的磁场强弱的物理量。 ②公式 $B=\frac{\Phi}{S}$说明在匀强磁场中,磁感应强度就是与磁场垂直的单位面积上的磁通

续表

名称	表达式	单位及符号	说　明
磁导率	$\mu=\mu_r\mu_0$	亨[利]每米(H/m)	①磁导率是描述某种物质导磁能力强弱的物理量。 ②根据相对磁导率的大小,可将物质分为3类,分别是反磁物质、顺磁物质、铁磁物质
磁场强度	$H=\frac{B}{\mu}$	安[培]每米(A/m)	①磁场强度反映的是磁场中某点的磁感应强度与磁介质磁导率的比值,它是描述磁场强弱与方向的又一个基本物理量。 ②磁场强度是矢量,方向与该点的磁感应强度 B 的方向相同

4)电磁感应

(1)安培定则

通电直导线的磁场可用安培定则判定。安培定则的内容是:用右手的拇指伸直,四指握住导线,当拇指指向电流时,四指所指的方向就是磁感线的方向。

记忆口诀

导体通电生磁场,右手判断其方向。

伸手握住直导线,拇指指向流方向。

四指握成一个圈,指尖指示磁方向。

(2)右手螺旋定则

通电螺线管线圈可看成是由N匝环形导线串联而成,它通电以后产生的磁感线形状与条形磁铁产生的磁场相类似,一端相当于N极,另一端相当于S极。判定通电螺线管线圈的磁场方法为右手螺旋定则,右手螺旋定则的内容是:将右手的拇指伸直,用右手握住螺线管,让弯曲的四指所指的方向与电流方向一致,则大拇指所指的方向为通电螺线管的N极方向(即通电螺线管内部磁场方向)。

记忆口诀

通电导线螺线管,形成磁场有北南。

右手握住螺线管,电流方向四指尖。

拇指一端为N极,另外一端为S极。

(3)电磁力的计算公式

载流直导体在磁场中要受到电磁力的作用,电磁力的计算公式为:

$$F = BIL\sin\theta$$

式中,F 的单位为牛[顿](N),I 的单位为安[培](A),L 的单位为米(m),B 的单位为特[斯拉](T)。θ 为电流方向与磁场方向之间的夹角。

(4)洛伦兹力

磁场对通电导体中的电荷有作用力,被称为洛伦兹力。洛伦兹力总是垂直于磁场和速度所在的平面,其方向仍然用左手定则判定,但是应该注意,电流方向是正电荷的运动方向。实验证明,磁场中电量为 q 的粒子,当其速度 v 的方向与磁感应强度 B 的方向之间的夹角为 θ 时,运动电荷受到的洛伦兹力的大小为:

$$F = qvB \sin \theta$$

式中,q 为电荷量,v 为运动速度,B 为磁场磁感应强度,θ 为速度方向与磁场方向之间的夹角。

(5)左手定则

通电导体在磁场中受到的磁场力方向,可以用左手定则来判定,左手定则的内容是:伸开左手,让四指与拇指在同一平面内且互相垂直,让磁感线垂直穿入手掌心,四指指向导体的电流方向,则拇指所指的方向就是通电导体在磁场中受到的磁场力方向。

记忆口诀

电流通入直导线,就能产生电磁力。
左手用来判断力,拇指四指成垂直。
平伸左手磁场中,N 极正对手心里,
四指指向电流向,拇指指向电磁力。

(6)力偶矩

通电矩形线圈在磁场中将受到力偶矩的作用而转动,其转动方向用左手定则判定。力偶矩的计算公式为:

$$M = n\,BIS \cos \theta$$

式中 n——线圈的匝数;
θ——磁场方向与线圈平面的夹角;
M——线圈中的力偶矩,单位为牛[顿]米(N·m)。

(7)产生感应电流的条件

产生感应电流的条件是:闭合电路的一部分导体做切割磁感线运动时,或穿过闭合电路的磁通量发生变化时,闭合电路中就有感应电流产生。

如果是闭合电路一部分的导体在磁场中做切割磁感线运动而产生的感应电流时,可用右手定则来判定。右手定则的内容是:伸开右手,让四指与拇指在同一平面内且互相垂直,让磁感线垂直穿入手掌心,使拇指的指向为导线运动的方向,则其余四指所指的方向感应电流的方向。

记忆口诀

导线切割磁感线,感应电势生里面。
导线外接闭合路,感应电流右手判。
平伸右手磁场中,手心面对 N 极端。
导线运动拇指向,四指方向为电流。

(8)楞次定律

如果是穿过闭合电路的磁通发生变化而产生感应电流时,可用楞次定律来判定。楞次定律的内容是:感应电流的方向,总是使感应电流产生的磁场阻碍引起感应电流的磁通量的变化。

判断感应电流的步骤如下:

①先确定穿过线圈的原磁场方向;

②判断穿过线圈的磁通量是增大还是减少;

③由楞次定律确定感应电流的磁场方向(通俗地讲,就是增反减同、来拒去留);

④由安培定则确定感应电流的方向。

(9)感应电动势

导线做切割磁感线运动时,会产生感应电动势。感应电动势的计算公式为:

$$E = BLv \sin \alpha$$

式中,E 为感应电动势;B 为磁感应强度;L 为导体在磁场中的有效长度;v 为运动速度;α 为速度方向和磁场方向的夹角。

线圈中感应电动势的大小与穿过回路磁通的变化率成正比,称为法拉第电磁感应定律。在参考楞次定律时,法拉第电磁感应定律可写成:

$$e = -N\frac{\Delta\phi}{\Delta t} = -\frac{\Delta\psi}{\Delta t}$$

式中,负号是楞次定律的反映,它表明感应电流的磁场总是要阻碍原磁场的变化。

5)电感

由于线圈本身电流发生变化而产生电磁感应的现象称为自感现象,简称自感。自感现象中产生的感应电动势,称为自感电动势。

磁通量 Φ 与电流 I 的比值称为自感系数,又称电感量,用公式表示为:

$$L = \frac{\Phi}{I}$$

电感量的基本单位为亨[利](H),此外还有毫亨(mH)和微亨(μH),它们之间的转换方式为:

$$1\ \text{H} = 10^3\ \text{mH} = 10^6\ \mu\text{H}$$

具有电磁感应作用的电子器件称为电感器,简称电感。电感一般由导线绕成线圈构成,故又称为电感线圈。

电感线圈和电容一样是一种储能元件,它能把电场能转成磁场能储存起来。

$$W_L = \frac{1}{2}LI^2$$

式中　L——线圈的电感,单位为亨[利](H);

I——通过线圈的电流,单位为安[培](A);

W_L——线圈中的磁场能量,单位为焦[耳](J)。

电感元器件的特性是对直流电呈现很小的阻碍作用,对交流电呈现较大的阻碍作用,流过电感的电流不能突变,即“通直流,阻交流”。

电感量的大小主要决定于线圈的直径、匝数及导磁材料等,三者中任意一者发生改变都将影响电感器的电感量。

电感器的标注方法主要有直接标注法、色环标注法和文字符号标注法。

用万用表测量来判断电感好坏的方法是:用指针式万用表欧姆挡($R\times1$ 或 $R\times10$)进行判断。正常情况下,电感器的直流电阻较小。若万用表读数偏大或为无穷大,则表示电感器已损坏(内部开路);若万用表读数为零,则表示电感器已损坏(内部短路)。

【例 1】　把容量为 $C_1=0.25\ \mu\text{F}$,耐压是 300 V 和容量为 $C_2=0.5\ \mu\text{F}$,耐压是 250 V 的两个电容器串联起来,接在 500 V 直流电源下使用。判断这样使用是否安全?

【分析】 电容器在电路中使用是否安全，主要看电容器在电路中所承受的实际电压是否超过它本身的耐压值。已知两电容器串联的总电压 U 和每只电容器的容量，可根据分压公式求出两只电容器的实际工作电压，再与它们的耐压值进行比较，即可得出结论。

解：C_1 所承受的实际工作电压 U_1：

$$U_1=\frac{C_2}{C_1+C_2}U=\frac{0.5\ \mu F}{0.25\ \mu F+0.5\ \mu F}\times 500\ V=333.3\ V$$

答：由于 C_1 电容器的实际工作电压 333.3 V 大于其额定耐压 300 V，会被击穿。C_1 击穿后，致使 C_2 电容器单独承受 500 V 电压，这个电压值远大于 C_2 的额定耐压 250 V。因此 C_1 电容器被击穿后，C_2 电容器相继被击穿。所以这样使用不安全。

【例 2】 在磁感应强度为 0.5 T 的匀强磁场中，有一长度为 60 cm 的直导线，流过导线的电流为 2 A，导线与磁感应强度的夹角分别为 0°，30°，90°，求导线各受多大的力？

【分析】 载流直流导线在磁场中受力的大小，可以根据公式 $F=BIL\sin\alpha$ 求解。能正确应用公式，并记住特殊角的函数值，是解答本题的关键。

解：由 $F=BIL\sin\alpha$，得

①夹角为 0°时，受到的力 $F=BIL\sin\alpha=0.5\ T\times 2\ A\times 0.6\ m\times 0=0\ N$

②夹角为 30°时，受到的力 $F=BIL\sin\alpha=0.5\ T\times 2\ A\times 0.6\ m\times 0.5=0.3\ N$

③夹角为 90°时，受到的力 $F=BIL\sin\alpha=0.5\ T\times 2\ A\times 0.6\ m\times 1=0.6\ N$

答：载流直导线在磁场中受力的大小分别为 0 N，0.3 N，0.6 N。

3. 纯电感电路

纯电感电路是指电感线圈（电阻忽略不计）与交流电源连接成的电路，如图 3-29 所示。

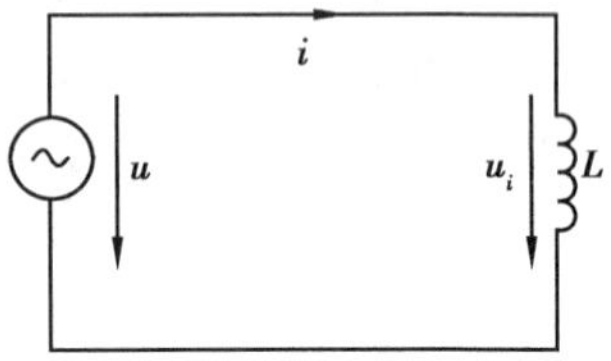

▲图 3-29 纯电感电路

电感电抗（简称为感抗），用 X_L 表示，它的大小与电源频率成正比，与线圈的电感量成正比。即

$$X_L=\omega L=2\pi fL$$

式中 f——电源的频率，单位为赫[兹]，(Hz)；

L——线圈的电感量，单位为亨[利]，(H)；

X_L——电感的电抗，单位为欧[姆]，(Ω)。

感抗是用来表示电感线圈对交流电所呈现的阻碍作用。电感线圈有“通直流，阻交流；通低频，阻高频”的性能。

纯电感电路的特点：

①电流、电感的有效值（或最大值）服从欧姆定律，而瞬时值不遵从欧姆定律。即

$$I=\frac{U_L}{X_L},\quad I_m=\frac{U_{Lm}}{X_L}$$

②电感两端的电压 U_L 超前电流 $\frac{\pi}{2}$。

设通过线圈的电流为 $i_{(t)}=I_m\sin\omega t$，则线圈两端的电压为 $U_{(t)}=U_m\sin\left(\omega t+\frac{\pi}{2}\right)$，电流和电压的波形图及旋转矢量图，如图 3-30 所示。

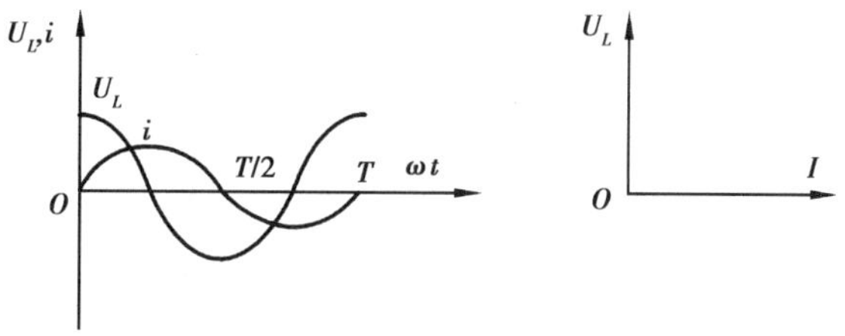

▲图 3-30　纯电感电路电流和电压的波形图及旋转矢量图

③纯电感电路的瞬时功率等于电压与电流的瞬时值的乘积。即：

$$p = u_{(t)} i_{(t)} = U_L I \sin 2\omega t$$

电感是储能元件，有功功率为零（$P=0$）。所占用的功率为无功功率 Q_L，在数值上等于电感两端电压有效值与电感线圈中的电流有效值之积。即

$$Q_L = UI = I^2 X_L = \frac{U_L^2}{X_L}$$

式中　Q_L——无功功率，单位为乏，var。

4. 纯电容电路

纯电容电路由纯电容和交流电源组成，如图 3-31 所示。

纯电容电路是将电容器的漏电电阻和分布电感忽略不计，将电容器接到交流电源上的电路。

容抗，用 X_C 表示，它的大小与电源频率成反比，与电容器的电容量成反比。即

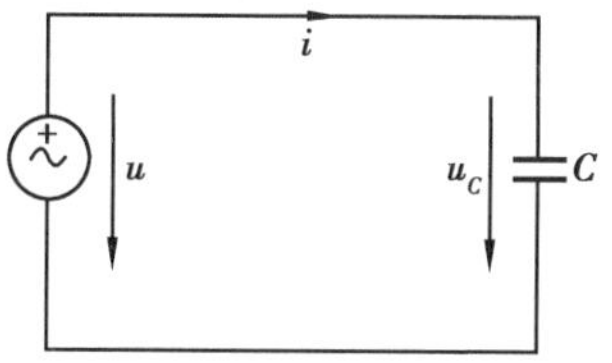

▲图 3-31　纯电感电路

$$X_C = \frac{1}{\omega C} = \frac{1}{2\pi f C}$$

式中　f——电源的频率，单位为赫[兹]，Hz；

C——电容器的电容量，单位为法[拉]，F；

X_C——电容器的容抗，单位为欧[姆]，Ω。

容抗是用来表示电容器对交流电所呈现的阻碍作用。电容器有“通交流，阻直流；通高频，阻低频”的性能。

纯电容电路的特点有：

①电流、电感的有效值（或最大值）服从欧姆定律，而瞬时值不遵从欧姆定律。即

$$I = \frac{U_C}{X_C},\quad I_m = \frac{U_{Cm}}{X_C}$$

②电容器两端的电压 U_C 滞后电流$\frac{\pi}{2}$。

设：电容两端的电压为 $U_{c(t)} = U_m \sin \omega t$，流过电容的电流为 $i_{c(t)} = I_m \sin\left(\omega t + \frac{\pi}{2}\right)$，则电流和电压的波形图及旋转矢量图如图 3-32 所示。

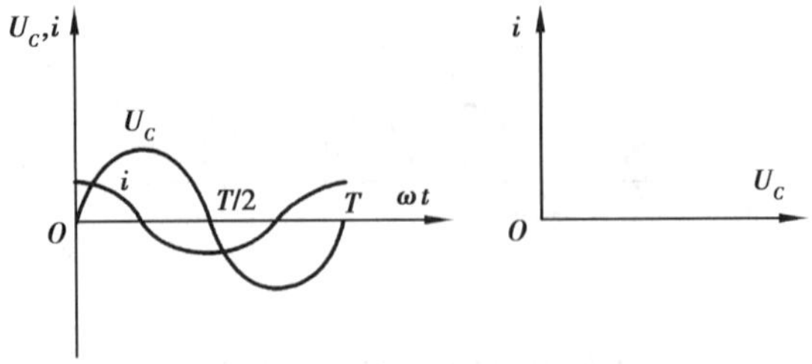

▲图 3-32　纯电容电路电流和电压的波形图及旋转矢量图

③纯电容电路的瞬时功率等于电压与电流的瞬时值的乘积。即

$$p = u_{(t)} i_{(t)} = U_C I \sin 2\omega t$$

电容是储能元件，有功功率为零（$P=0$）。所占用的功率为无功功率 Q_C，在数值上等于电容两端电压有效值与电容中的电流有效值之积。即

$$Q_C = U_C I = I^2 X_C = \frac{U_C^1}{X_C}$$

式中　Q_C——无功功率，单位为乏，var。

纯电感电路和纯电容电路的单一参数交流电路的特点见表 3-35。

表 3-35　单一参数交流电路的特点

特性名称		纯电阻电路	纯电容 C 电路	纯电感 L 电路
阻抗特性	阻抗	阻抗 $R=U/I$	容抗 $X_C=\frac{\omega}{C}=\frac{1}{2\pi fC}$	感抗 $X_L=\omega L=2\pi fL$
	直流特性	通直流但有阻碍作用	隔直流（相当于开路）	通直流（相当于短路）
	交流特性	通交流但有阻碍作用	通高频，阻低频	通低频，阻高频
电流电压有效值关系		$I=\frac{U_R}{I_R}$	$I=\frac{U_C}{X_C}$	$I=\frac{U_L}{X_L}$
电流电压相位关系		u 超前于 i 90°	u 滞后于 i 90°	u 超前于 i 90°
有功功率		$P=I^2R$	$P=0$	$P=0$
无功功率		0	$Q_C=U_CI=I^2X_C=\frac{U_C^2}{X_C}$	$Q_L=UI=I^2X_L=\frac{U_L^2}{X_L}$
满足欧姆定律的参数		最大值、有效值、瞬时值	最大值、有效值	最大值、有效值

5.正弦交流电串联电路

1）电路结构

RL 串联电路如图 3-33 所示。

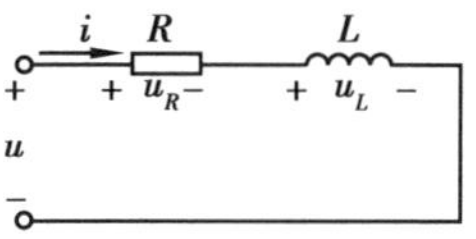

（a）RL串联电路原理

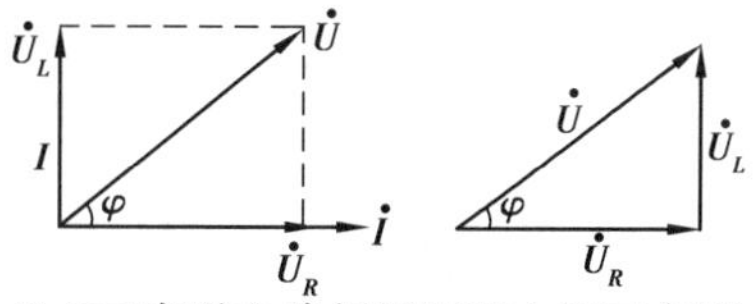

（b）RL串联电路相量图和电压三角形

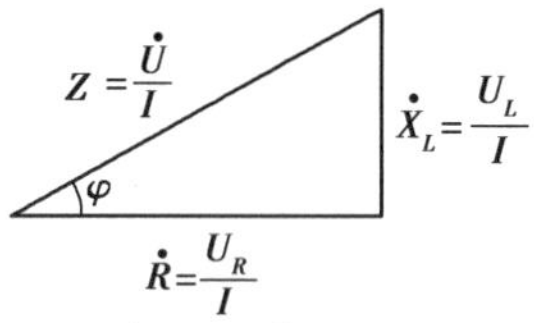

（c）RL串联电路阻抗三角形

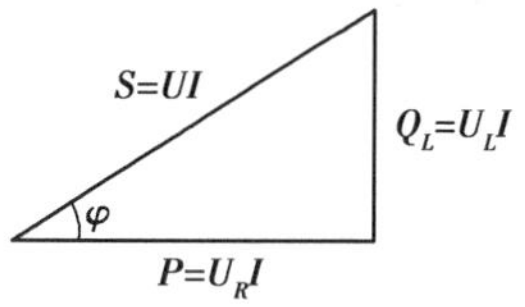

（d）RL串联电路功率三角形

▲图 3-33　RL 串联电路图

RC 串联电路如图 3-34 所示。

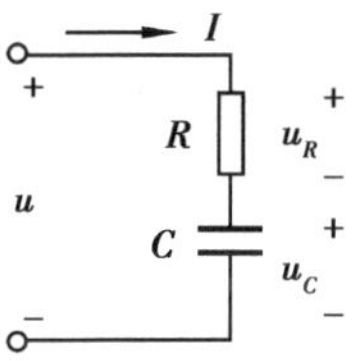

（a）RC串联电路原理

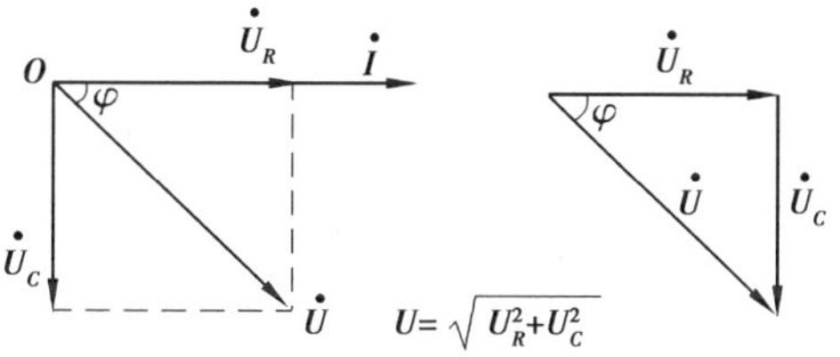

（b）RC串联电路相量图和电压三角形

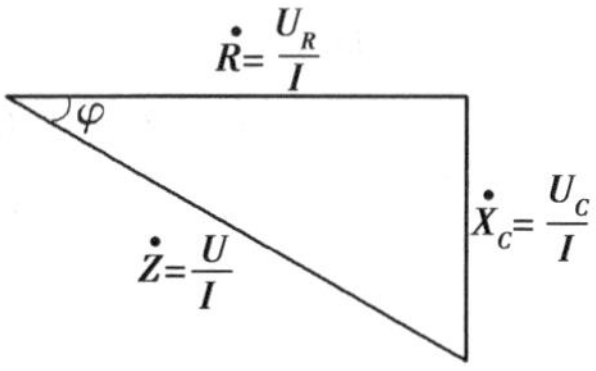

（c）RC串联电路阻抗三角形

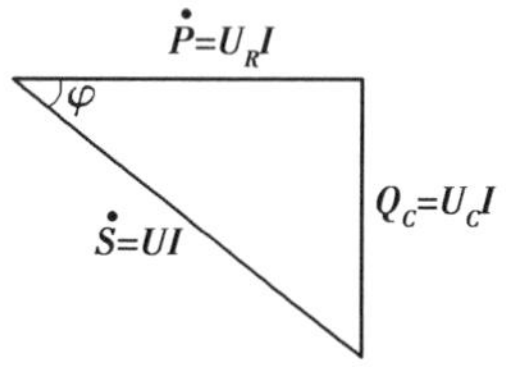

（d）RC串联电路功率三角形

▲图 3-34　RC 串联电路图

RLC 串联电路如图 3-35 所示。

RLC 电路性质分析：

①当 $X_L>X_C$ 时，$X>0$，$\varphi>0$，电路呈感性。

②当 $X_L<X_C$ 时，$X<0$，$\varphi<0$，电路呈容性。

③当 $X_L=X_C$ 时，$X=0$，$\varphi=0$，电路呈电阻性。

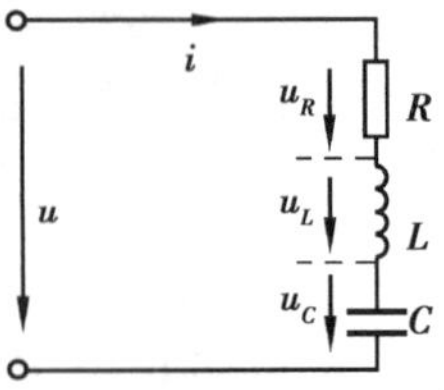

(a)RLC串联电路原理

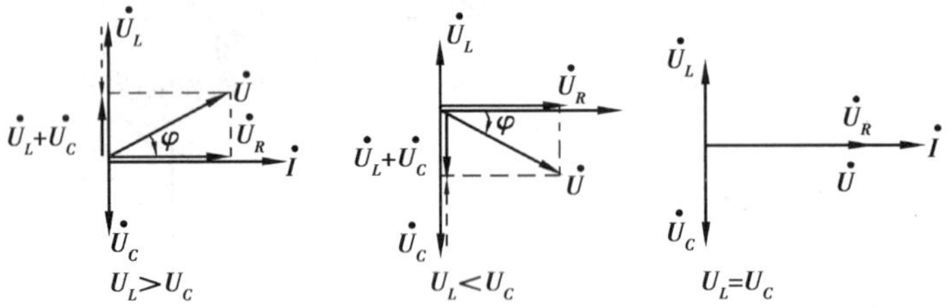

(b)RLC串联电路电流电压相量图

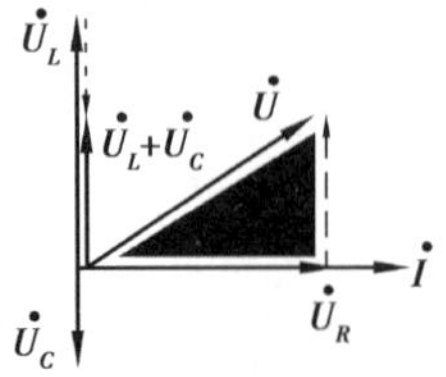

(c)RLC串联电路电压三角形

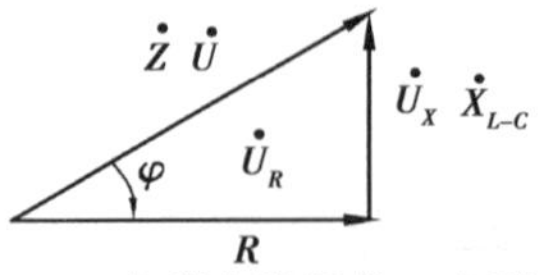

(d)RLC串联电路阻抗三角形

▲图 3-35　RLC 串联电路图

2)正弦交流电串联电路的特性

三种正弦交流电串联电路的特性比较见表 3-36。

表 3-36　三种正弦交流电串联电路特性比较

特性名称	RL 串联电路	RC 串联电路	RLC 串联电路
电抗与频率的关系	$X_L=\omega L=2\pi fL$	$X_C=\dfrac{1}{\omega C}=\dfrac{1}{2\pi fC}$	$X_L=2\pi fL$ $X_C=\dfrac{1}{2\pi fC}$
阻抗计算公式	$Z=\sqrt{R^2+X_L^2}$	$Z=\sqrt{R^2+X_C^2}$	$Z=\sqrt{R^2+(X_L-X_C)^2}$
总电压与其余电压间的数量关系	$U=\sqrt{U_R^2+U_L^2}$	$U=\sqrt{U_R^2+U_C^2}$	$U=\sqrt{U_R^2+(U_L+U_C)^2}$
总电压与电流的相位关系	u 超前于 i 一个小于$\dfrac{\pi}{2}$的 ϕ 角 $\phi=\arctan\dfrac{U_L}{U_R}$	u 滞后于 i 一个小于$\dfrac{\pi}{2}$的 ϕ 角 $\phi=\arctan\dfrac{U_C}{U_R}$	u 超前(感性)、滞后(容性)于 i 一个小于$\dfrac{\pi}{2}$的 ϕ 角，也可同相(阻性)。 $\phi=\arctan\dfrac{U_L-U_C}{U_R}$

续表

特性名称	RL 串联电路	RC 串联电路	RLC 串联电路
总电压与电流的有效值关系	$U=IZ, U_m=I_mZ$	$U=IZ, U_m=I_mZ$	$U=IZ, U_m=I_mZ$
有功功率	$P=I^2R$	$P=I^2R$	$P=I^2R$
无功功率	$Q_L=I^2X_L$(呈感性)	$Q_C=I^2X_C$(呈容性)	$Q=Q_L-Q_C$ (感性、容性、电阻性)
视在功率	$S=\sqrt{P^2+Q_L^2}$	$S=\sqrt{P^2+Q_C^2}$	$S=\sqrt{P^2+(Q_L-Q_C)^2}$

导师说

同学们在复习时，可这样记忆：若将 RLC 串联电路中的电容 C 短路去掉，即令 $X_C=0, U_C=0$，则其公式完全适用于 RL 串联情况；若将 RLC 串联电路中的电感 L 短路去掉，即令 $X_L=0, U_L=0$，则其公式完全适用于 RC 串联情况。

3）功率因数

（1）功率因素的表达式

$$\cos\phi=\frac{P}{S}=\frac{R}{Z}=\frac{U_R}{U}$$

（2）提高功率因素的意义及方法

提高功率因素，可以提高电源的利用率，其常用方法有：

①合理地使用用电设备；

②并联补偿电容器。

4）电能测量

电能表（俗称火表）又称电度表、千瓦时计，是用来测量和记录电能累积值的专用仪表。

电能表根据相数不同，可分为单相电能表和三相电能表；根据测量原理不同，可分为感应式电能表和电子式电能表。

单相电能表有 4 个接线柱，其接线方法是：面对电能表接线盒，从左至右，分别是火线进线、火线出线，零线进线、零线出线。

6. RLC 串联谐振电路的谐振

①RLC 串联谐振电器的谐振条件为：$X_C=X_L$。

②RLC 串联谐振电器的谐振频率为：$f=\dfrac{1}{2\pi\sqrt{LC}}$。

③RLC 串联谐振电器的总阻抗最小等于 R。

④RLC 串联谐振电器的总电流为最大 $I=\dfrac{U}{R}$。

⑤RLC 串联谐振电器的品质因素 $Q=\frac{X_C}{R}=\frac{X_L}{R}$。

⑥电容和电感两端电压为：$U_C=QU$，$U_L=QU$，RLC 串联谐振也称为电压谐振。

RLC 串联谐振电器的通频带：品质因数 Q 越大，选择性能越好，通频带越窄；品质因数 Q 越小，选择性能越差，通频带越宽。

【例 1】 已知某正弦交流电 $i_{(t)}=30\sqrt{2}\sin\left(100\pi t+\frac{\pi}{4}\right)$ A，试求振幅、有效值、角频率、频率、周期各为多少？

【分析】 根据题意已知正弦交流电的表达式，可得到振幅（最大值）和角频率，再分别计算出有效值、频率和周期。

解：从正弦交流电 $i_{(t)}=30\sqrt{2}\sin\left(100\pi t+\frac{\pi}{4}\right)$ A 可知

振幅 $I_m=30\sqrt{2}\text{ A}=42.4\text{ A}$

有效值 $I=\frac{I_m}{\sqrt{2}}=30\text{ A}$

角频率 $\omega=100\pi\text{ rad/s}$

频率 $f=\frac{\omega}{2\pi}=50\text{ Hz}$

周期 $T=\frac{1}{f}=\frac{1}{50}\text{s}=0.02\text{ s}$

答：该正弦交流电的振幅为 42.4 A，有效值为 $I=\frac{I_m}{\sqrt{2}}=30$ A，角频率为 100π rad/s，频率为 50 Hz，周期为 0.02 s。

【例 2】 在 RLC 串联电路中，交流电源电压 $U=220$ V，频率 $f=50$ Hz，$R=30\ \Omega$，$L=445$ mH，$C=32\ \mu\text{F}$。试求：

①电路中的电流大小 I；

②总电压与电流的相位差 ϕ；

③各元器件上的电压 U_R、U_L、U_C。

【分析】 根据题意已知电压要求电流 I，可先求出 X_L，X_C 再求出总阻抗 Z，就可根据 $I=\frac{U}{Z}$求出电流；再根据阻抗三角形公式可求出相位差；再根据公式可求出元件上的电压。

解：①$X_L=2\pi fL\approx140\ \Omega$， $X_C=\frac{1}{2\pi fC}\approx100\ \Omega$， $Z=\sqrt{R^2+(X_L-X_C)^2}=50\ \Omega$， $I=\frac{U}{Z}=4.4$ A

②$\phi=\arctan=\frac{X_L-X_C}{R}=\arctan\frac{40}{30}=53.1°$，电压比电流超前 53.1°，电路呈感性。

③$U_R=RI=132$ V， $U_L=X_LI=616$ V， $U_C=X_CI=440$ V

答：电路中的电流为 4.4 A，电压与电流的相位差为电压超前电流 53.1°，电阻上的电压为 132 V，电感上的电压为 616 V，电容上的电压为 440 V。

【例3】　一个阻值为60 Ω的电阻和电容量为125 μF的电容器串联后，接在$u=100\sqrt{2}\sin\left(100\pi t+\frac{\pi}{2}\right)$ V的交流电源上。试求：

①电容器的容抗；

②电路的阻抗；

③电路中电流有效值；

④有功功率、无功功率和视在功率；

⑤功率因数。

【分析】　已知电压表达式，可得出最大值、角频率、初相位，然后可用$X_C=\frac{1}{\omega C}$计算出电容器的容抗；用公式$Z=\sqrt{R^2+X_C^2}$可计算出电路阻抗；用公式$U=\frac{U_m}{\sqrt{2}}$、$I=\frac{U}{Z}$计算出电流的有效值；再用功率和功率因素的相关公式，计算出相关功率和功率因素。

解：已知$u=110\sqrt{2}\sin\left(100\pi s^{-1}+\frac{\pi}{2}\right)$ V，得到：

$$U_m=110\sqrt{2}\,\text{V},\quad \omega=110\pi\ \text{rad/s},\quad \phi_0=\frac{\pi}{2}$$

①电容器的容抗为：

$$X_C=\frac{1}{\omega C}=\frac{1}{100\pi s^{-1}\times125\times10^{-6}\,\text{F}}\approx25\ \Omega$$

②电路的阻抗为：

$$Z=\sqrt{R^2+X_C^2}=\sqrt{(60\ \Omega)^2+(25\ \Omega)^2}=65\ \Omega$$

③电路中电流有效值为：

$$U=\frac{U_m}{\sqrt{2}\,\text{V}}=\frac{110\sqrt{2}\,\text{V}}{\sqrt{2}\,\text{V}}=110\ \text{V}$$

$$I=\frac{U}{Z}=\frac{110\ \text{V}}{65\ \Omega}\approx1.7\ \text{A}$$

④有功功率、无功功率和视在功率分别为：

$$P=RI^2=60\ \Omega\times(1.7\ \text{A})^2=173.4\ \text{W}$$

$$Q_C=X_CI^2=25\ \Omega\times(1.7\ \text{A})^2=72.25\ \text{var}$$

$$S=\sqrt{P^2+Q_C^2}=\sqrt{(173.4\ \text{W})^2+(72.25\ \text{var})^2}\approx188\ \text{V}\cdot\text{A}$$

⑤功率因素为：

$$\cos\phi=\frac{P}{S}=\frac{173.4\ \text{W}}{188\ \text{V}\cdot\text{A}}\approx0.92$$

答：电容器的容抗为25 Ω，电路的阻抗为65 Ω，电路中电流有效值为1.7 A，有功功率为173.4 W，无功功率为72.25 var，视在功率为188 V·A，功率因素为0.92。

※检测与反思

A 组

一、填空题

1. 电容器在充电过程中，充电电流逐渐________，两端的电压逐渐________。

2. 电感元件的特性是对直流电呈现很________的阻碍作用，对交流电呈现较________的阻碍作用，流过电感的电流不能突变，即________。

3. 电感器的标注方法主要有________、________和________。

二、选择题

4. 下列说法不正确的是(　　)。

A. 电容器串联可以提高电路的耐压

B. 电容器并联使电容器的总容量增大

C. 电容器串联后，每只电容器承受的电压与其电容量成反比

D. 电容器串联后接入电路中，首先被击穿的是电容量最大的电容器

5. 发生电磁感应现象时，一定是(　　)。

A. 感应电动势和感应电流同时存在　　B. 有感应电动势存在

C. 只有感应电流存在　　D. 都不存在

6. 根据公式 $\varphi=BS\sin\theta$，下列说法错误的是(　　)。

A. 当磁场与线圈平面平行时磁通最大　　B. 当磁场与线圈平面垂直时磁通最大

C. 当磁场与线圈平面平行时磁通为 0　　D. 上述说法均错误

三、判断题

7. 电容器必须在电路中使用才有电量，因此此时才有电容量。(　　)

8. 电感器是一个储能元件，电感量的大小反映了它储存电能本领的强弱。(　　)

9. 右手定则是判定感应电流方向最一般的规律。(　　)

10. 电容器具有"隔交流、通直流"的特性。(　　)

B 组

一、填空题

1. 电容串联后等效电容将________，电容并联后等效电容将________。

2. 自感电动势的大小与____________________。

3. 在纯电感交流电路中，电压与电流的相位关系是电压________电流 90°，感抗 $X_L=$________。

二、选择题

4. 两只电容器容量之比为 1∶2，把它们串联后接到电源上充电，充电完毕后它们的电场能之比是(　　)。

A. 1∶2　　B. 1∶1　　C. 2∶1　　D. 4∶1

5. 如图 3-36 所示，电路的属性为(　　)。

A. 阻性　　B. 感性　　C. 容性　　D. 都不是

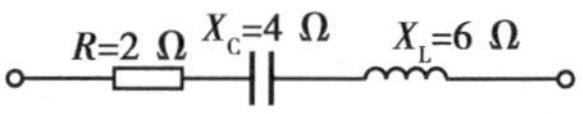

▲图 3-36

6. 在电容元件的正弦交流电路中，电压有效值保持不变，当频率增大时，电路中电流将(　　)。

A. 增大　　B. 减小　　C. 不变　　D. 无法判断

三、判断题

7. 电感器具有隔直流、通交流的作用。(　　)

8. 在同一交流电流作用下，电感 L 越大，通过电感中的电流就越小。(　　)

9. 感应电流产生的磁场总是阻碍原磁场的变化。(　　)

10. 电感量的大小主要决定于线圈的直径、匝数及导磁材料等，任意其一发生改变都将影响电感器的电感量。(　　)

C 组

一、填空题

1. 有两个电容器，电容分别为 10 μF 和 20 μF，它们的耐压分别是 25 V 和 15 V，现将它们并联后接在 10 V 的直流电源上，则它们储存的电量分别是________ C 和________ C，此时等效电容是________ μF。

2. 在 RLC 串联电路中，当 L、C 固定时，电路的谐振频率为________；当电容量增大时，电路呈________性。

二、选择题

3. 在 RL 串联电路中，$U_R=16$ V，$U_L=12$ V，则总电压为(　　)

A. 28 V　　B. 20 V　　C. 2 V　　D. 8 V

4. 在纯电感电路中，满足欧姆定律的关系式为(　　)。

A. $I=\frac{U_m}{X_L}$　　B. $I=UX_L$　　C. $I_m=\frac{U}{X_L}$　　D. $I=\frac{U}{X_L}$

5. 视在功率(即总功率)的单位是(　　)。

A. var　　B. W　　C. V · A　　D. A

6. 已知一台单相电动机，铭牌标注的功率为 30 kW，功率因数为 0.6，则这台电动机的视在功率为(　　)。

A. 30 kW　　B. 4 kW　　C. 50 kW　　D. 60 kW

三、判断题

7. 自感电动势 e_L 的极性总是阻碍磁通的变化。 ( )
8. 在纯电容电路中，电流超前于电压。 ( )
9. 在纯电感电路中有功功率为0，功率因数为0。 ( )
10. 在RLC串联电路中，发生谐振时，电抗为0，感抗和容抗也为0。 ( )

※课外阅读

无线充电技术

手机、电动牙刷、充电电筒、电动剃须刀等需要经常充电，一般采用有线充电器。随着无线充电技术的发展，逐渐应用于医疗保健、汽车、制造业等领域。现在的无线充电技术可以方便地为电动牙刷等设备充电，并实现防水功能；为患者体内的心脏起搏器、心脏调节器无线充电，避免更换电池带来的痛苦。

常见的无线充电方式有电磁感应、磁场共振、电场感应和电磁波方式。而磁场感应和磁场共振是目前实现无线充电采用的主流技术。

电磁感应式无线充电技术是起步最早、发展最为成熟的无线充电技术，可满足小功率电器充电需要。它的传输距离控制在1 cm以内；制作成本偏低；环境适应能力较强，极具穿透性。其缺点是充电效率相对偏低，无法满足大功率设备充电需要，且传输距离太短。

电动牙刷为了防水需要，现在大多采用无线电磁感应式充电，由牙刷和充电底座组成。充电底座里有一个线圈和金属芯，通过导线与USB接口连接。牙刷底部也有线圈。将牙刷插入基座上，就能形成完整的变压器，其充电的过程就是“电能→磁能→电能”，通过电磁感应就可以为牙刷充电了。

世界规模最大抽水蓄能电站投产发电

电可以说是现代社会必不可少的一种资源，它与人们的生活息息相关，因此发电对于社会来说是非常重要的。目前来看，发电的方法有很多，抽水蓄能电站便是其中一种。

2021年12月30日，河北丰宁抽水蓄能电站（以下简称“丰宁电站”）正式投产发电，标志着其成为世界范围内规模最大的抽水蓄能电站（以下简称“抽蓄电站”）。同时，作为北京冬奥的重要电力供应地之一，丰宁电站的投产发电将为北京冬奥场馆实现100%绿色电力供应提供坚强保障。

包括风能、太阳能等在内的新能源发电存在着显著的周期性，导致发电高峰与用电高峰不能够完全匹配。高效的储能是新能源发电中必不可少的环节，抽水蓄能则是目前技术最为成熟的大容量储能方式，是电力系统安全防御体系的重要组成部分。抽蓄电站将低处的水抽到高处蓄积能量，从而把电网负荷低谷时多余的电能转化为水的势能储存起来，在负荷高峰时再将水的势能转化为电能，以此实现了电能的有效存储。其将电能在时间上进行了重新分配，有效调节了电力系统生产、供应、使用之间的动态平衡，在保障大电网安全、促进新能源消纳、提升全系统性能中发挥着基础性作用。

在装机容量与储能能力这两项抽蓄电站的核心指标上，丰宁电站均位列世界第一，共安装了12台30万千瓦单级可逆式水泵水轮发电电动机组，总装机360万千瓦。12台机组满发

▲图 3-37　河北丰宁抽水蓄能电站

利用小时数可达到 10.8 h，为世界抽蓄电站之最，并且其一次蓄满可储存新能源电量近 4000 万度，全年可消纳新能源 87 亿度，堪称是世界最大的“超级充电宝”。不仅如此，丰宁电站也是世界范围内首次实现抽蓄电站接入柔性直流电网，开创了抽蓄电站发展史上的“先河”，为破解新能源大规模开发利用难题提供了宝贵的“中国方案”。

项目四

电力拖动电路的安装与检修

我们乘坐电梯，享受上上下下的服务，修建高楼大厦，用塔吊运输材料，都要依靠电动机来提供动力。电动机（Motors）是把电能转换成机械能的一种设备，它和控制、保护装置配合使用，组成电力拖动电路，完成电能与机械能的转换。

电力拖动广泛用于机械、交通、国防等领域，是社会生产不可缺少的一种传动方式，如图 4-1 所示。同学们学会三相配电板的安装，能对三相电动机进行拆装，熟练掌握电力拖动电路的安装与检修。

(a)电梯　　(b)塔吊

▲图 4-1　生活中的电力拖动系统

三相交流电的产生及传输

三相交流电是由三相交流发电机产生的，由此可获得 3 个频率相同、幅值相等、相位互差 120°的正弦电动势（或三相对称电压），即：

$e_{\omega1} = E_m \sin \omega t$ V

$e_{\omega2} = E_m \sin(\omega t + 120°)$ V

$e_{\omega3} = E_m \sin(\omega t - 120°)$ V

由三相对称电动势构成一个对称的三相电源。对称三相电源中的每一相电压经过同一值（如最大值或者 0）的先后次序称为相序。

其波形图和矢量图如下图(a)、(b)所示。

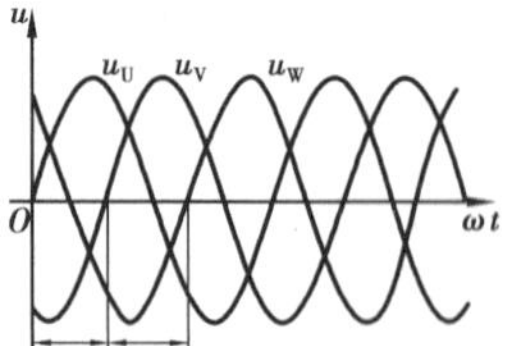

(a)波形图

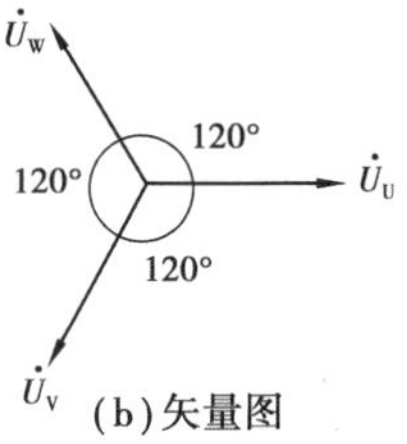

(b)矢量图

三相交流电

【项目目标】

(1)能了解对称三相交流电源的概念；理解相序的概念；能了解电源星形连接的特点；能绘制其电压矢量图。

(2)能了解我国电力系统的供电制；能理解中性线的重要作用；能了解保护接地、保护接零的方法。

(3)会比较熟练地测量三相交流电源的线电压、相电压；会比较熟练地使用钳形表测量三相电路的电流。

(4)会熟练判断三相异步电动机的首尾端;会用绝缘电阻表(兆欧表)测试电动机的绝缘电阻。

(5)会安装三相异步电动机正反转运行控制及降压启动电路。

(6)会检修电力拖动电路的常见故障。

任务一　三相配电板的安装与检修

※工作任务说明

随着人民生活水平的不断提高和国民经济的高速发展,电力用户对电能的质量和管理提出了越来越高的要求。因此,对于拥有较大负荷的用电设备而言,配置一套规范的三相配电系统,可以方便管理、控制、计量、检修故障,从而提高用电效率。

学校电工实训室设备总功率为 9 kW,照明总功率为 1 kW。请你和你的团队为该实训室安装一套三相配电板,要求具有计量电能,短路、过载、漏电保护等功能。

三相配电板的电路原理和元器件布置如图 4-2 所示。

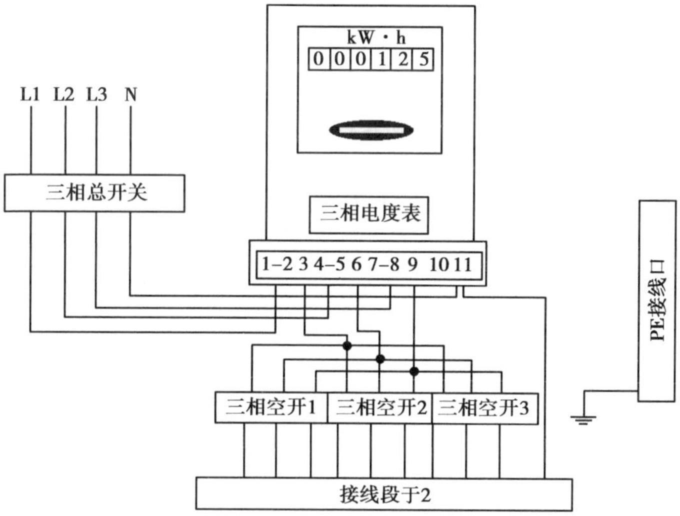

(a)电路原理图

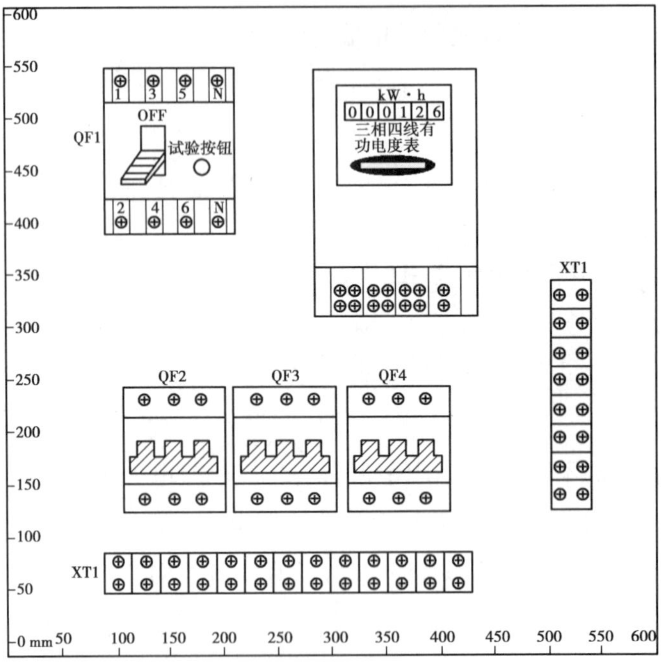

(b)元器件布置图

▲图 4-2 三相配电板电路原理图和元器件布置图

※安全提示

①切勿靠近高压区域。凡标示这类图案及字样的场所,属于高压危险区域,容易引发人体触电事故,请不要擅自靠近。

②切勿带电操作。在安装、检修电路时,请不要带电操作。特殊场合必须带电操作时,一定要在老师的指导下进行。

③掌握急救方法。发现有人触电,应先设法使触电者尽快脱离电源,再拨打急救电话,然后采取有效的急救措施抢救伤者。

④配电板要接地。接地线跟接地桩(或设备外壳)一定要紧密连接(最好采用焊接),接地一定要规范,否则不但不能实现漏电保护,还可能导致重大事故。

※任务实施

活动 1 工具、仪表、元器件的选用

1. 工具、仪表、元器件的清理

根据实训操作的需要,将所需工具、仪表及器件填入表 4-1 中,并按企业 6S 管理制度完成本任务所需要的工具、仪表、元器件的清理。

表 4-1　工具仪表及器材清单

项目	名　称	作　用	数量	规格/型号	备注
所用设备	电工网孔板	安装配电装置			
所用仪表	万用表	检查故障、测试电路			
所用工具	剥线钳	剥削导线			
	电工刀				
	螺丝刀	安装配电器件			
	钢丝钳	剪断导线			
	斜口钳				
	尖嘴钳	弯曲导线、导线连接			
	验电笔	检查线路是否带电			
所用元器件	3P+N 断路器	接通或断开电源			
	漏电塑壳断路器	漏电保护开关			
	三相电能表	计量电能			
所用材料	导线	连接电路			
	线卡	紧固导线			
	螺钉	固定电能表、断路器等			

2. 元器件选用

（1）三相电能表的选用

三相四线制有功电能表是用于测量三相四线制用电设备的用电量的仪表，它既可以测量 380 V 动力设备的用电量，又可以测量照明 220 V 单相用电设备的用电量。本任务中采用三相四线电能表，见表 4-2。

表 4-2　常用三相四线电能表

名称	选用说明	图　示
DTS 系列电子式有功电度表	三相电能表容量大小的选用可按三相 380 V 动力用电设备（1.5 ~2 A/kW）来选择。本任务用电总功率为 10 kW，需要电能表的容量为（1.5 A ~2 A）/kW ×10 kW =（15 ~20）A，则选用 3×5（20）A 或 3×10（40）A 三相电能表即可	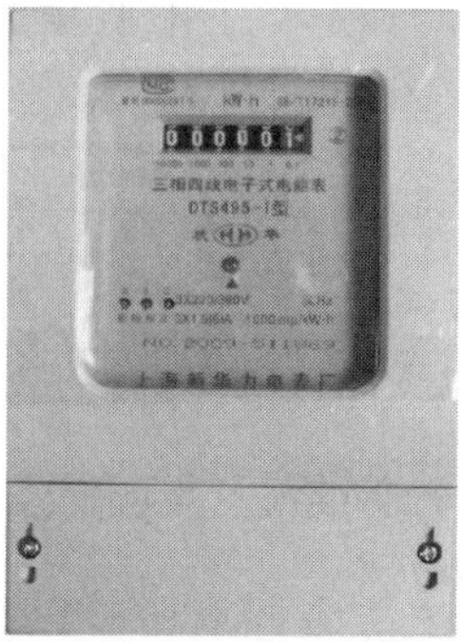

常用三相四线电能表可分为：DT 系列感应式节能电度表、DTS 系列电子式有功电度表、DTSY 系列电子式预付费电度表等几大类。其规格有：3×1.5（6）A、3×3（10）A、3×5（20）A、3×10（40）A、3×15（60）A、3×20（80）A、3×30（100）A。

(2)断路器的选用(见表4-3)

表4-3　断路器选用说明

名称	选用说明	图　示
C63系列微型断路器	断路器额定电压大于或等于线路额定电压;额定电流及过电流脱扣器的额定电流均应大于等于线路计算负荷电流。本任务中用电总功率为10 kW,即断路器额定电流以及过电流脱扣器的额定电流=10 kW/220 V≈45 A,因此本任务选DZ47-63C32微型断路器	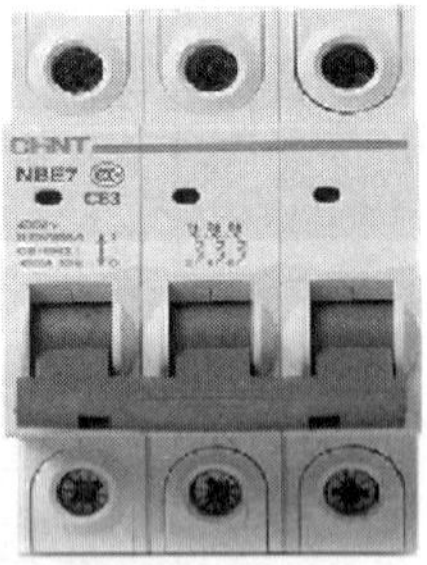
DZ201系列漏电塑壳断路器		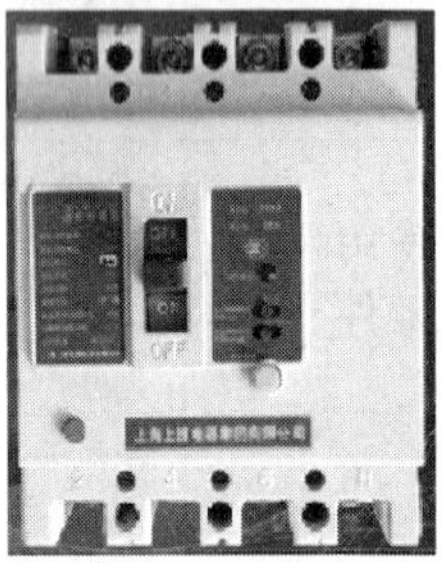

3P断路器用于接通和断开三相电源,多用于电动机系统、开关设备中,能保护系统不受过载和短路电流的影响。

三相断路器的型号含义

DZ—自动(拼音首字母反写),47—设计序列号,63—框架等级为63 A,C32—启跳电流为32 A,适用于交流50 Hz、额定电压至380 V、额定电流至100 A的电路,作为分配电能使用,具有保护线路、电动机的过载及短路等功能。

(3)接线端子排的选用(见表4-4)

表4-4　接线端子排选用说明

名称	选用说明	图　示
接线端子排	目视检查接线端子排外观应无缺损,螺钉、垫圈、接线桩应完整且无变形,用螺丝刀旋动各个螺钉,丝口应无滑丝现象。本次任务选用额定电流10 A,耐压500 V,接线位数为10位(节)的接线端子排。接线端子排型号选用JX2-1010,10 A型	

接线端子排(XT)是一系列组合接线固定装置,用于不同设备之间的电线连接。其特点有:方便接线、查线方便、节点扩展、接线美观等。

活动2　判断元器件质量

1. 判断三相电能表的质量

电能表计量检验以及质量检验由计量局或技术监督局完成,在此主要进行外观检查,主要按表4-5的内容进行判断。

表 4-5　判断三相电能表外观质量

方法	判断要点	图　示
外观检查	产品铭牌美观整洁，钢字清晰、无误，各数据应与证书相一致； 铅封完好，铅封印记及产品合格证应与生产厂家的名称相符； 把表垂直拿起来晃一晃，表内不应有金属碰撞声	 

电能表初装检验：电能表安装使用之前，由电力相关部门检验，未经检验的电能表不得装用。

2. 判断 3P 断路器质量

3P 断路器质量的判断方法，与项目三任务一中低压断路器的判断方法一致，检查需要借助万用表，具体操作见表 4-6。

表 4-6　3P 断路器的质量判断

方法	判断要点	图　示
外观检查	3P 断路器铭牌标志应清晰，外壳无破损，各螺钉应无变形、磨损、锈蚀。	
使用万用表检查	将数字万用表掷于二极管及蜂鸣器共用挡（或电阻挡），断路器置于“OFF”状态，两表笔分别接触断路器对应的两个接线端，蜂鸣器应不响（显示屏显示“1”）	
使用万用表检查	将断路器置于“ON”状态，万用表两表笔分别接触断路器对应接线端，蜂鸣器应发出响声（显示屏显示“0”）	

判断 3P 断路器质量，在“ON”或“OFF”状态下，若蜂鸣器时响时不响（或测得的电阻值时大时小），说明该断路器的内部触点接触不良。

活动3　安装电路

1. 固定元器件

(1)准备工作

依照表4-1准备好工具、仪表及元器件,并整齐地摆放在工作台上,如图4-3所示。

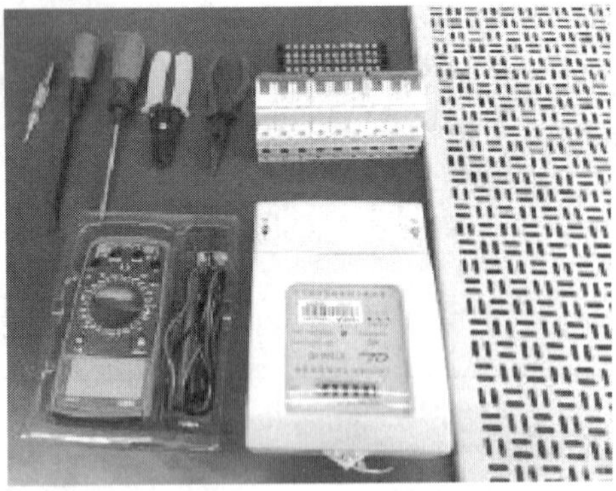

▲图4-3　工具、仪表及元器件准备

(2)定位画线

根据图4-2(b)所示的元器件布置图,在网孔板上对器材进行画线定位。要求:网孔板的四周应不少于50 mm的空隙,以方便安装、检修,同时布局要科学合理。

(3)元器件固定

建议按照表4-7的步骤进行元器件的固定。

表4-7　器件固定

步骤	操作内容	图　示
①固定电能表	将电能表摆正,表的上下固定孔与网孔板对齐,用螺钉同时穿过固定孔和网孔,再旋上螺母,并用螺丝刀拧紧螺钉	
②固定漏电塑壳断路器	用螺钉和螺母将灯座固定在网孔板已规划的位置上	

三相配电板安装所用的电气设备接线比较复杂,容易出错,在作业过程中务必仔细谨慎。施工现场所用的临时电源布置应得当,电线不应在地上乱拉、乱放;电动工具使用完毕后应及时切断电源;施工中消耗性材料废弃物必须回收,严禁随意丢弃。

三相配电板的安装与检修

三相电能表安装注意

①电能表的安装环境:明亮、干燥、无强磁场干扰且易于抄表的地方。

②电能表的安装位置:水平中心线距地面高度1.8~2 m,与带电部分距离有遮拦时为0.5 m,无遮拦时为0.7 m。

③安装导线的要求:接至电能表的导线应使用铜芯线,截面积不小于1.5 mm²;导线中间不应有接头,线头金属部分不外露;接头接触良好,整齐美观,每根线头均应编号标注。

另外,在多雷地区,应在表前安装低压避雷器或放电间隙。

续表

步骤	操作内容	图　示
③固定断路器	用2颗螺钉和螺母将导轨固定在网孔板上，再将3P断路器卡在导轨上	
④固定接线排	将接线端子排摆正，再用螺钉和螺母将其固定在网孔板上	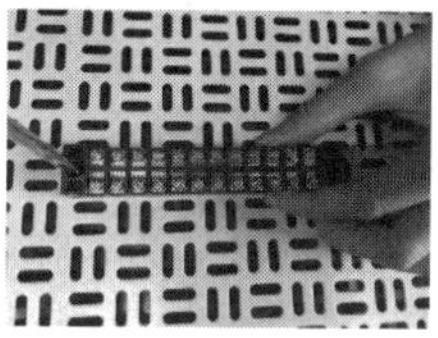

导师说

安装定位时，不要将元器件或杂物掉入元器件内部。拧螺钉时力度适当，不宜过松或过紧。元器件应布置整齐，排列应科学、合理。

2. 接线

元器件定位后，请按表4-8的步骤接线。

表4-8　接线

步骤	操作内容	图　示
①漏电塑料壳断路器与电能表连接	用2.5 mm^2 单股铜芯线，把漏电塑料壳断路器的2、4、6、N出线端，分别与三相电能表的1、4、7、10接线柱连接	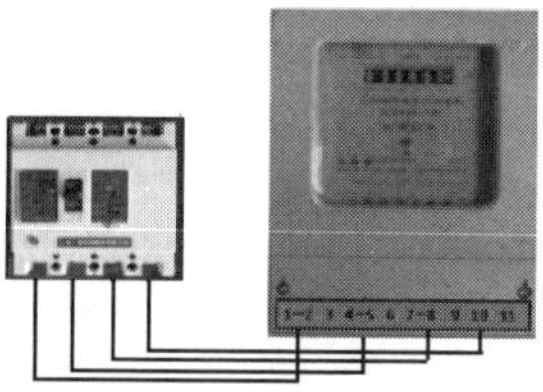
②电能表与3P断路器连接	用2.5 mm^2 单股铜芯线把三相电能表的3、6、9接线柱3个3P断路器连接	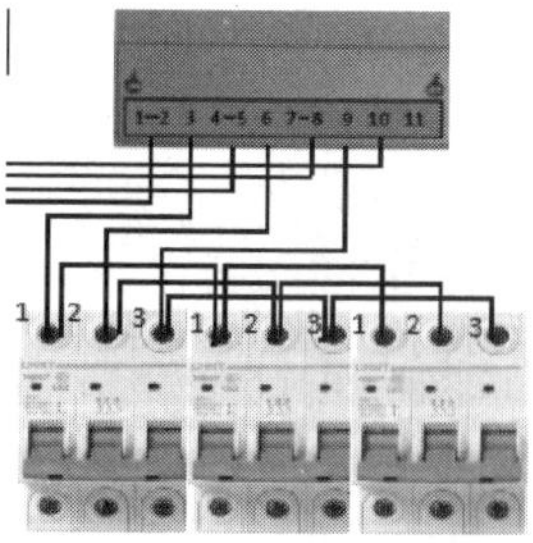

线槽布线工艺

规范布线可以有效地减少外部环境对信号的干扰以及各种线缆之间的相互干扰，提高设备运行的可靠性。同时，也便于查找故障原因和维护工作，提高产品的可用性。规范布线应注意以下几点：

①将线槽、导轨按照电气底板布置图放置在电气底板上，用黑色记号笔将定位孔的位置画在电气底板上。

②根据电气原理图中的底板布置图量好线槽与导轨的长度，用锯弓截断。

③两根线槽如果搭在一起，其中一根线槽的一端应磨成45°斜角。

④线槽接口应平直、严密，槽盖应齐全、平整、无翘角，出线口应位置正确、光滑无毛刺。

⑤接线端子应有序号，端子排应便于更换且接线方便，离地高度宜大于350 mm。

⑥电气元件的安装应牢固，但也要考虑可拆卸性。

续表

步骤	操作内容	图示
③3P 断路器与接线排连接	用 2.5 mm^2 单股铜芯线把 3P 断路器和接线端子排连接起来	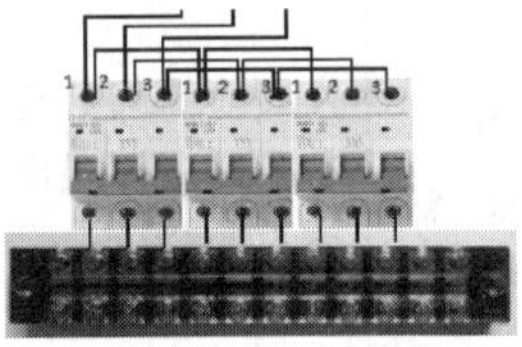
④零线、地线的连接	将三相电能表的 11 接线柱与接线端子排的一个端连接起来；将 PE 接线排的一个端与接地端连接	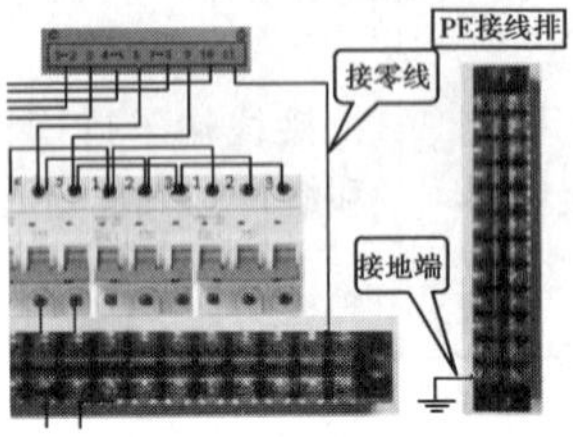
⑤PE 接线排接地	用黄绿双色铜线（PE 线）将网孔板与接地端子排相连接，再用黄绿双色铜线将接地端子与实训台上接地端相连接	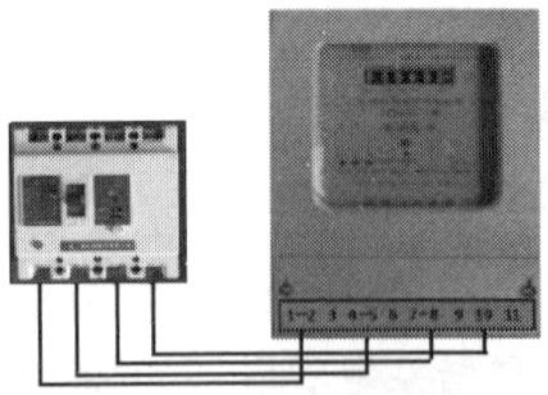
⑥三相电源与漏电塑壳断路器连接	三相电源的三根相线（黄、绿、红），以及一根零线依次接三相漏电塑壳断路器上端的 1、3、5、N 接线端	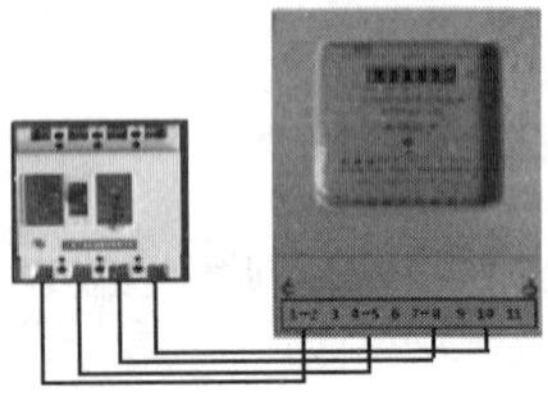

导师说

实训室的三相电路一般使用 2.5 mm^2 的铜芯线，控制电路的主回路及电气柜连接到外部的导线用 0.75 mm^2 的铜芯线。

活动 4　检查并调试电路

三相配电板
通电前检测

1. 断电检查

对安装完工的配电板，必须在断电条件下根据电气原理图及工艺要求进行自查、互查，如发现错误应及时改正。

自查、互查，可按以下几方面进行：

①元器件的固定是否牢固。

②各电气设备装置的接线是否正确。
③接线是否符合电气工艺要求。

导师说

任何实验电路在通电前都必须认真检查，以免造成事故和损失。

2. 通电检查

自查、互查及教师检查，确认无误后，接通三相四线制交流电源，检查各器件通断状态，可按照表4-9的步骤进行通电检查。

表4-9　通电检查

步骤	操作内容	图　示
①接通电源	电路接通电源，将电源漏电塑壳断路器及各断路器置于“ON”状态	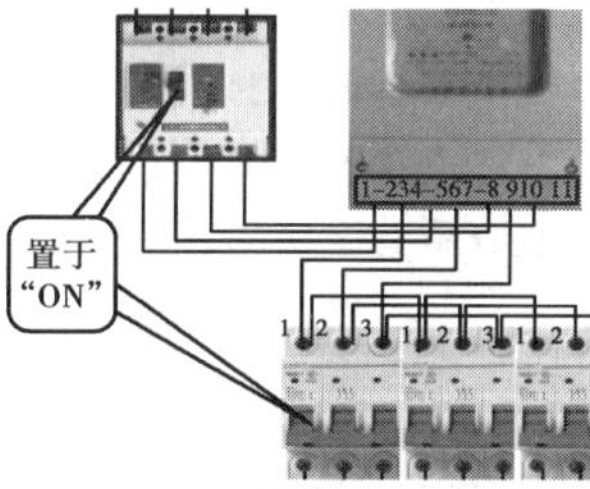
②检查电路是否通电	用试电笔分别检查漏电塑壳断路器、三相电能表、分断路器的各进、出线端是否有电	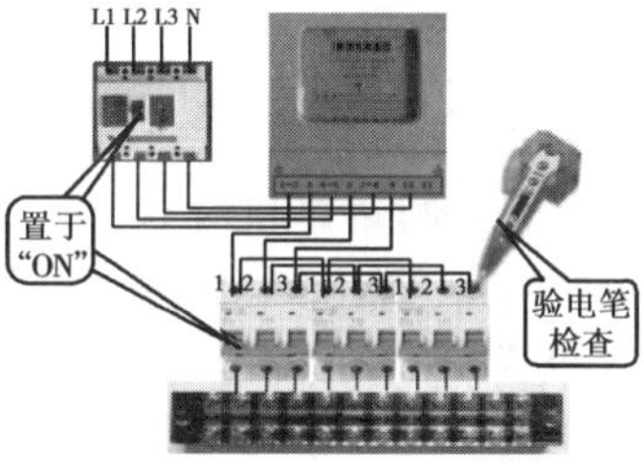
③测量线电压	将万用表转换开关置于交流电压750 V挡，用红、黑表笔并联在L1、L2、L3中任意两根相线间，测量三相交流电的相线与相线间的电压，正常电压值应为380 V左右	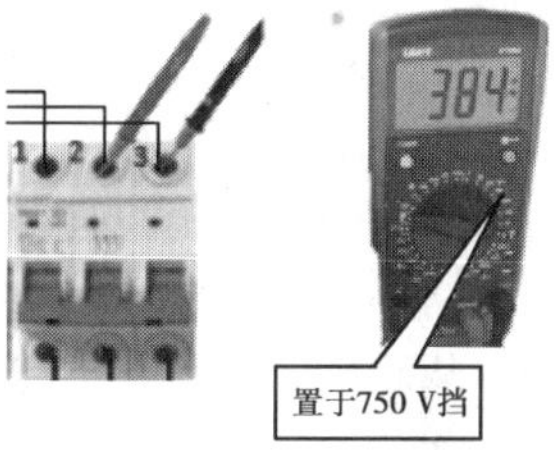
④测量相电压	将万用表转换开关置于交流电压750 V挡，将红、黑表笔并联在L1、L2、L3中任意一根相线和零线上，测量三相交流电的相线与零线间的电压，正常电压值应为220 V左右	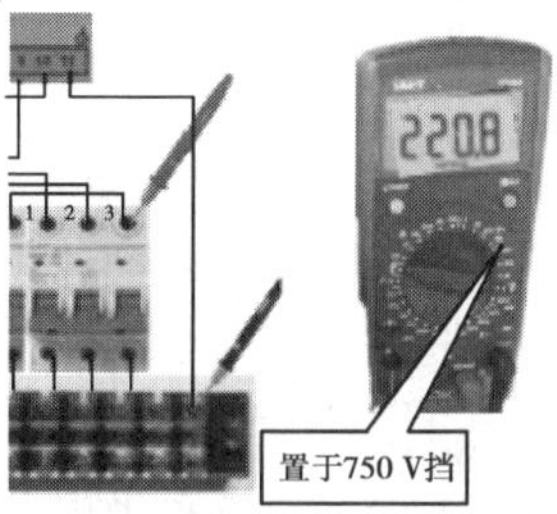

3. 工作情况检测

通电检查，确定配电板的安装、接线无误后，在分断路器的出线端接上一台三相电动机作为负载，检测三相配电板上各器件的工作情况，检测步骤见表 4-10。

表 4-10　工作情况检测

步骤	操作内容	图　示
①接上负载	将漏电塑壳断路器置于“OFF”状态，切断总电源，然后将分断路器的相线 L1、L2、L3 经接线端子排分别接电动机的 U1、V1、W1 端，再将电动机的外壳接地	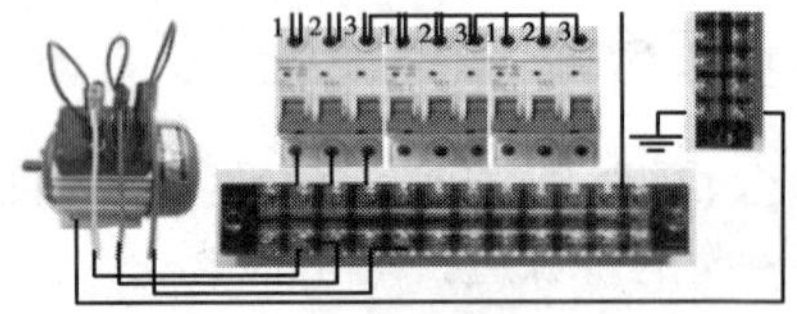
②检查电路	将漏电塑壳断路器以及各分断路器均置于“OFF”状态，逐级检查电路连接情况，认真查看有无松动、接错等情况	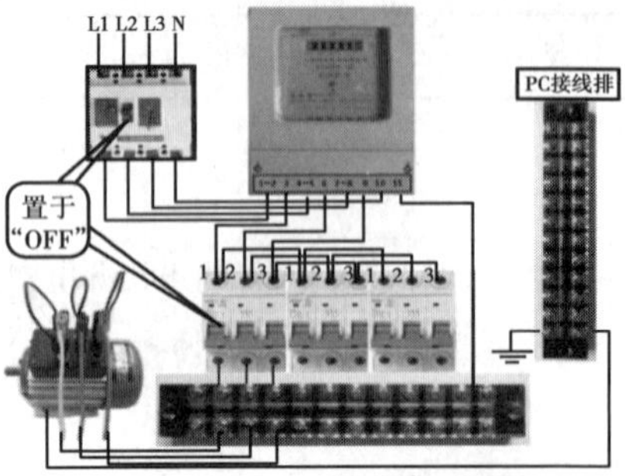
③接通电源	确认电路连接无误后，在教师的指导下依次将分断路器和漏电塑壳断路器置于“ON”，接通电源，观察电动机是否正常运转	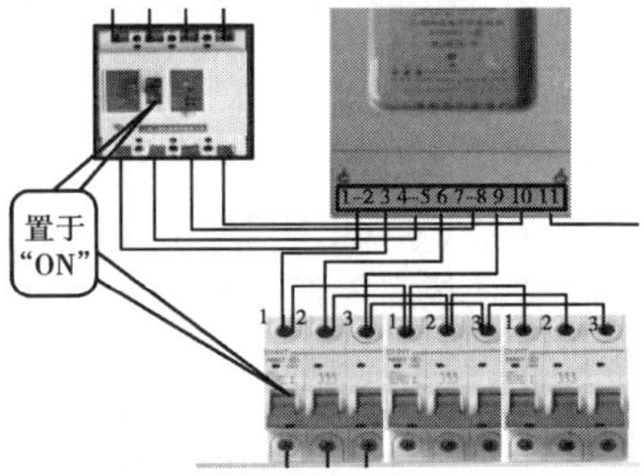
④观察电能表的显示窗口	记下三相电能表的初始值，通电 30 min 后，再观察电能表计数器的数字变化情况，从而判断电能表是否能够正常工作	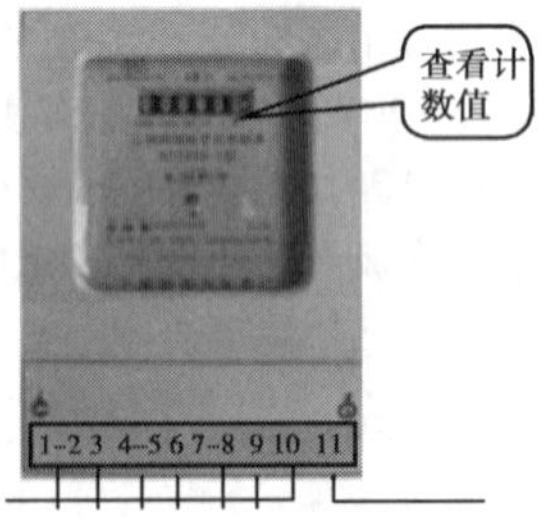

导师说

工作情况检测过程中，所有步骤都必须在教师的监督指导下进行，禁止私自操作。

活动5　维修电路

若故障现象为接上负载后电动机旋转，但电能表不能正确计量，可按照表4-11的步骤进行检修。

表4-11　电度表计量有较大误差的故障检修

步骤	操作内容	图　示
①查看相序是否接反	检查漏电塑壳断路器的2、4、6出线端和电能表的1—2、4—5、7—8接线柱是否是按正常顺序A、B、C连接	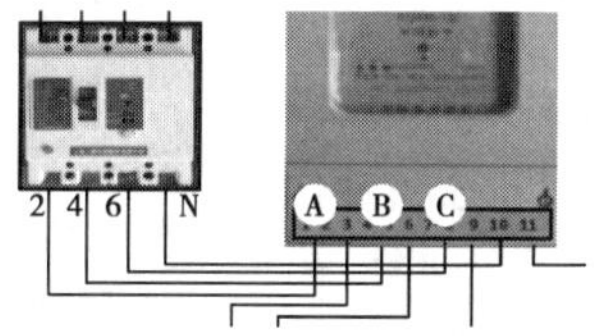
②查看是否接中性线	检查漏电塑壳断路器N出线端至电能表的10—11接线柱是否接触良好	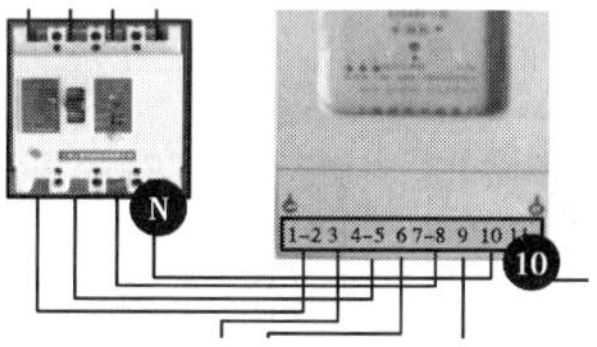

各小组搜集在作业过程出现的典型故障并记录在表4-12中。

表4-12　配电板维修记录

序号	故障现象	故障原因分析	故障点	维修方法
①				
②				
③				
④				
⑤				

※拓展与提高

一、三相电源及三相负载的连接

三相电源及三相负载的连接有两种方式：一种方式是星形（Y）连接；另一种方式是三角形（△）连接。两种连接方式的性质及特点见表4-13。

表 4-13　两种连接方式的性质及特点

性质及特点连接方式	三相电源的连接		对称三相负载的连接		备　注
	星形(Y)连接	三角形(△)连接	星形(Y)连接	三角形(△)连接	
概念	将三相发电机中三相绕组的末端X、Y、Z连在一起，首端A、B、C引出作输电线，这种连接称为三相电源的星形连接，用“ Y ”表示。连接方式如下图所示 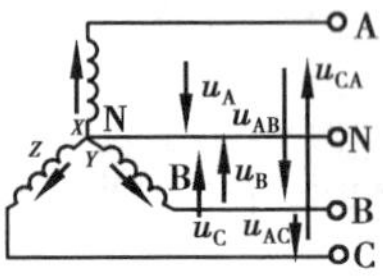	将对称三相电源中的三个首端和末端依次相接构成一个回路，然后从三个连接点引出三根端线，这种连接称为三相电源的三角形连接，用“△”表示。连接方式如下图所示 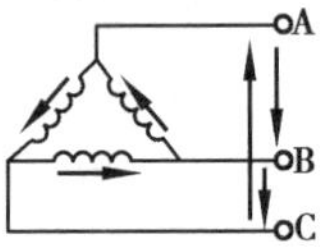	将三相负载 Z_A、Z_B、Z_C 分别接在三相电源的相线和中性线之间的接法称为三相负载的星形连接(常用“ Y ”表示)，连接方式如下图所示 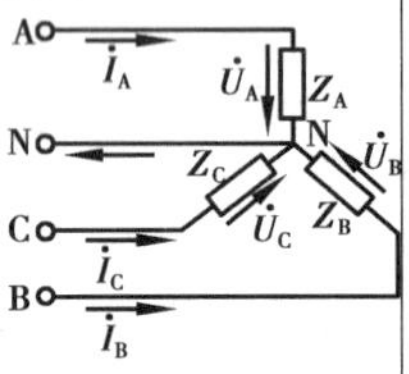	把三相负载 Z_A、Z_B、Z_C 分别接在三相电源的两根相线之间的接法称为三相负载的三角形连接(常用“△”表示)，连接方式如下图所示 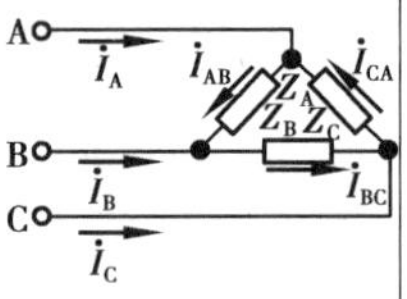	三相电源作星形连接能提供两种电压：相电压和线电压；三相电源作三角形连接只能向负载提供一种电压
相电压和线电压的关系	相线与中性线之间的电压称为相电压，相电压用相量表示为 $\dot{U}_A$、$\dot{U}_B$、$\dot{U}_C$；相线与相线之间的电压称为线电压，线电压用相量表示为 $\dot{U}_{AB}$、$\dot{U}_{BC}$、$\dot{U}_{CA}$。根据基尔霍夫电压定律，可得线电压与相电压的关系为： $\dot{U}_{AB}=\dot{U}_A-\dot{U}_B$ $\dot{U}_{BC}=\dot{U}_B-\dot{U}_C$ $\dot{U}_{CA}=\dot{U}_C-\dot{U}_A$	三相电源接成三角形时，只有三条端线，没有中性线，为三相三线制，则 $\dot{U}_{AB}=\dot{U}_A$ $\dot{U}_{BC}=\dot{U}_B$ $\dot{U}_{CA}=\dot{U}_C$ 由上图可知，三相电源作三角形连接时，线电压 U_L 等于相电压 U_P，即 $U_L=U_P$	在忽略输电线上的电压降时，负载的相电压就等于电源的相电压，三相负载的线电压就是电源的线电压。因此，三相负载星形连接时，负载的相电压 U_{YP} 与负载的线电压 U_{YL} 的关系仍然是 $U_{YL}=\sqrt{3}U_{YP}$	三相负载三角形连接时，无论负载是否对称，各相负载所承受的电压均为对称的电源线电压。负载的线电压 $U_{\Delta L}$ 等于负载的相电压 $U_{\Delta P}$，即 $U_{\Delta L}=U_{\Delta P}$	三相电源星形连接有中性线时为三相四线制，如果没有中性线，就称为三相三线制。三相电源三角形连接时为三相三线制。

续表

性质及特点连接方式	三相电源的连接		对称三相负载的连接		备 注
	星形(Y)连接	三角形(△)连接	星形(Y)连接	三角形(△)连接	
相电压和线电压的关系	根据上式可以画出三相电源星形连接时的相量图，如下图所示。 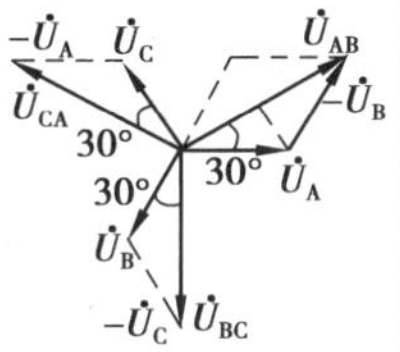 星形连接的对称三相电源的线电压也是对称的。线电压的有效值(用 U_L 或 U_l 表示)是相电压有效值(用 U_P 或 U_φ 表示)的$\sqrt{3}$倍，即 $U_L=\sqrt{3}U_P$ 式中各线电压的相位领先于相应的相电压 30°	三角形连接的三相电源形成一个闭合回路，由于三相电压为对称三相正弦电压，所以三角形闭合回路的总电压力等于零，即 $\sum\dot{U}=\dot{U}_A+\dot{U}_B+\dot{U}_C=0$	线电压的相位仍超前对应的相电压 30°，其相量图与三相电源相电相和线电压一样		
相电流和线电流的关系	—	—	流过每相负载的电流称为负载的相电流，用符号 I_{yP} 表示。 对称三相负载星形连接时，线电流 I_{yL} 与相电流 I_{yP} 的数量关系为： $I_{yL}=I_{yP}$	流过相线的电流称为线电流，用符号 $I_{\Delta L}$ 表示。三个相电压的相位差互为 120°，所以三个相电流的相位差也互为 120°。	

续表

<table>
<tr><td rowspan="2">性质及特点连接方式</td><td colspan="2">三相电源的连接</td><td colspan="2">对称三相负载的连接</td><td rowspan="2">备　注</td></tr>
<tr><td>星形(Y)连接</td><td>三角形(△)连接</td><td>星形(Y)连接</td><td>三角形(△)连接</td></tr>
<tr><td>相电流和线电流的关系</td><td>—</td><td>—</td><td>因为三个相电压的相位差互为120°,所以三个相电流的相位差也互为 120°。由于三相负载星形连接时的线电流等于相电流,因此,三个线电流的相位差也互为 120°,如图下图所示。
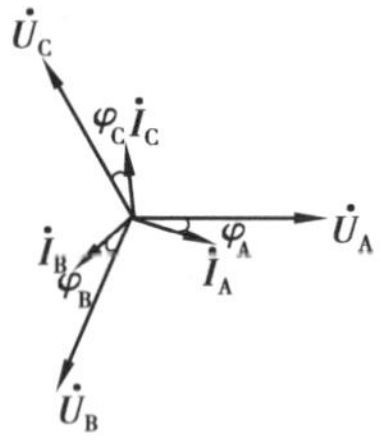

各线电流在相位上比相应的相电流滞后 30°。</td><td>对称三相负载三角形连接时,线电流与相电流的数量关系为:
$I_{\Delta L}=\sqrt{3}I_{\Delta P}$
各线电流在相位上比各自相应的相电流滞后 30°。又因为相电流是对称的,所以线电流也是对称的,即各线电流之间的相位差也互为 120°</td><td>三相负载既可以星形连接,也可以三角形连接。具体如何连接,应根据负载的额定电压和三相电源的额定线电压而定,务必使每相负载所承受的电压等于额定电压,例如,对线电压为 380 V 的三相电源来说,当每相负载的额定电压为 220 V 时,三相负载应作星形连接;当每相负载的额定电压为 380 V 时,三相负载应作三角形连接。</td></tr>
<tr><td>对称三相电路功率的计算</td><td colspan="4">对称三相电路的有功功率 $P=3U_PI_P\cos\varphi=\sqrt{3}U_LI_L\cos\varphi$
无功功率 $Q=3U_PI_P\sin\varphi=\sqrt{3}U_LI_L\sin\varphi$
视在功率 $S=3U_PI_P=\sqrt{3}U_LI_L$
式中,φ——各相电流与对应电压的相位差,$\varphi=\arccos\dfrac{R}{Z}$;
$\cos\varphi$——功率因数,$\cos\varphi=\dfrac{P}{S}$</td><td>当同一对称三相负载接在同一电源上,三角形连接时的线电流是星形连接时的线电流的 3 倍。因此,三角形连接时从电源吸收的功率也是星形连接时的3 倍</td></tr>
<tr><td>中性线的作用</td><td colspan="4">当三相负载不对称时,各相电流的大小不相等,相位差也不一定是 120°,因此,中性线电流不为零,此时中性线不能取消。因为当中性线存在时,它能平衡各相电压,保证三相成为 3 个互不影响的独立回路,各相负载电压等于电源的相电压。如果中性线断开,各相负载的相电压就不再等于电源的相电压了。这时,阻抗较小的负载的相电压可能低于其额定电压,而阻抗较大的负载的相电压可能高于其额定电压,这将使负载不能正常工作,甚至会造成严重事故。所以,在三相负载不对称的三相四线制中,规定不允许在中性线上安装熔断器或开关</td><td>由于三相对称负载星形连接时,其中性线电流为零,因而取消中性线不会影响三相电路的正常工作</td></tr>
</table>

二、低压供电线路的基本知识

1. 低压配电系统

从发电厂将生产的电能直接配送给电能用户或由电力系统中的降压变压器供给电能用户的 10 kV 以下的电力线路称为供电线路(又称为配电线路)。3 ~ 10 kV 线路称为高压配电线路,1 kV 以下线路称为低压配电线路。

低压配电系统按保护接地的形式不同可分为:IT 系统、TT 系统和 TN 系统。其中,TN 系统的电源中性点直接接地,并有中性线引出,按其保护线形式,TN 系统分为:TN-C 系统、TN-S 系统和 TN-C-S 系统 3 种。TN 配电系统的组成、特点见表 4-14。

表 4-14　TN 配电系统的组成和特点

TN 系统	组　成	特　点
TN-C 系统(三相四线制)	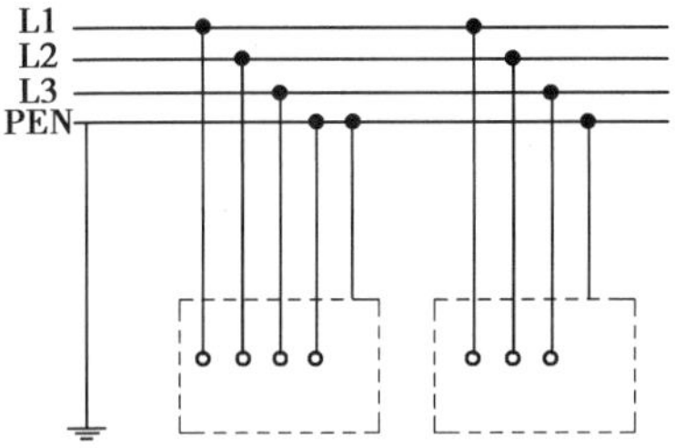	该系统的中性线(N)和保护线(PE)是合一的,该线又称为保护中性线(PEN 线)。它的优点是节省了一条导线,但在三相负载不平衡或保护中性线断开时会使所有用电设备的金属外壳都带上危险电压
TN-S 系统(三相五线制)	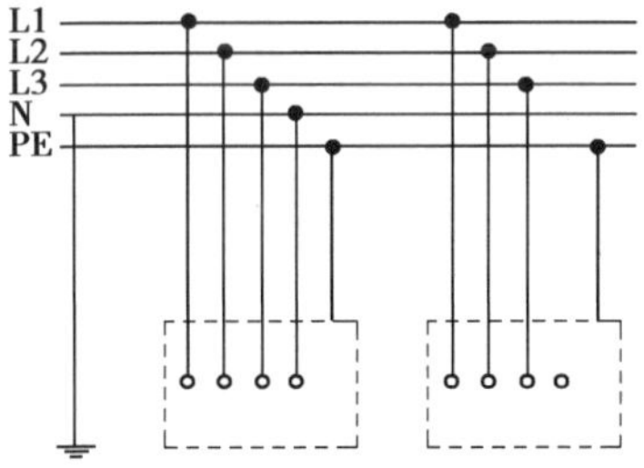	该系统的 N 线和 PE 线是分开的。它的优点是 PE 线在正常情况下没有电流通过,因此不会对接在 PE 线上的其他设备产生电磁干扰。此外,由于 N 线与 PE 线分开,N 线断开也不会影响 PE 线的保护作用。但 TN-S 系统耗用的导电材料较多,投资较大。 这种系统多用于对安全可靠性要求较高、设备对电磁抗干扰要求较严、环境条件较差的场所使用。对新建的大型民用建筑、住宅小区,特别推荐使用 TN-S 系统
TN-C-S 系统(三相四线与三相五线混合系统)	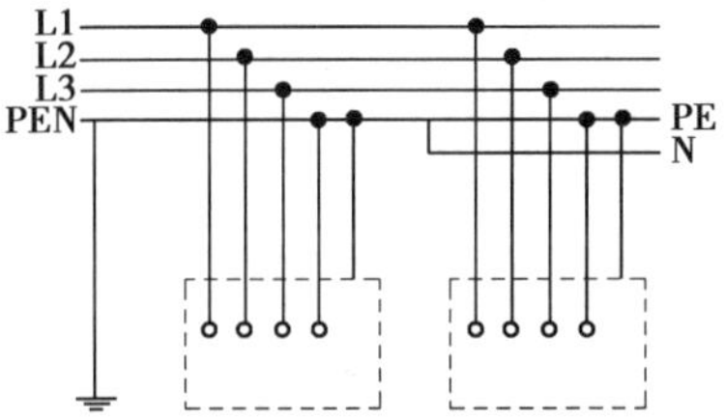	该系统中有一部分中性线和保护线是合一的,有另一部分是分开的。它兼有 TN-C 系统和 TN-S 系统的特点,常用于配电系统末端环境较差或对电磁抗干扰要求较严的场所

2. 保护接地和保护接零

电气设备因绝缘下降或损坏时,会引起正常情况下不带电的金属外壳带电,人体一旦触及就会发生触电事故，这就需要采取保护接零或保护接地措施。保护接地和保护接零的定义、原理及应用见表 4-15。

表 4-15　保护接地和保护接零定义、原理及应用

保护措施	定　义	原　理	应　用
保护接地	将电气设备在正常情况下不带电的金属外壳与接地装置进行良好的连接，称为保护接地	当人体触及带电的金属外壳时，由于人体电阻与接地电阻并联，且人体电阻（约 1 kΩ 左右）远比接地电阻（约 4 Ω）大，所以通过人体的电流要比流过经接地装置的电流小得多，对于人的危险程度就显著地减小了	保护接地通常用于中性点不接地的电力系统，也可用于中性点接地的电力系统
保护接零	将电气设备在正常情况下不带电的金属外壳，用导线与电力系统的零线可靠连接，称为保护接零	当设备外壳带电时，故障电流就由火线流经设备外壳到零线，再回到变压器的中性点，由于故障回路的电阻、电抗很小，所以故障电流很大，强大的电流能把闸刀开关内或熔断器内的保险丝熔断，切断电源，从而就可避免人体遭受触电的危险	保护接零用于 380 V 或 220 V 中性点接地的电力系统

※总结与评价

1. 成果展示

各小组展示电动机的拆装、维护及与电源的连接，交流汇报（用 PPT 或者文字描述均可），并回答师生提出的问题。

2. 评价

由组长、老师对各小组成员任务完成情况进行评价，填入表 4-16 中。

表 4-16　任务完成情况评价表

评价内容		自　评	小组评价	教师评价
		优☆　良△　中√　差×		
职业素养	①安全用电			
	②设备及器材的安全			
	③记录整理完整准确			
	④符合 6S 管理理念			

续表

评价内容		自　评	小组评价	教师评价
		优☆　良△　中√　差×		
知识与技能	①合理定位三相配电板元器件			
	②能正确连接三相电能表			
	③能正确连接 3P 断路器			
	④会使用验电笔			
	⑤使用数字万用表测量三相电源相电压和线电压			
汇报展示	①作品展示(可以是实物作品展示、PPT 汇报、简报、作业等形式)			
	②语言流畅,思路清晰			
评价等级				

※检测与反思

A 组题

一、填空题

1. 三相五线制包括三相电的________、________以及________。

2. 三相电动机是将________能转换成________能;发电机是将________能转换成________能;电灯是将________能转换成________能。

3. 三相五线制标准导线颜色为:A 线________,B 线________,C 线________,N 线________,PE 线________。

4. TN 供电系统分为________、________、________3 种方式。

5. 电能可以转换成各种能量,用来记录电能的仪表是________。

二、判断题

6. 检测三相四线空气开关时,可以用指针式万用表的 R×1 挡或者 R×10 挡(也可以用数字万用表的电阻挡或二极管挡)。（　　）

7. 空气开关置于“OFF”时,测得的阻值为无穷大,说明空气开关质量有问题。（　　）

8. 三相电能表接线时,其 1、4、7、10 接线柱与电源总开关出线端连接。（　　）

9. 三相交流电路属于高压电路,所有作业都必须在教师的监督指导下进行,禁止私自操作。（　　）

10. 空气开关倒装不会影响其工作的可靠性。 ( )

11. 将电气设备在正常情况下不带电的金属外壳与接地装置进行良好的连接,叫作保护接地。 ( )

12. TN-S 系统的 N 线和 PE 线是合一的。 ( )

13. TN-C 系统的中性线(N)和保护线(PE)是分开的。 ( )

14. 三相电能表是用来计量电能的仪表。 ( )

15. 工作接地是指由于电气系统的需要,在电源中性点与接地装置作金属连接。 ( )

B 组题

一、填空题

1. 在三相对称负载中,3 个相电流________、________相等,相位互差________。

2. cos φ 是________和________的比值,它表示一个负载(如日光灯)的电能应用情况的指标。

3. 如三相对称负载采用三角形接法时,则负载的相电压________电源的线电压。

4. 如三相对称负载采用星形接法时,则负载的相电压________电源的相电压,线电流等于相电流的________倍。

5. 三相交流电源星形连接时提供 2 种电压,即________、________。

二、判断题

6. 三相交流电是由 3 个频率相同、电势振幅相等、相位差互差 120°角的交流电路组成的电力系统。 ( )

7. 采用星形接法的三相电,当三相负载平衡时,即使连接中性线,其上也没有电流流过。 ( )

8. 同样的负载接在同样的电源上,负载为三角形连接时,向电源取用的线电流是负载为星形连接时向电源取用的线电流的 3 倍,因此从电源吸收的功率也是 3 倍。 ( )

9. 在对称三相电路中,各相相电压、相电流的有效值以及功率因数均相等。 ( )

10. 三相对称负载星形连接时,其中性线电流为零,因而取消中性线也不会影响三相电路的正常工作。 ( )

三、选择题

11. 对称三相电源星形连接时的线电压有效值是相电压有效值的( )倍。

A. $\sqrt{3}$　　B. $1/\sqrt{3}$　　C. 1　　D. $\sqrt{2}$

12. 对称三相负载星形连接时,线电流 I_L 的大小等于相电流 I_P( )倍。

A. $\sqrt{3}$　　B. $1/\sqrt{3}$　　C. 1　　D. $\sqrt{2}$

13. 对称三相负载三角形连接时,线电流 I_L 的大小等于相电流 I_P( )倍。

A. $\sqrt{3}$　　B. $1/\sqrt{3}$　　C. 1　　D. $\sqrt{2}$

14. 三相交流发电机三个线圈中A相的电压 $u=311\sin 100\pi t$ V,那么(　　)。

A. 三个线圈中交流电的频率都是50 Hz

B. 若按Y接法,任意两线间的最大值都等于380 V

C. 若按△接法,任意两线间的最大值都等于380 V

D. 若按Y接法,任意两线间的最大值都等于311 V

15. 下列有关三相交流电的说法,正确的是(　　)。

A. 三相电压分别达到最大值的时刻相同

B. 在三相四线制供电线路中,线电压是相电压的$\sqrt{2}$倍

C. 3只标称值均为“220 V,100 W”的灯泡可按Y形连接时是线电压为380 V的三相四线制电路,此时可省去中性线

D. 家用的单相用电器可接入三相四线制电路中的任意两根导线之间

16. 三相对称电路是指(　　)。

A. 三相电源对称的电路　　B. 三相负载对称的电路

C. 三相电源和三相负载均对称的电路　　D. 以上都不对

17. 下列结论中,正确的是(　　)。

A. 当三相负载越接近对称,中性线电流就越小

B. 当负载作Y连接时,必须有中性线才能正常工作

C. 当负载作Y连接时,线电流必等于相电流

D. 当负载作△连接时,线电流必等于相电流

C组题

一、作图题

1. 请作出对称三相交流电源作星形连接时各线电压、相电压的相量图。

二、简答题

2. 简述三相四线制供电系统中性线的作用。

3. 三相负载既可以是星形连接,也可以是三角形连接,请问如何确定三相负载的连接方式。

三、计算题

4. 已知某三相对称负载接在对称三相电源中,电源的相电压为220 V,每相负载的电阻为80 Ω,感抗为60 Ω。试求:

①当负载为星形连接时的相电流、线电流及电路总的有功功率。

②当负载为三角形连接时的相电流、线电流及电路总的有功功率。

任务二 三相电动机的维护与接线

※工作任务说明

用电设备中电动机能否正常、平稳地运行,直接影响企业生产和人们的生活。为了减少或避免其在运行过程中发生故障,学会电动机日常维护和接线是相当重要的。通过本任务的训练,同学们将学会电动机拆卸与组装,学会电动机日常维护及绕组接线。

为顺利完成本次任务,请你和你的团队成员通过以下几个活动,通力协作,认真实施,完成三相电动机的维护与绕组接线任务。

三相电动机的主要组成部分实物图如图 4-4 所示。

三相异步电动机的种类较多,按转子的结构不同,有绕线转子感应电动机、鼠笼型感应电动机等,但组成部分基本相同。以鼠笼型感应电动机为例,其基本组成由机座、散热筋、接线盒、定子和转子等部分组成。

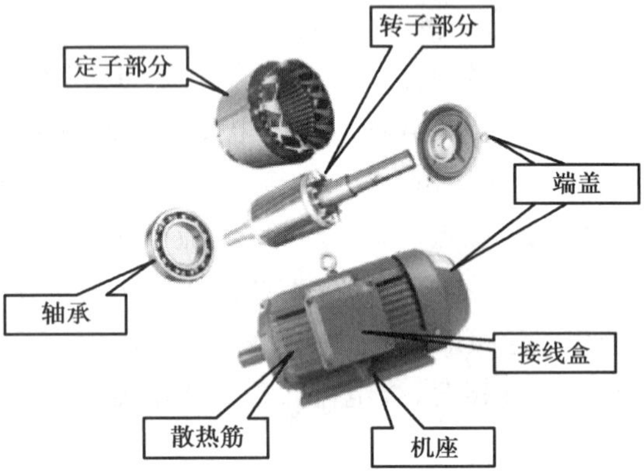

▲图 4-4 三相电动机的结构

三相电动机的三相绕组接线端如图 4-5 所示。

三相异步电动机具有 3 相绕组,即 U 相、V 相及 W 相,6 个接线端,即 U1、U2、V1、V2、W1、W2。根据三相绕组额定工作电压不同,三相绕组的连接方式有星形连接和三角形连接两种。

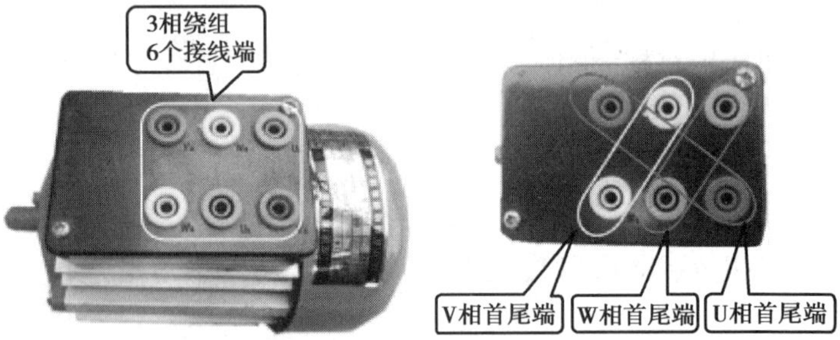

▲图 4-5 三相电动机三相绕组

※安全提示

①注意防火。汽油属于易燃物,在固定狭小空间内剧烈燃烧会爆炸。电机拆卸后,使用汽油清洁电动机时,必须远离火源。

②避免短路。供电系统发生短路时,电源电压被短接,严重影响电网安全运行。用电过程中若操作不当,发生短路,会烧毁设备,危及人身安全。

③断电操作。为保证人身和设备的安全，使用兆欧表检测电动机绝缘电阻时，必须切断电动机电源，禁止带电测量。

④研读铭牌（如图 4-6 所示）。三相电动机绕组有两种连接方式，根据铭牌标注的额定工作电压和连接方式正确连接。

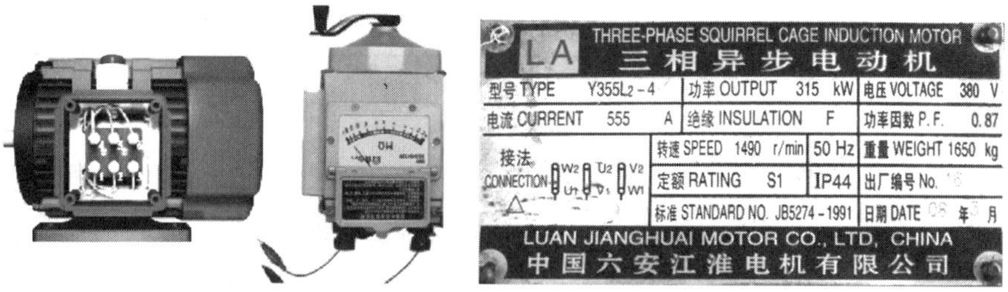

▲图 4-6　三相电动机的外形和铭牌

※任务实施

活动 1　工具、仪表、元器件的选用

1. 工具、仪表、元器件的清理

根据实训操作的需要，将所需工具、仪表及元器件填入表 4-17 中，并按企业 6S 管理要求完成本任务所需要的工具、仪表、元器件的清理。

表 4-17　工具仪表及器材准备单

项　目	名　称	作　用	数量	规格/型号	备注
所用设备	电工网孔板	固定器件			
所用仪表	兆欧表	检查三相电动机绝缘电阻			
所用工具	套筒扳手	拧转螺栓或螺母			
	梅花扳手				
	木锤、手锤	敲击电动机端盖			
	螺丝刀	拆卸或拧紧螺丝			
所需元器件	三相电动机	将电能转换为机械能的设备			
所用材料	汽油	清洗电动机轴承等			
	润滑脂	润滑、冷却、防锈等			
	导线	连接电路			
	毛刷	清洗电动机			

扳手是一种常用的安装与拆卸工具。它是利用杠杆原理拧紧或松开螺栓、螺钉、螺母和其他具有螺纹的部件的手工工具。

2. 器材选用

(1)扳手的选用

本次任务选用的扳手见表4-18。

表4-18 常用扳手的选用

名称	简要介绍	图 示
套筒扳手	扳手通常在柄部的一端或两端制有夹柄部。使用时沿螺纹旋转方向在柄部施加外力，就能拧转螺栓或螺母	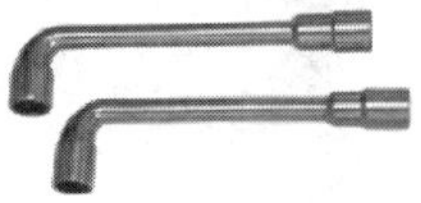
梅花扳手		

兆欧表是用来测量设备绝缘电阻的仪器，又称绝缘电阻测试仪或者摇表。

手摇式兆欧表有3个接线柱，“L”表示相线或火线接线柱；“E”表示地接线柱；“G”表示屏蔽接线柱。

工程上常采用的兆欧表有两大类：指针兆欧表和数字兆欧表，其外形如下图所示。

(a)指针兆欧表

(b)数字兆欧表

兆欧表

导师说

扳手与螺轮要紧密配合，防止使用时打滑。在扳紧螺帽时，不可用力过猛。

(2)兆欧表的选用

本次任务选用的兆欧表见表4-19。

表4-19 常用兆欧表的选用

名称	选用说明	图 示
兆欧表	根据本任务电动机的型号，选用ZC25-3型绝缘电阻表，其额定电压为500 V，测量绝缘电阻阻值范围为0～500 MΩ	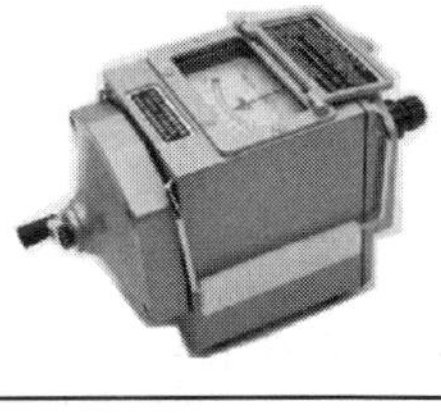

导师说

一般情况下，测量1 kV以下的直流电机和3 kV以下的交流电动机绕组绝缘电阻时，选用兆欧表的额定电压为1 kV；测量1 kV及以上的直流电机和3 kV及以上的交流电动机绕组绝缘电阻时，选用兆欧表的额定电压为2.5 kV。

活动2　判断元器件质量

电动机的质量检验一般从以下几方面进行：外观检查、使用万用表检测、使用兆欧表检测。请你和你的团队按表4-20所示方法对电动机的质量进行判断。

表4-20　电动机质量判断

方法	判断要点	图　示
外观检查	用手转动电动机的转轴，观察电动机轴承有无卡死、转子有无窜动	
使用万用表检测	将万用表置于低阻挡（如2 kΩ 挡），将两表笔并联接在U相绕组的首尾接线端，测量该绕组的直流电阻并记录。用同样的方法测量V相和W相，并对3个阻值进行比较（正常时三相直流电阻应相等，若有误差，其误差值不得超过10%）	
使用兆欧表检测	在测量绕组对地绝缘电阻时，将兆欧表L线与电动机一相绕组任意一端相接，E线与地相接，然后顺时针方向摇动手柄，转速保持在120 r/min左右，稳定1 min后读数，其值不得小于0.5 MΩ	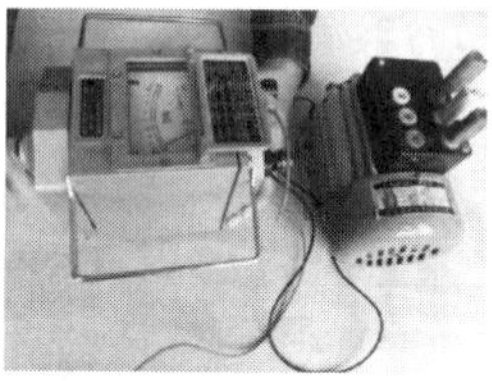
	拆下接线柱短接片，测量相与相之间的绝缘电阻，将兆欧表L线与电动机一相绕组的首端相接，E线与另一相绕组的首端相接，然后顺时针方向摇动手柄，稳定1 min后读数，其值不得小于0.5 MΩ	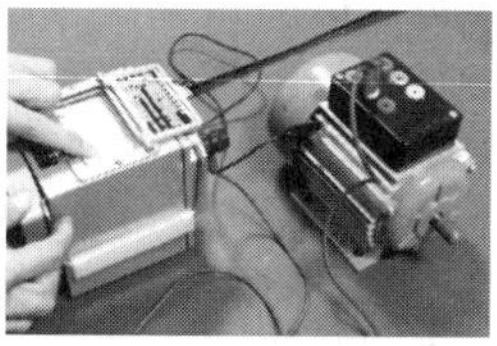

三相电动机绕组的直流电阻与电动机设计的电压和电流有关，采用万用表检测三相电动机各相绕组的直流电阻，主要是比较三相绕组是否平衡。

一般情况下，电动机绕组对地绝缘电阻一般在0.5 MΩ以上，说明两相绕组间绝缘良好。

导师说

使用兆欧表测试绝缘电阻时，每完成一次测试，应将兆欧表的L线在电动机外壳上放电一次，以免危及人身安全以及损坏仪器、设备。

活动 3　电动机的拆卸与组装

小组成员分工合作，完成三相电动机的拆卸与组装。

1. 准备拆装工具

电动机的拆卸与组装主要使用的工具如图 4-7 所示。

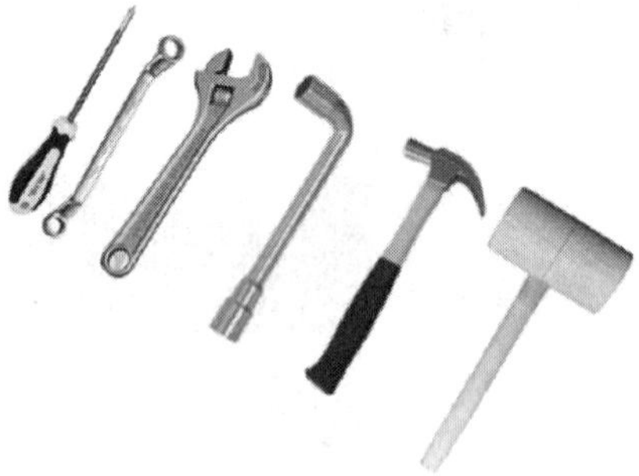

▲图 4-7　拆装工具

2. 拆卸电动机

按照表 4-21 的步骤进行拆卸。

表 4-21　电动机的拆卸

步骤	操作内容	图　示
①断开电源	切断电动机的三相电源，拆下电动机接线盒内与电源的连线	
②拆风罩及风叶	使用螺丝刀，拆下风罩及风叶；拆下的所有零件都应放在合适的地方，以免丢失	
③拆卸前作好标记	拆卸端盖前，用记号笔在端盖与机壳接合处做好标记，以便组装时使用	
④拆卸后端盖	依次拆下后轴承端盖螺栓、后端盖螺栓，再拆卸所有螺母，用木锤敲打端盖四周，取下后端盖	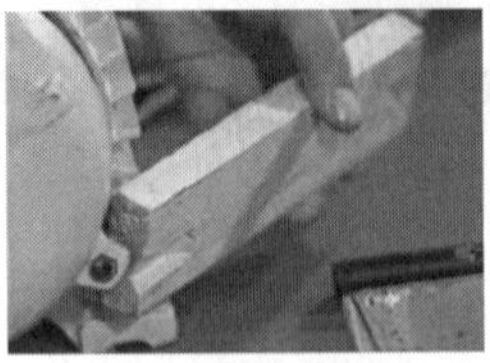

续表

步骤	操作内容	图　示
⑤拆卸转子	拆下前端盖螺栓，用木锤敲打轴承端，直到端盖直口和机壳离开，双手轻轻将转子一起抽出	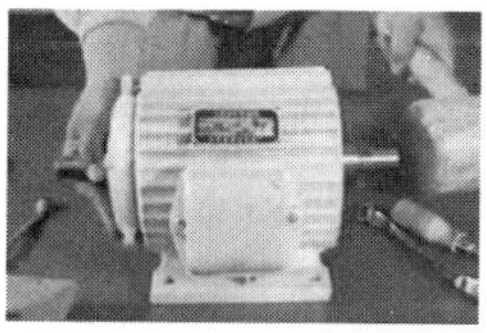
⑥拆卸前端盖	卸下前轴承盖螺栓，然后拆下前端盖螺栓，取下前端盖	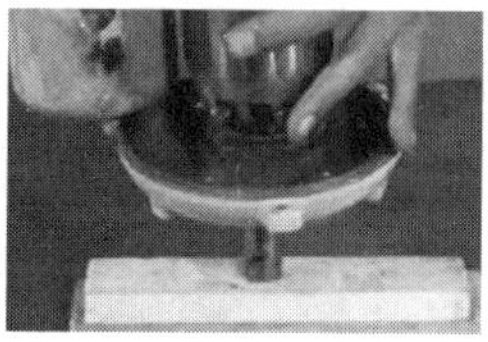

导师说

为了避免损坏转子，请不要对拆下的转子做进一步拆卸。注意观察电动机转子的基本结构。

3. 电动机的组装

电动机的装配工序与拆卸过程相反，按照表 4-22 的步骤进行组装。

表 4-22　电动机的组装

步骤	操作内容	图　示
①安装前端盖	将前端盖套在轴承上并放正，用木锤均匀敲打端盖四周，装好端盖后，用螺栓连同轴承内盖拧好	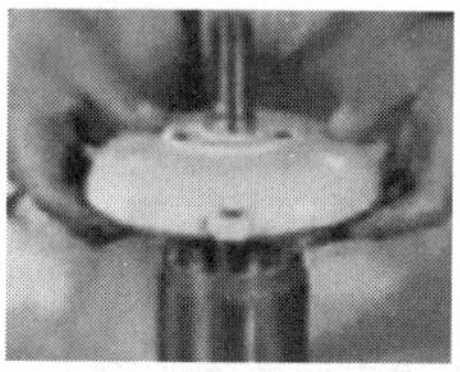
②将转子装入定子内	对好原来的标记，左手往上托端盖，对好直口，右手用木锤均匀敲打端盖四周，上好直口后，装上端盖的螺栓并对角拧紧	
③穿入 3 根硬线	用 3 根合适的硬线弯钩后，先穿入后轴承盖孔内，然后再将 3 根线穿入端盖孔内	

续表

步骤	操作内容	图 示
④安装后端盖	将穿入硬线的端盖推到轴承上，用木锤均匀敲打端盖四周；装好直口后，拧紧端盖螺栓，依次抽出3根硬线，拧上轴承盖螺栓；最后用梅花扳手先后拧紧后端盖螺栓、轴承盖螺栓	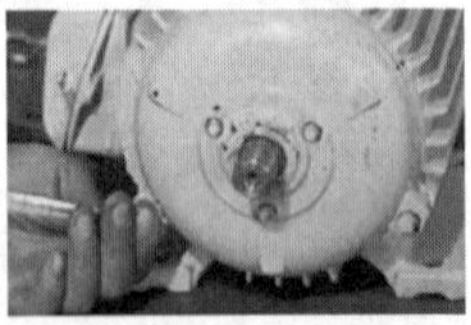
⑤安装扇叶及扇罩	检查全部螺栓是否拧紧，转动转轴，观察转动是否灵活均匀，有无停止和偏动现象。若一切正常，再装上扇叶和扇罩，转动转子，观察扇叶转动是否正常	

导师说

电动机的组装完成后，检查所有螺栓是否拧紧、转子转动是否灵活、轴承径向有无偏摆现象。电动机经过一般检查后，还应借助各种仪表进行电气性能的检查。

活动4 电动机的维护

定期对电动机进行维护修理是非常必要的，这样可以减少电动机故障的发生，延长电动机的使用寿命，减少停机率。

一般情况下，电动机的日常维护主要包括表4-23中的内容。

表4-23 电动机维护

电动机日常维护	操作内容	图 示
一般维护	清洗电动机：拆卸电动机，清扫定子和转子中的异物；将适量汽油倒入一容器内，用毛刷清洗电动机轴承、轴承盖和端盖	
	填装润滑脂：在清洁干净的轴承内均匀填装润滑脂或者涂抹润滑油	
	目视检查：检查所有螺栓是否拧紧，如有松动，用螺丝刀拧紧；应用手转动转子，观察转动是否灵活；轴承径向有无偏摆及磨损情况；定子和转子铁芯有无摩擦	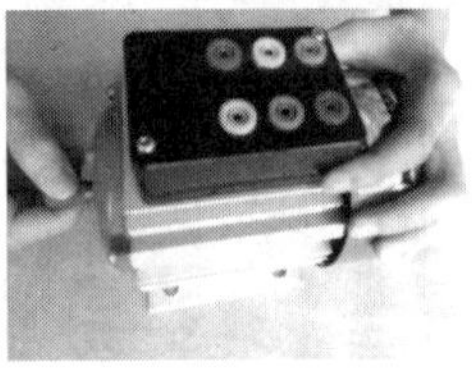

填装轴承内润滑脂一定均匀，一般2极电动机装满1/3～1/2空隙容积，4极以上电动机装满2/3空隙容积。

续表

电动机日常维护	操作内容	图 示
性能测试	绝缘性能测试：检查定子绕组和转子绕组有无绝缘破损、短路和断路现象。 其检测方法参照表 4-17 电动机质量判断中的“使用万用表检测”和“使用兆欧表检测”	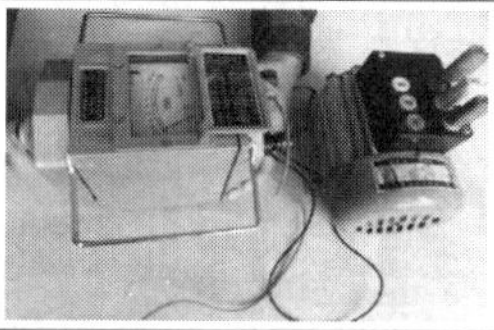 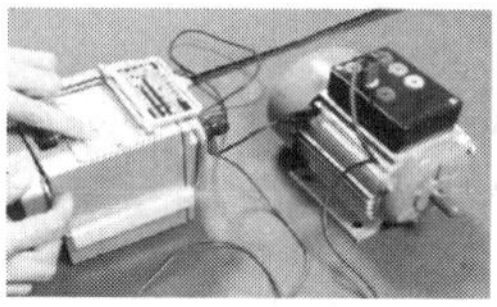

导师说

若电动机是正常的，各相绕组的直流电阻和绝缘电阻应近似相等，具体的数值与电动机的设计有关。

活动 5 三相绕组首尾端的判断

在日常工作中，必须先分清各相绕组的首尾端，才能进行三相电动机与三相电源的连接。表 4-24 是用数字万用表来判断三相绕组首尾端的具体操作步骤。

表 4-24 数字万用表判断首尾端

步骤	操作内容	图 示
①找出三相绕组	将万用表转换开关置于二极管挡，用红、黑表笔分别接任意 2 个接线端，万用表显示确定的值，如显示为“384”，则为同一相绕组；如果显示为“1”，则不为同一相绕组，应重测，直到找出三相绕组	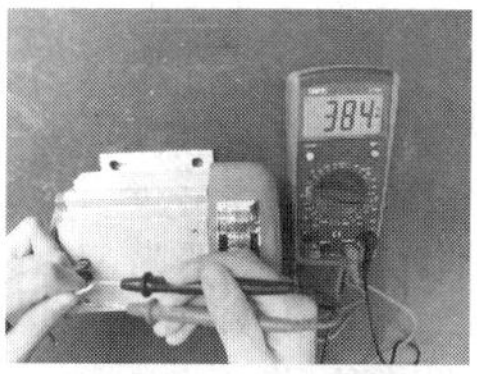
②做成两组引出线	首先将三相绕组的引出线作假设编号：U1、U2，V1、V2，W1、W2，再将假设的首端接在一起，假设的末端接在一起，最后将两组引出线分别缠绕在万用表的 2 只表笔上	
③判断首端或尾端	将万用表转换开关置于直流电流 50 μA 挡，用手转动电动机转子，观察万用表显示窗口，如果显示为“0”，假设正确；若指针有偏转，则其中有一相首、尾端假设不对，应逐步对调重试，直至正确为止	

导师说

三相绕组首尾端的判断还可以采用白炽灯判别方法，其判断原理是基于变压器的电磁感应现象。

三相异步电动机3个绕组的连接方式有星形(Y)连接和三角形(△)连接2种，其中星形接法、三角形接法是指电动机本身的绕组接法。

一般3 kW以下的三相异步电动机采用星形接法，3 kW以上的三相异步电动机采用三角形接法。

将三相绕组的首端U1、V1、W1分别接在三相电源L1、L2、L3 3根相线上，再将三相绕组的尾端U2、V2、W2连在一起，称为星形(Y)连接，如下图所示。

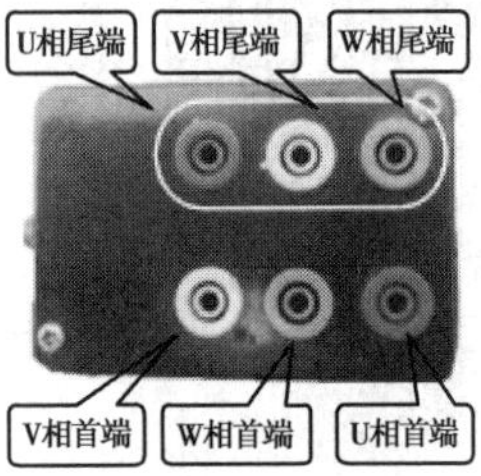

星形(Y)连接

活动6　三相电动机与电源连接

三相异步电动机3个绕组的6个接线端如图4-8所示。电动机各绕组与三相电源的连接参照表4-25。

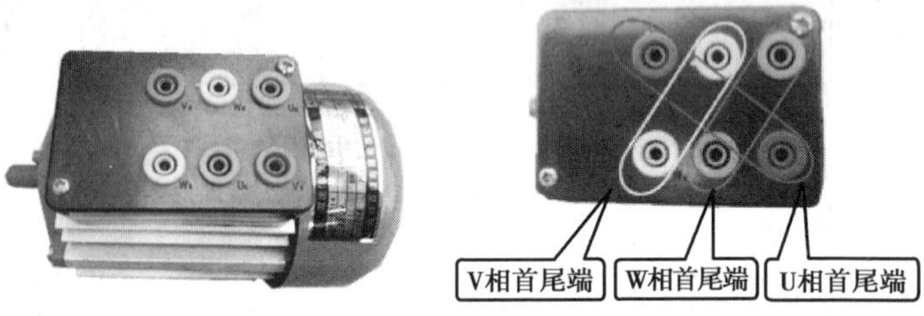

(a)接线柱　　(b)3个绕组

▲图4-8　电动机接线柱

表4-25　三相电动机绕组的接线

步骤	操作内容	图　示
①确定绕组的连接方式	查看电动机铭牌标示"接法"栏，确定电动机的连接方式。铭牌标注为"Y"，则绕组采用星形接法，铭牌标注为"△"，则绕组采用三角形连接	三相异步电动机 型　号 | Y100L-1 | 编号 2.2 kW | 380 V | 6.4 V | 接法Y或△ 2 870 r/min | LW　79　dB（A）| B级绝缘 防护等级IP44 | 50 Hz | 工作制 S1 | kg 标准编号 ZBK22007-89 | 2017年　月　日 ××机电制造有限公司
②连接电动机的绕组	星形连接： a. 用短接片或导线将各相绕组末端相连； b. 从各相绕组首端分别引出1根导线与三相电源的3根相线L1、L2、L3连接	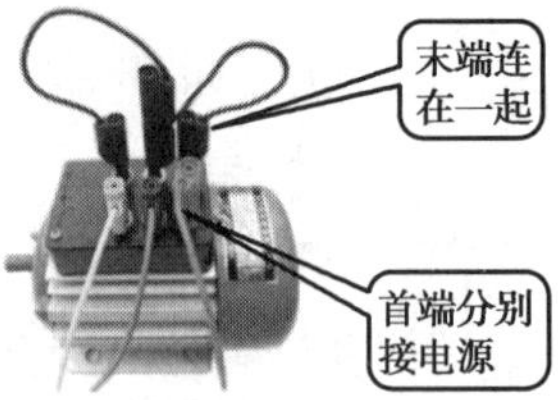

续表

步骤	操作内容	图　示
②连接电动机的绕组	三角形连接： a. 用短接片或导线将各相绕组首尾端依次交叉相连； b. 从各相绕组首端分别引出 1 根导线，与三相电源的 3 根相线 L1、L2、L3 连接	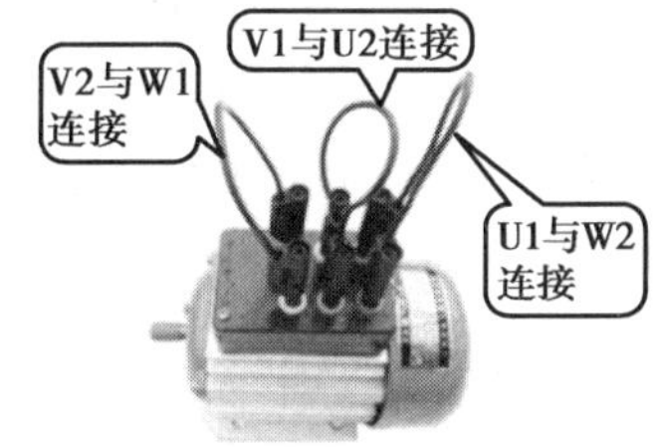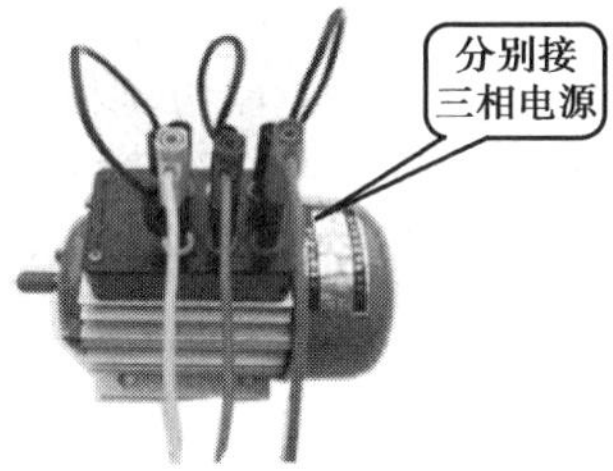
③通电运行电动机	检查无误后，在老师的指导下将断路器置于“ON”，分别给星形连接和三角形连接的绕组通电，观察 2 台电动机转轴的旋转情况，判断电动机运转是否正常	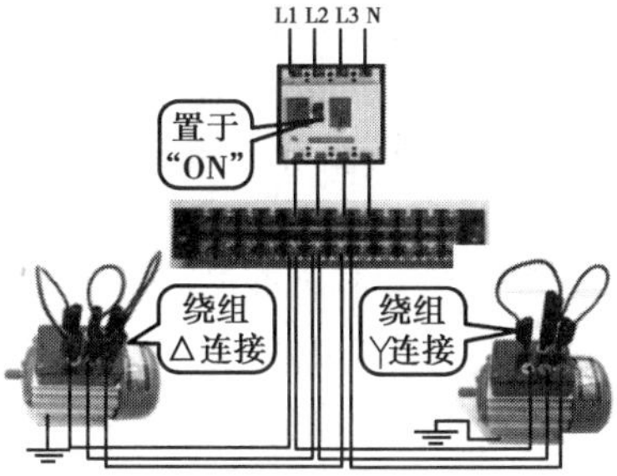

将三相绕组的首端 U1 接 W2、U2 接 V1、V2 接 W1，再将这 3 个交点接在三相电源的 3 根线 L1、L2、L3 上，称为三角形（△）连接，如下图所示。

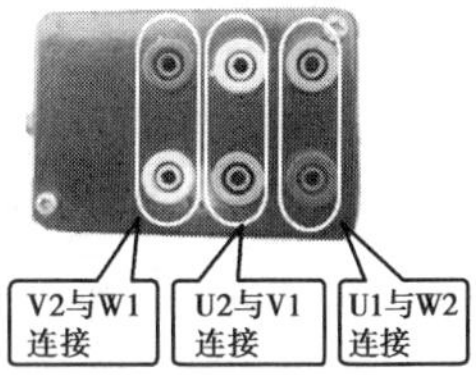

三角形（△）连接

导师说

①连接绕组时，可以是 3 个绕组的首端连在一起，也可以是 3 个绕组的尾端连在一起，但决不可以在短接的星点上，既有首端，又有尾端，否则便不能形成正常的旋转磁场。

②连接绕组时，决不可以用 2 个绕组的同名端（2 个首端或 2 个尾端）接成三角形的顶点，否则电动机不能正常运转。

活动 7　维修电路

1. 若电动机一相或两相绕组供电电源未接通，电动机不能启动，可按照表 4-26 的步骤进行检修。

表 4-26　绕组供电电源断线，电动机不能启动的故障检修

维修方法	操作内容	图　示
验电笔测试	利用验电笔，分别检验电动机 U、V、W 三相绕组接线柱是否带电，如果有一相绕组没电，则从后往前依次查找，直到故障排除	
万用表检测法	将数字万用表转换开关置于交流电压 750 V 挡，将红、黑表笔并联接 U 相绕组首尾端，若线电压为 380 V 或相电压为 220 V，则说明 U 相供电正常；若为 0 V，说明该相绕组断电。从供电电路末端往前，依次、逐一查找，直到故障点（用同样的方法检测 V 相和 W 相）	

若三相异步电动机 3 个绕组采用星形（Y）连接，各绕组端电压为相电压 220 V；若三相异步电动机 3 个绕组采用三角形（△）连接，则各绕组端电压为线电压 380 V。

2. 各小组搜集在作业过程出现的典型故障并记录在表 4-27 中。

表 4-27　三相电动机的维护与接线故障记录

序号	故障现象	故障原因分析	故障点	维修方法
①				
②				
③				
④				
⑤				

※拓展与提高

磁场的基础知识

一、磁场

1. 磁场和磁力线

表 4-28　磁场与磁场力

	概　念	特　点	备　注
磁场	两个互不接触的磁体相互靠近时,它们之间会发生相斥或相吸,这是因为在磁体周围存在着一种能量场,即磁场	磁场是客观存在的一种物质,具有大小和方向	磁场中某点的磁场方向可用小磁针来测试,将小磁针放在该点,小磁针静止时北极(N 极)所指的方向就是该点的磁场方向
磁力线	用来描述磁场强弱、方向的假想曲线即为磁力线,又称磁感线	①在磁体外部磁力线总是由 N 极指向 S 极,而在磁体内部磁力线则是由 S 极指向 N 极。 ②磁力线上的任意一点的切线方向就是该点的磁场方向。 ③磁力线的疏密程度反映了该点磁场的强弱。磁力线越密,磁场越强;磁力线越疏,磁场越弱。 ④磁力线是一些互不相交的、假想的闭合曲线	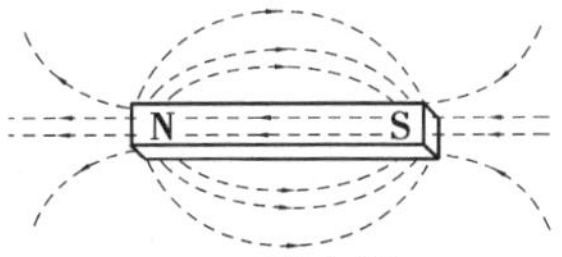 (a)磁力线 磁力线均匀分布而又相互平行的区域称为匀强磁场,如下图所示即为匀强磁场 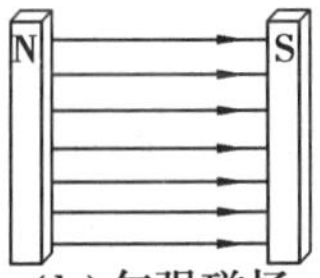 (b)匀强磁场

2. 通电导体产生磁场

表 4-29　通电导体产生磁场

种类	磁场方向判断	图　示	备　注
通电直导线产生的磁场	用右手握住通电直导线,并把大拇指伸出,让拇指方向指向电流方向,则四指环绕的方向就是磁力线的方向	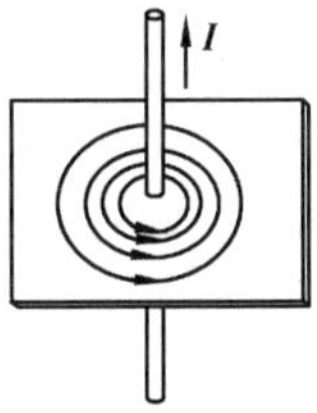 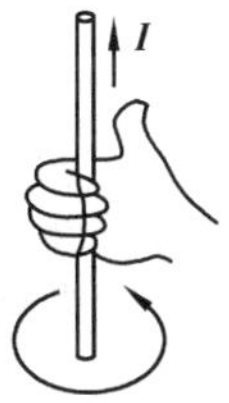 (a)通电直导线周围磁场分布 (b)右手螺旋定则	通电直导体产生的磁场近似于以该直导体上的各点为圆心的同心圆,越靠近直导体,磁场越强;反之,磁场越弱

续表

种类	磁场方向判断	图　示	备　注
通电螺线管产生的磁场	用右手握住螺线管，让四指指向螺线管电流方向，则伸直的大拇指所指的方向就是螺线管内部磁力线的方向，即大拇指所指的方向就是螺线管的 N 极的方向	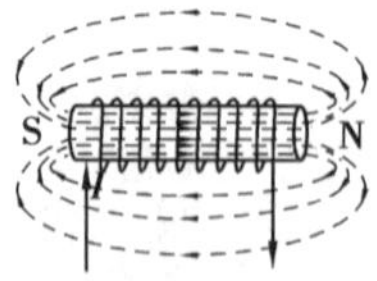 (a)通电直导线周围磁场分布 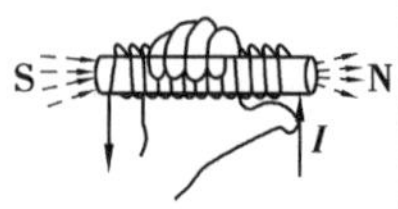 (b)右手螺旋定则	在螺线管内部的磁力线绝大部分是与管轴平行的，而在螺线管外面就逐渐变成散开的曲线。每一根磁力线都是穿过螺线管内部，再由外部绕回的闭合曲线

二、磁场中常用物理量

表 4-30　磁场中常用物理量

名称	定　义	计算公式	备　注
磁通	通过与磁场方向垂直的某一面积上的磁力线的总数称为通过该面积的磁导量，简称磁通，用字母 Φ 表示，单位为韦[伯](W_b)	$B=\frac{\Phi}{S}$ 式中，B——磁感应强度，单位为 T；Φ——磁通量，单位为 W_b；S——与磁感应强度方向垂直的某一截面积，单位为 m^2	磁感应强度是一个矢量，其方向为该磁场中的小磁针的 N 极所指的方向。此式表明磁感应强度 B 等于单位面积的磁通量，所以，有时磁感强度也称为磁通密度的方向
磁感应强度	磁感应强度(又称磁通密度)是用来表示磁场中各点强弱和方向的物理量。磁感应强度用字母 B 表示，单位为特[斯拉](T)		
磁导率	磁导率是一个用来表示媒介质导磁性能的物理量，不同的媒介质有不同的磁导率，磁导率用希腊字母 μ 表示，单位为亨[利]每米(H/m)	$\mu_r=\frac{\mu}{\mu_0}$ 式中，μ——任一媒介质的磁导率，单位为 H/m；μ_0——真空磁导率，单位为 H/m；μ_r——相对磁导率	相对磁导率是一个无量纲的量，只是一个比值，它表示其他条件相同的情况下，媒介质中的磁导率相对真空磁导率的倍数。μ_r 稍大于 1，称为顺磁性物质；μ_r 稍小于 1，称为反磁性物质。反磁性物质一般被称为非铁磁性物质，如空气、铜、铝、木材、橡胶等。μ_r 远大于 1，称为铁磁性物质，如铁、钴、镍、硅钢、坡莫合金、铁氧体等
真空磁导率	由实验测得，真空中的磁导率是一个常数，用 μ_0 表示：$\mu_0=4\pi\times10^{-7}$ H/m		
相对磁导率	一般把任一媒介质的磁导率与真空的磁导率之比称为相对磁导率 μ_r		

续表

名称	定　义	计算公式	备　注
磁场强度	磁场强度是进行磁场计算时引用的一个物理量。磁场中任一点的磁场强度的大小只与产生磁场的电流大小和通电导体的几何形状有关，而与媒介质的性质无关。 磁场强度用字母 H 表示，单位为安[培]每米(A/m)	$H=\frac{B}{\mu}$ 式中，H——磁场强度，单位为 A/m； B——磁感应强度，单位为 T； μ——磁导率，单位为 H/m	磁场强度也是一个矢量，其方向和所在点的磁感应强度 B 的方向相同

三、磁场力

表 4-31　磁场力

磁场力	内　容	图　示	磁场力的大小	磁场力的方向
磁场对载流直导体的作用力	通电直导体处在磁场里会受到磁场力的作用，此力称为磁场力（又称电磁力），用 F 表示，单位为牛[顿](N)	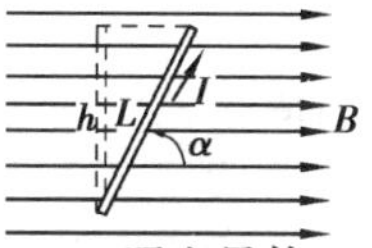 (a)通电导体 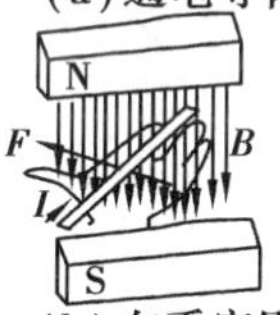 (b)左手定则	$F=BIL\sin\alpha$ 式中，B——匀强磁场的磁感应强度，单位为 T； I——导体中的电流有效值，单位为 A； L——导体在磁场中的有效长度，单位为 m； F——导体受到的磁场力，单位为 N	左手定则：将左手伸平，使拇指与其他四指垂直，将掌心对着磁场的 N 极，即让磁力线从手心垂直穿过，使四指指向电流的方向，则拇指所指的方向就是导体所受磁场力的方向
磁场对通电线圈的作用力	将一个矩形载流线圈放入匀强磁场中，线圈将受到磁场力的作用	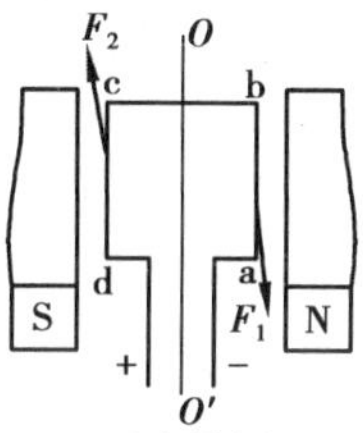 通电线圈	设导体长度 ab = cd = L，线圈中的电流有效值为 I，匀强磁场的磁感应强度为 B，则导体 ab、cd 所受磁场力的大小为： $F_1=F_2=BIL$	F_1 与 F_2 大小相等、方向相反、互相平行，构成了一个力偶矩，使线圈以 OO' 为轴，沿顺时针方向偏转。如果改变线圈中电流的方向（或改变磁场方向），则线圈 abcd 将以 OO' 为轴，沿逆时针方向偏转

续表

磁场力	内　容	图　示	磁场力的大小	磁场力的方向
磁场对运动电荷的作用力	磁场对运动电荷也会产生作用力。运动电荷在磁场中所受的作用力称为洛伦兹力，用字母 f 表示，单位为牛［顿］(N)	 运动电荷	$f=qvB\sin\alpha$ 式中，B——匀强磁场的磁感应强度，单位为 T q——运动电荷所带电荷量，单位为 C v——运动电荷的速度，单位为 m/s α——运动方向与磁场的夹角 f——运动电荷受到的洛伦兹力，单位为 N	左手定则：伸开左手，使拇指与其余四指垂直，并且与手掌在同一平面内，让磁感线穿过手掌心，四指指向正电荷运动方向（若运动电荷是负电荷，则四指的指向与电荷运动方向相反），则拇指所指方向即为正电荷所受洛伦兹力的方向

四、感应电动势

表 4-32　感应电动势

感应电动势	内　容	图　示	感应电动势的大小	感应电动势方向
直导体的感应电动势	将一根直导体放入匀强磁场中，在外力作用下，导体做切割磁感线运动时，该导体中就会产生感应电动势。感应电动势用字母 E 表示，单位为伏［特］(V)	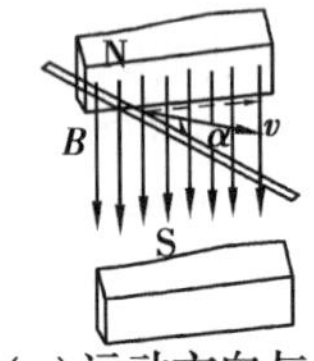 (a)运动方向与磁感应线方向 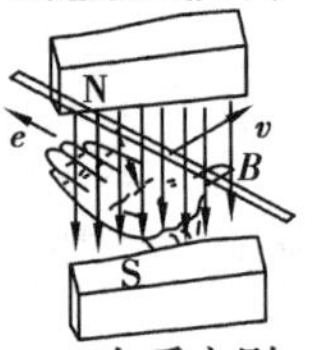 (b)右手定则	$E=Blv\sin\alpha$ 式中，E——导体中的感应电动势，单位为 V； B——磁场中的磁感应强度，单位为 T； l——导体切割磁感线的有效长度，单位为 m； v——导体切割磁感线的线速度，单位为 m/s	右手定则：将右手伸平，使拇指与其他四指垂直，将掌心对着磁场的 N 极，即让磁感线从手心垂直穿过，拇指指向导体运动方向，四指的指向就是导体内感应电动势的方向

续表

感应电动势	内　容	图　示	感应电动势的大小	感应电动势方向
线圈中的感应电动势	设有一个匝数为 N 的线圈放在磁场中，不论什么原因，如线圈本身的移动或转动、磁场本身发生变化等，造成了线圈中磁通 Φ 随时间发生变化，线圈内都会有感应电动势	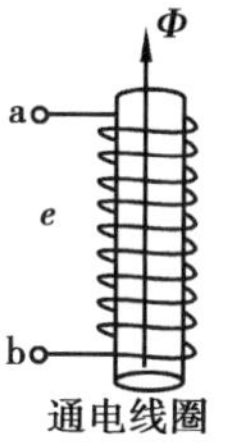 通电线圈	$\lvert e\rvert=\left\lvert N\dfrac{\Delta\Phi}{\Delta t}\right\rvert$ 式中，e——线圈中产生感应电动势，单位为 V； N——线圈的匝数； $\dfrac{\Delta\Phi}{\Delta t}$——通过线圈的磁通变化率，单位为 Wb/t。 上式表明：线圈中感应电动势的大小取决于线圈中磁通变化率，而与线圈中磁通本身的大小无关	线圈中感应电动势的方向可用楞次定律确定。楞次定律指出，如果在感应电动势的作用下，线圈中流过感应电流，则该感应电流产生的磁通起着阻碍原来磁通变化的作用

※总结与评价

1. 成果展示

各小组展示电动机的拆装、维护及与电源的连接，交流汇报（用 PPT 或者文字描述均可），并回答师生提出的问题。

2. 评价

由组长、老师对各小组成员任务完成情况进行评价，填入表 4-33 中。

表 4-33　任务完成情况评价表

评价内容		自　评	小组评价	教师评价
		优☆　良△　中√　差×		
职业素养	①安全用电			
	②设备及器材的安全			
	③记录整理完整准确			
	④符合“6S”管理理念			

续表

评价内容		自　评	小组评价	教师评价
		优☆　良△　中√　差×		
知识与技能	①描述三相电动机主要组成部分			
	②拆卸和组装电动机			
	③识别三相电动机三相绕组的首尾端			
	④正确连接电动机绕组			
	⑤电动机的日常维护			
汇报展示	①作品展示（可以为实物作品展示、PPT 汇报、简报、作业等形式）			
	②语言流畅，思路清晰			
评价等级				

※检测与反思

A 组题

一、填空题

1. 就 Y 系列电机而言，国家规定：________ kW 及以下者采用星形接法。

2. 三相异步电动机铭牌上所标的电流值是指电动机在额定运行时定子绕组的________电流。

3. 要检查电动机的三相绕组的直流电阻并加以比较，应用________仪表。

4. 低压三相异步电动机外壳意外带电造成的后果是________________。

5. 扳手是一种利用________________原理拧转螺栓、螺钉的手工工具。

6. 用兆欧表检查电动机各绕组对地绝缘电阻，其阻值不得小于________ MΩ。

7. 三相异步电动机 3 个绕组的连接方式有________连接或________连接两种。

8. 电动机的输出功率与输入功率的比值是其________。

9. 对于兆欧表的选取，通常从选择兆欧表的________和________两个方面来考虑。

10. 根据电动机结构原理及剩磁现象，常采取________、________几种方法判断三相定子绕组的首尾端。

二、综合题

11. 电动机三相绕组各引线端如图 4-9 所示，分别将图 4-9 中的（a）、（b）按照星形连接和三角形连接的方式画出连接方法。

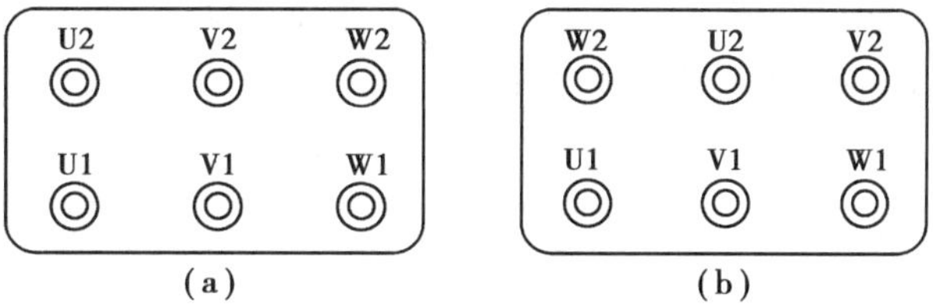

▲图 4-9　电动机三相绕组各引线端

B 组题

一、填空题

1. 磁感线是一些________,其上任意一点的________就是该点的磁场方向。

2. 通电直导体处在磁场里会受到________的作用,若改变导体中电流的方向,则载流直导体将会向________的方向运动。

3. 通电直导线周围的磁场形状是________,可用________定则来判断其方向。

4. 磁场对运动电荷的作用力称为________,大小等于________。

5. 一根导线长 0.2 m,通过 3A 的电流,垂直放入磁场中某处受到的磁场力是 6×10^{-2}N,则该处的磁感应强度 B 的大小是________ T;如果该导线的长度和电流都减小一半,则该处的磁感应强度的大小是________ T。

二、选择题

6. 磁场中某磁感应强度的方向是(　　)。

A. 正电荷在该点的受力方向　　B. 运动电荷在该点的受力方向

C. 静止小磁针 N 极在该点的受力方向　　D. 一小段通电直导线在该点的受力方向

7. 在无风的时候,雨滴是竖直下落的。若雨滴带负电,则它的下落方向将是(　　)。

A. 东方　　B. 西方　　C. 南方　　D. 北方

8. 下列关于磁感线的说法,正确的是(　　)。

A. 磁感线上各点的切线方向就是该点的磁场方向

B. 磁场中任意两条磁感线均可相交

C. 铁屑在磁场中的分布所形成的曲线就是磁感线

D. 磁感线总是从磁体的 N 极出发指向磁体的 S 极

9. 下列关于磁感应强度大小的说法,正确的是(　　)。

A. 通电导线受磁场力大的地方磁感应强度一定大

B. 通电导线在磁感应强度大的地方受力一定大

C. 放在匀强磁场中各处的通电导线受力大小和方向处处相同

D. 磁感应强度的大小和方向跟放在磁场中的通电导线受力的大小和方向无关

10. 下列关于磁现象的电本质的说法,正确的是(　　)。

A. 磁与电紧密联系,有磁必有电,有电必有磁

B. 不管是磁体的磁场还是电流的磁场都起源于电荷的运动

C. 永久磁铁的磁性不是由运动电荷产生的

D. 根据安培假说可知磁体内分子电流总是存在，因此任何磁体都不会失去磁性

11. 下列关于带电粒子所受洛伦兹力 f 和磁感应强度 B 及粒子速度 v 三者之间关系的说法，正确的是（　　）。

A. f、B、v 三者必定均保持垂直

B. f 必定垂直于 B、v，但 B 不一定垂直于 v

C. B 必定垂直于 f、v，但 f 不一定垂直于 v

D. v 必定垂直于 f、B，但 f 不一定垂直于 B

12. 电动机工作的基本原理是电磁感应，发现电磁感应现象的科学家是（　　）。

A. 安培　　B. 赫兹　　C. 法拉第　　D. 麦克斯韦

13. 下列现象中，属于电磁感应现象的是（　　）。

A. 磁场对电流产生力的作用　　B. 变化的磁场使闭合电路中产生电流

C. 插在通电螺线管的软铁棒被磁化　　D. 电流周围产生磁场

14. 下列关于磁通量、磁通密度、磁感应强度的说法，正确的是（　　）。

A. 磁感应强度越大的地方，磁通量越大

B. 穿过某线圈磁通量为零时，磁通密度也为零

C. 磁通密度越大，磁感应强度越大

D. 磁感应强度的大小与磁通密度无关

15. 下列关于感应电流的说法，正确的是（　　）。

A. 只要穿过线圈的磁能量发生变化，线圈中就一定有感应电流

B. 只要闭合导线做切割磁感线运动，导线中就一定有感应电流

C. 当穿过闭合电路的磁通量发生变化时，闭合电路中就一定有感应电流

D. 若闭合电路中的一部分导体不做切割磁感线运动，闭合电路中一定没有感应电流

C 组题

计算题

将长度为 20 cm、通有 0.1 A 电流的直导线放入一匀强磁场中，电流与磁场的方向如图 4-10 所示，已知磁感应强度为 1 T。试求出下列各图中导线所受磁场力的大小和方向。

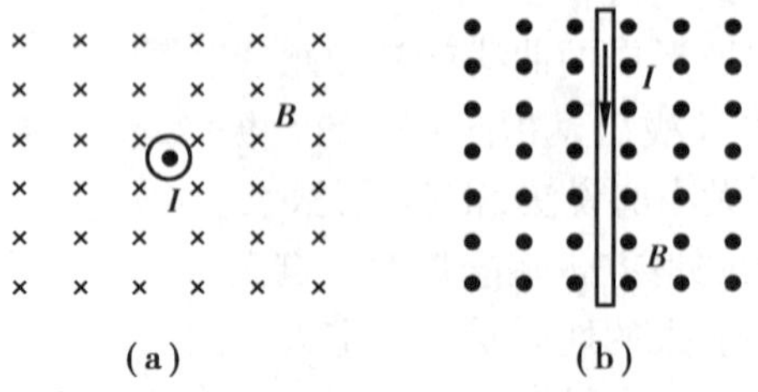

▲图 4-10　导线所受磁场力的大小和方向

任务三　三相电动机正反转电路的安装与检修

※工作任务说明

三相电动机可以在低压电器的配合下实现正向、逆向、高速、低速等多种运转模式。三相电动机正反转电路的安装与检修是维修电工技术人员必须掌握的技能，请你和你的团队按照图 4-11 所示的三相电动机正反转电路图和图 4-12 所示的元器件布置图，搭建三相电动机正反转控制电路。

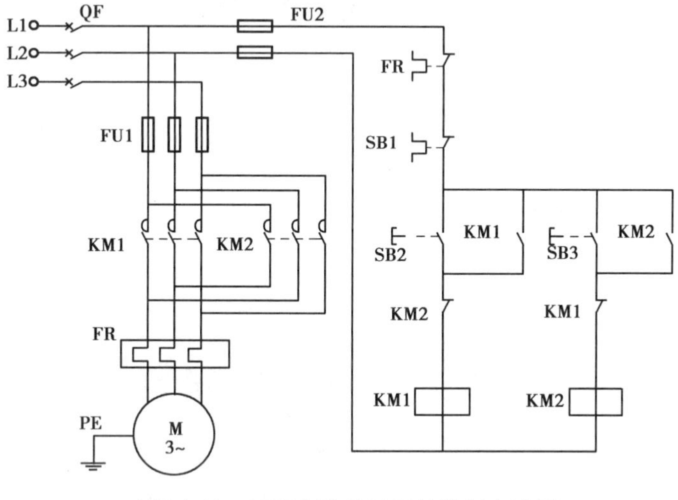

▲图 4-11　三相电动机正反转控制电路图

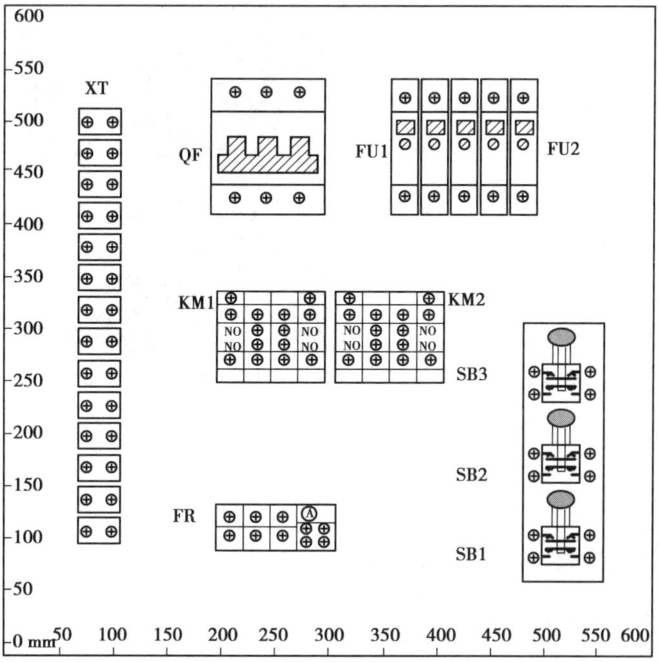

▲图 4-12　三相电动机正反转电路元器件布置图

低压电器的定义

根据使用要求及控制信号，通过一个或多个元器件组合，能手动或自动分合，额定电压在直流 1 500 V、交流 1 000 V 及以下的电路，以实现电路中被控制对象的控制、调节、变换、检测、保护等作用的基本器件称为低压电器。

低压电器的分类

低压电器分为配电电器（如刀开关、断路器、熔断器），控制电器（如接触器、继电器、启动器）。

※安全提示

①穿戴整齐戴手套。实训时应穿工作服，佩戴安全帽及绝缘手套。禁止穿背心、短裤、拖鞋等不安全服饰进行操作。

▲图 4-13　穿戴整齐戴手套

②常用工具整齐放。实训工具应整齐摆放在工作台上，工具用完后放回原位，不要将工具随意摆放，以免引发事故。

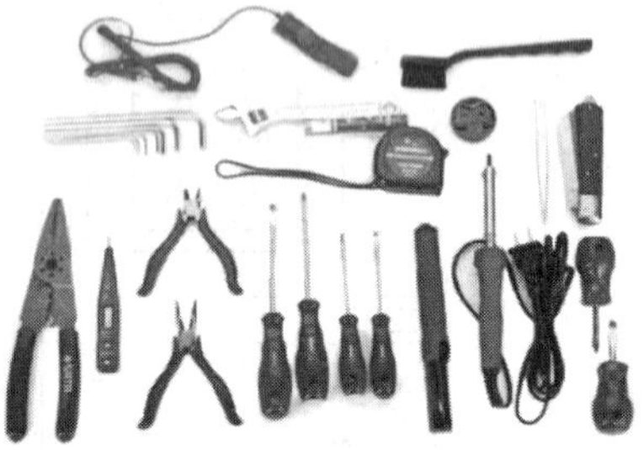

▲图 4-14　常用工具整齐放

③轻拿器件细测量。操作中要轻拿、轻放元器件，以免损坏；测量要认真仔细，减小人为误差。

▲图 4-15　轻拿器件细测量

※任务实施

活动 1　工具、仪表、元器件的清点和选用

1. 工具、仪表、元器件的清点

根据图 4-12，清点完成本次任务所需工具、仪表及元器件，填入表 4-34 中。

表 4-34　工具仪表及器材清单

项目	名　称	作　用	数　量	规格/型号	备　注
所用设备	网孔板	安装配电装置			
所用仪表	数字万用表	测试电路的电气参数			
	钳形电流表	测交流电流			
所用工具	十字螺丝刀	拧转螺丝钉使其就位			
	尖嘴钳	可剪切、弯折导线，剥削塑料绝缘层等			
	剥线钳	剥削导线绝缘层			
	钢卷尺	测量元器件的尺寸或距离			
所用元器件	熔断器	过流保护			
	三相断路器	开关/过流保护			
	交流接触器	接通、分断线路，从而控制设备运行			
	热继电器	保护主回路电流不超过设定值			
	按钮	接通/断开控制电路			
	接线端子排	连接线路			
	三相电动机	把电能转换成机械能			
所用材料	C45 导轨	电器安装导轨			
	接线端子	导线与元器件连接			
	铜芯线	连接各个元器件			
	号码管	为电路中的导线作标注			
	固定螺钉	固定元器件			

2. 元器件选用

(1) 三相交流电动机的选用

- 型号选择

选择三相交流电动机时，其额定电流要和其他低压电器相匹配。按照三相电动机额定电流计算公式 $I_{额}=P/(\sqrt{3}U\cos\phi)$，$U$ 取 380 V，$\cos\phi$ 取 0.75，当电动机功率在 1～3 kW 时都能和其他低压电器配套。本任务中选

▲图 4-16　三相鼠笼式异步电动机外形图

用额定电压380 V,功率2.2 kW的三相鼠笼式异步电动机($I_{额}$=4.46 A),其型号为:YE2-90S-2.2 kW,其外形如图4-16所示。

• 质量检测

根据本书项目四任务二的方法,分别用外观检测法、万用表检测法、兆欧表检测法,对三相电动机的3个绕组进行质量检测。在测试中所得数据应准确记载,以便判断质量及后续故障维修。

交流接触器(KM)是利用电磁吸力及弹簧反力的配合作用,使触头闭合或断开的一种电磁式自动切换电器。它属于一种自动控制电器,能在外来信号的控制下,自动接通或断开正常工作的主电路或大容量的控制电路。

交流接触器由电磁机构、触点系统、灭弧装置、其他部件4部分组成。

电磁机构由线圈、动铁芯(衔铁)和静铁芯组成。线圈通电时产生电磁吸力,使动铁芯受吸力而移动,动铁芯上的触点组随之移动,引起电路接通或断开。按状态的不同,接触器的触点分为动合(常开)触点和动断(常闭)触点。接触器线圈未通电(即释放状态)时断开,而通电(吸合状态)时闭合的触点称为动合触点,反之为动断触点。按用途不同,接触器的触点又分为主触点和辅助触点。主触点用于通断主电路,通常为3对动合触点;辅助触点用于控制电路,起电气连锁作用,通常有动合触点和动断触点各2对。

热继电器是利用电流的热效应原理来保护电器的,在电路中主要保护电动机因电流异常而产生的故障。

热继电器(FR)能在三相电动机中出现缺相、电流不平衡、电流过大等故障,而没有达到熔断器的熔断值时,自动切断供电,以保护负载及设备的安全。

(2)交流接触器的选用

• 型号选择

根据本任务中电动机的额定电流大小,需要选用线圈额定电压为380 V,触点额定电流为9 A,型号为LC1E09(或CJX2-1210)的交流接触器,其外形及结构如图4-17所示,符号如图4-18所示。

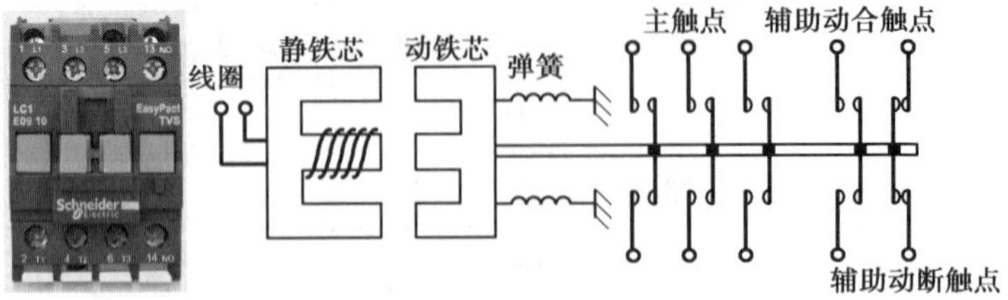

▲图4-17 交流接触器外形及结构图

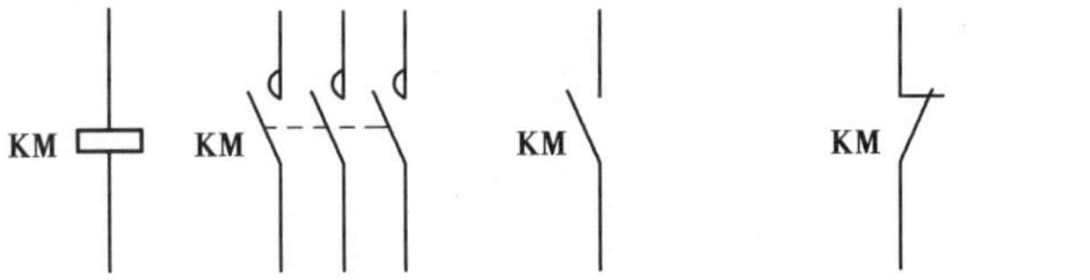

(a)线圈 (b)主触点 (c)动合辅助触点 (d)动断辅助触点

▲图4-18 交流接触器符号

• 质量检测

①测试交流接触器触点:将数字万用表置于二极管和蜂鸣共用挡,用两表笔分别测试各组主/辅助触点的阻值,闭合的触点阻值应为0 Ω,断开的触点阻值读数应显示“1”。再用螺丝刀等工具按压交流接触器的传动机构,模拟接触器处于吸合状态,此时各个触点的状态发生转换,再用万用表测试各组触点阻值,仍然满足触点闭合时阻值为0 Ω,断开时读数显示“1”的关系。

若触点闭合时其阻值远大于0 Ω,或触点断开时阻值仍有一定阻值,都是不正常的,应查找原因并及时更换处理。

②测试交流接触器线圈:将数字万用表置于2 k挡,用两表笔接触线圈两端,查看此时读数,如果读数显示“1”,则应更换大挡后再测试。

交流接触器LC1E09,380 V或CJX2-1210,380 V的线圈阻值

在 1.7 kΩ 左右，若实测阻值过大或过小，则该线圈可能已经损坏。

(3)热继电器的选用

• 型号选择

热继电器的额定电流按照电动机额定电流的 90% ～110% 选取。本任务选用额定电流为 20 A 的 JR36-20/3D 型热继电器，其外形和内部结构如图 4-19 所示，其符号如图 4-20 所示。

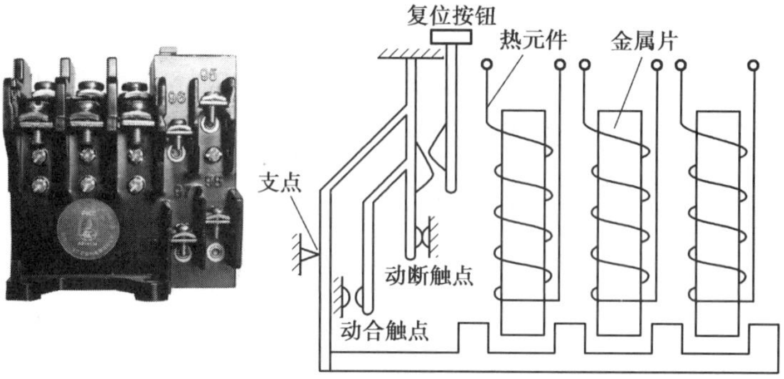

▲图 4-19　热继电器外形及内部结构图

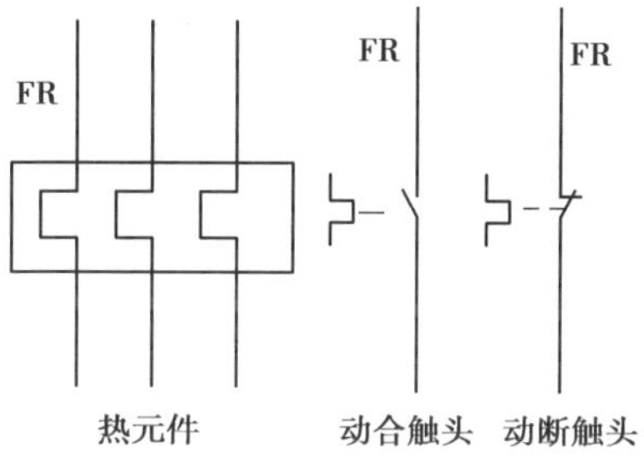

▲图 4-20　热继电器符号

• 质量检测

①测试热继电器触点：将数字万用表置于二极管和蜂鸣共用挡，用两表笔接触热继电器的常开（常闭）触头，其阻值读数应为“1”（0 欧姆）；然后按压复位按钮并测同一触头阻值，此时阻值应转变为 0 Ω（阻值读数为“1”）。

②测试热继电器热元件：将数字万用表置于二极管和蜂鸣共用挡，两表笔接触热继电器的热元件两端，测得阻值应该在 0 Ω 左右，若阻值读数为“1”，则可能是其内部开路或接触不良。

(4)断路器的选用

• 型号选择

本次任务要安装三相交流电动机的控制电路，需要用 3P 的 10 A 断路器作为电源开关，可以选用塑料外壳断路器 DZ47-63 C10 型，其外形及符号如图 4-21 所示。

交流接触器的检测

热继电器的检测

低压断路器（QF）又称为自动空气开关，是一种既可以通过手动控制，也可以自动控制的低压开关，主要用于不频繁的接通或切断供电线路。它能在电路出现过载、短路和欠电压（电压过低）时自动切断电路，因此它既是一个开关电器，也是一个保护电器。

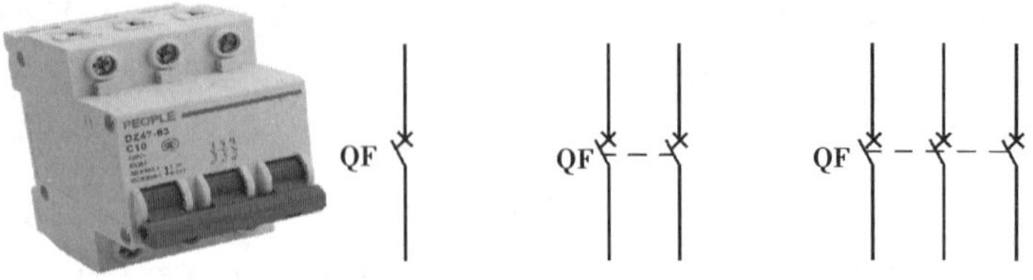

▲图 4-21 断路器外形及符号

● 质量检测

三相断路器(3P)的质量检测与单相(1P)断路器相同,大家可按本书项目四任务一中的相关介绍进行检测。

(5)按钮的选用

● 型号选择

按钮的外壳有铁壳和胶木壳之分,本任务选择额定绝缘电压 380 V,触点额定电流 5 A 的 LA4-3H 型胶木壳三联按钮,其外形及符号如图 4-22 所示。

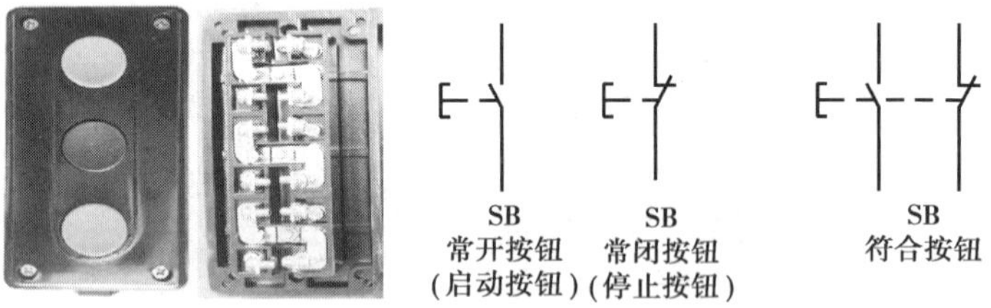

▲图 4-22 按钮开关外形及符号

● 质量检测

将数字万用表置于二极管和蜂鸣共用挡,两表笔分别接触按钮的常开(常闭)接线端,其阻值读数为"1"(0 Ω);然后按下按钮并重复之前操作,此时阻值应转变为 0 Ω(阻值读数为"1")。

若触点闭合时其阻值远大于 0 Ω,以及触点断开时阻值仍有一定阻值,都是不正常的,应查找原因并及时更换处理。

(6)熔断器的选用

● 型号选择

因熔断器熔丝电流是电动机额定电流的 1.5~2.5 倍,故本次任务选用耐压 500 V 的 3P 导轨式底座 1 个,2P 导轨式底座 1 个,额定电流 10 A 的圆筒帽形熔断管 5 个。熔断器的型号选用 RT18-32 10 A,其外形及符号如图 4-23 所示。

按钮(SB)又称按钮开关,是一种手动控制电器,通常用于发出操作信号,用于接通或断开电流较小的控制电路,以控制电流较大的其他电气设备。

按钮未按下时就闭合的触点称为动断(常闭)触点;按下时才闭合的触点称为动合(常开)触点。

熔断器(FU)串联在被保护电路中,起短路保护作用,是最简便且最有效的短路保护电器。

熔断器的熔体是用电阻率较高的易熔合金(如锡铅合金)制成的。

▲图 4-23　圆筒帽形熔断器外观及符号

• 质量检测

将数字万用表置于二极管和蜂鸣共用挡，两表笔接触熔断器接线端，测得阻值应该在 0 Ω 左右，若阻值读数为“1”，则可能是熔断管内部开路或接触不良。

(7) 接线端子排的选用

• 型号选择

本任务选用额定电流 10 A，耐压 500 V，接线位数为 10 位(节)的接线端子排。接线端子排型号选用 JX2-1010 10 A 型，其外形如图 4-24 所示。

▲图 4-24　接线端子排外形

• 外观选择

目视检查接线端子排外观应无缺损，螺钉、垫圈、接线桩应完整且无变形，用螺丝刀旋动各个螺钉，丝口应无滑丝现象。

接线端子排(XT)是一系列组合接线固定装置，用于不同设备之间的电线连接。其特点有：方便接线、查线方便、节点扩展、接线美观等。

导师说

使用数字万用表二极管和蜂鸣共用挡时，先短接 2 个表笔，此时显示的阻值就是该挡的校正值。在实际测试时，万用表显示值要减去校正值才是测试的正确结果。

活动 2　安装电路

1. 固定元器件

(1) 准备工作

根据表 4-34 准备好工具、仪表及元器件，整齐摆放在实训操作台上，如图 4-25 所示。

安装低压电器规则及方法

边界要留够：元器件安装在网孔板正面，各元器件距离网孔板边界不少于 50 mm。

横平竖直：低压电器器件按照横平竖直进行整齐排列，不能斜方向安装。

横竖要对齐：有接线关联的器件应尽量在水平或竖直方向上对齐，方便布线。

分类分区域：开关、熔断器应排布在网孔板正上方区域；交流接触器排布在网孔板正中央区域；按钮排布在网孔板右边或右下方区域；接线端子排排布在网孔板左边；热继电器排布在网孔板正下方。

同类同区域：同类低压电器器件应尽量排布在同一个区域，并保持适当间距。

异类留间距：不同类器件之间要预留足够的空间，以方便布线。

设计后固定：先将实物在网孔板上进行排布设计，排布好后，再用螺丝固定各个器件。

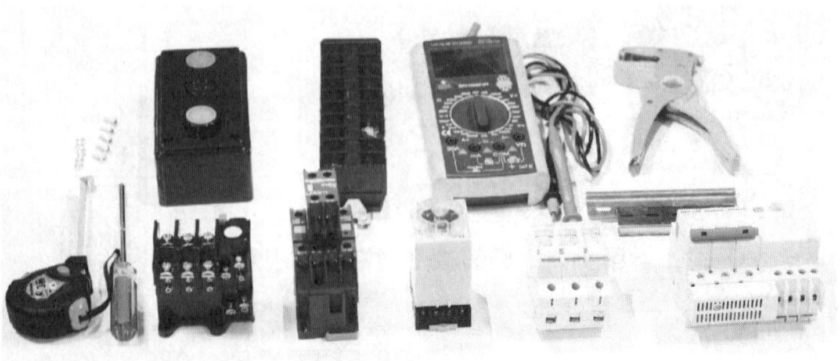

▲图 4-25 工具、仪表及元器件准备

(2)定位画线

根据图 4-12 所示各元器件位置关系，在 600 mm×600 mm 网孔板上对器材进行定位画线。要求：网孔板边界预留足够，元器件布局合理、美观。

(3)元器件的固定

根据本书项目三任务一的方法，固定本任务的低压电器，安装效果如图 4-26 所示。

▲图 4-26 三相电动机正反转电路元器件安装实物图

绘制实物接线图注意事项

①在原理图上，先给每根连接线进行编号，编号从1开始递增。编号的顺序按从上到下，从左往右依次进行，并避免编号混乱。

②将编好号码的线，找到其在实物接线图的具体位置，即找到这根线的两端在实物图上的对应接线端点。

③用铅笔、直尺在实物接线图上一根一根地绘制线条。每根线条按横平竖直、转角直角、走线成束、保持间距的规则绘制。

2. 绘制实物接线图

为了帮助大家理清本电路中各个元器件之间的连接关系，搞懂各根导线的连接位置，请大家根据图 4-11，先在图 4-27 上用铅笔和直尺绘制主电路实物接线图。经过检查无误后，再在该图上绘制控制电路实物接线图。

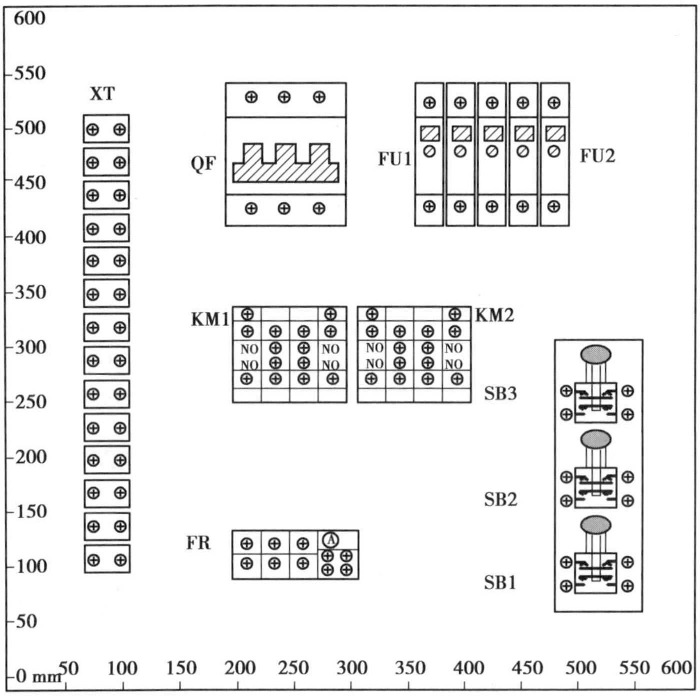

▲图 4-27　三相电动机正反转电路实物接线图

导师说

初学绘图时同学们可在草稿纸上练习，掌握方法和规律后，再绘制在书上。同学们要仔细观察，搞懂连接关系，大胆尝试，不断优化。

3. 主电路的安装

按照先主电路，后控制电路的顺序，首先安装三相电动机正反转电路的主电路部分。请同学们按照导线连接工艺要求安装铜芯线、号码管，具体操作步骤见表 4-35。

表 4-35　主电路安装步骤

步骤	操作内容	图　示
①拉直导线	可以用脚踩住铜芯线的一端，双手向上使劲拉另一端，将单股铜芯线拉直。有条件的可以用拉线器拉直导线	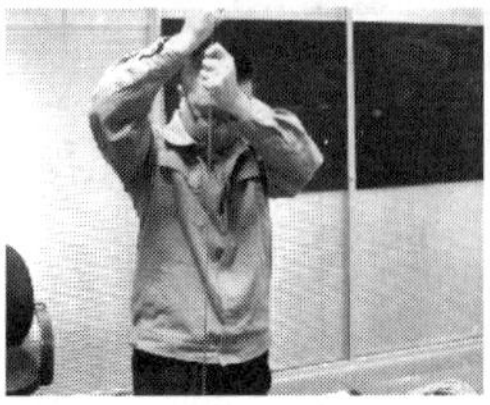

主电路和控制电路

三相电动机正反转电路为间接控制电路，这类电路分为主电路和控制电路两部分。规定电动机电流通过的路径称为主电路，也称为一次电路。主电路以外的部分电路称为控制电路，也称为二次电路。

主电路由断路器 QF，熔断器 FU1，接触器 KM1 的主触头，接触器 KM2 的主触头，热继电器 FR 的主触头，电动机 M 组成。

电工装板工艺线基本原则

横平竖直：导线在排布时只能在水平面上横向和纵向排列，不能走斜线。在同一个平面相邻导线的间距尽量相等。

转角直角：工艺导线在转角时，只能是圆滑的 90°，不能有钝角或锐角。

长线沉底：比较长的工艺线必须沿着网孔板的“地面”走线。如果长线架空敷设，会造成不稳固的隐患。

走线成束：多根工艺线向同一个方向敷设时，为了牢固，导线之间要靠近并成束排布。

端头处理：导线的端头要根据接线端子的情况绕成合适的羊眼圈或直接头。

不压不露：导线与接线端子连接时，接线桩不得压着绝缘层，同时铜芯裸露长度不超过 1 mm。

不伤导线：在布线时，严禁损伤线芯和导线绝缘层。

续表

步骤	操作内容	图　示
②剪切导线	根据连接元器件之间的距离，用尖嘴钳剪切一段长度适中的 2.5 mm^2 单股铜芯导线	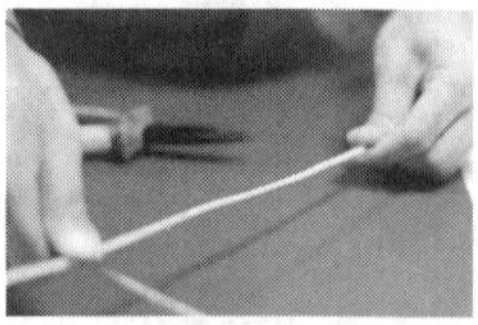
③穿号码管	将本根导线的两个号码管穿到导线中间。注意不要让号码管掉落	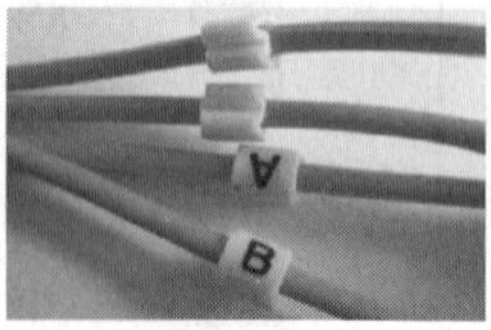
④剥削导线	距离导线端头 5 mm 处，用剥线钳将导线一端的绝缘层剥去。注意把握剥削长度	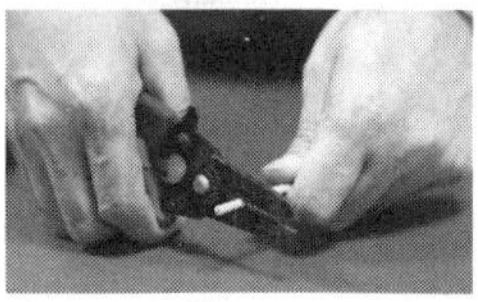
⑤计划弯折位置	将接线端的螺钉拧松，导线端头放入接线端。根据空间位置大小，在距离接线端头约 30 mm（约两个指头宽）处，计划弯折位置	
⑥弯折导线	在计划弯折的位置，用螺丝刀抵住导线，用手将导线弯折成 90°圆角	
⑦再次弯折导线	将初次弯折的导线又放到元器件之间，根据空间位置计划下一个弯折位置，用步骤 6 的方法弯折导线	
⑧连接导线	去掉导线两端绝缘层后，分别将导线的两端固定在相应的接线桩上，再将号码管移到导线的两个端头	

图 4-28 是按照电路原理图和接线工艺要求安装好的主电路成品，供同学们参考。

▲图 4-28　三相电动机正反转主电路安装实物图

导师说

不同的相序要选用不同颜色的导线进行区分，并用号码管来区分不同位置的导线，为布线、检查、维修带来方便。

4. 接线针和接线叉的制作

安装好三相电动机正反转电路的主电路后，再安装控制电路部分。请选用0.75 mm^2 的多芯铜线，根据接线桩的类型，制作不同的接线端子。若是瓦形接线桩，应先制作接线针后再连接；若是平压式接线桩，应先制作接线叉后再连接。

请同学们用导线、针形预绝缘端子，按照表4-36 的步骤制作接线针，然后按照表4-37 的步骤制作接线叉。

表4-36　接线针制作步骤

步骤	操作内容	图　示
①剥线	用剥线钳剥去0.75 mm^2 多芯铜线端头约8 mm 长的绝缘层。要求铜芯无断丝，切口整齐。然后用手顺时针捻紧导线端头	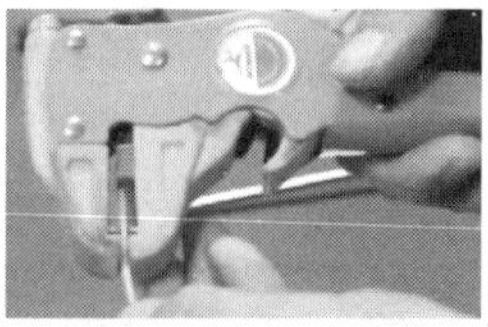
②插线	将线头插入端子头内。要求：线头不能超过端子压头1 mm；导线绝缘层必须在端子绝缘包筒内	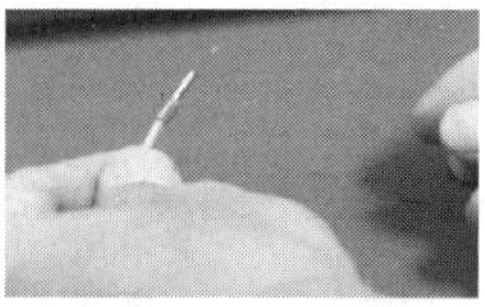
③压线	将端子头放入尖嘴钳的卡槽中，使劲压动手柄，使端子头与内部芯线牢固连接。要求：压痕明显，牢固无松动	

相序和导线颜色的对应关系

三相交流电供电的相序依次是L1，L2，L3 或U，V，W，在实际布线中分别用黄色、绿色、红色导线来与之对应。即黄色线就代表该线的相序是L1 相或U 相，以此类推。同时在三相交流供电系统中，中性线（零线）采用淡蓝色导线，保护地线必须采用黄绿双色线来与之对应。

表 4-37 接线叉制作步骤

步骤	操作内容	图示
①剥线	用剥线钳剥去 0.75 mm^2 多芯铜线端头约 5 mm 长的绝缘层。要求：铜芯无断丝，切口整齐	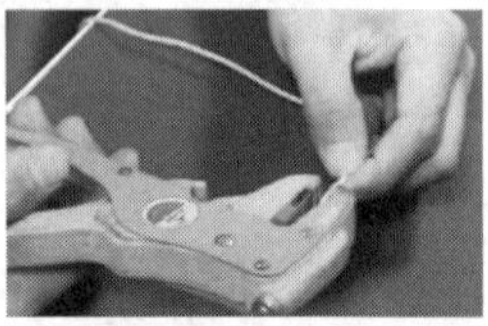
②折线	剥出来的多股导线不需要捻紧芯线，将芯线根部弯折，并紧贴导线绝缘层	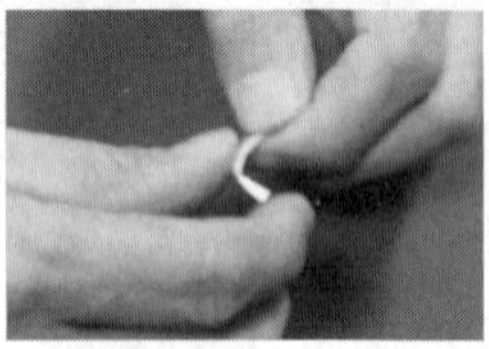
③插线	将折好的导线插入叉形预绝缘端子的金属管中。要求：线头不能超过端子压头 1 mm	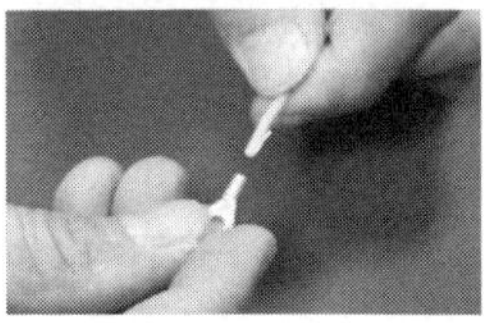
④压线	将叉形预绝缘端子的金属管放入尖嘴钳的卡槽中，使劲压动手柄，使端子头与内部芯线牢固连接。要求：压痕明显，牢固无松动	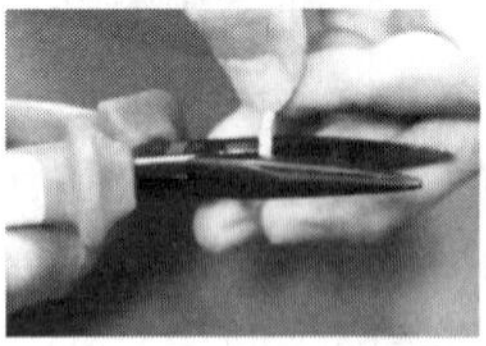

5. 控制电路的安装

控制电路由熔断器 FU2、热继电器 FR 的常闭触头、按钮 SB1 的常闭触头、按钮 SB2 的常开触头、按钮 SB3 的常开触头、接触器 KM1 的常开和常闭触头、接触器 KM2 的常开和常闭触头、接触器 KM1 的线圈、接触器 KM2 的线圈组成。

请同学们参照控制部分电路图和控制电路实物接线图，用 0.75 mm^2 多芯铜线进行控制电路的安装，具体的操作步骤见表 4-38。

表 4-38 控制电路安装步骤

步骤	操作内容	图示
①剪线，穿号码管	根据两个元器件接线端之间距离，剪切对应长度的导线，剪切时要留一定余量；再将对应的两个号码管穿入导线中	

续表

步骤	操作内容	图　示
②制作接线针或接线叉	若接线端是瓦形接线桩，先制作接线针；若接线端是平压式接线桩，先制作接线叉	 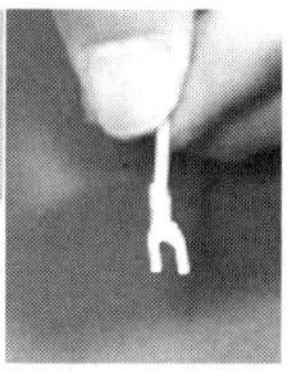
③固定导线	用螺丝刀将导线的两端（已制作成接线针或接线叉）固定到接线桩上，并将号码管移动到接线端头上；然后依序连接各控制线	
④检查接线	将所有控制导线按照上述方法连接完成后，检查每根控制线是否连接正确及工艺是否达标	
⑤导线绑扎	检查并修正接线完毕后，用扎带将控制线沿布线路径依序绑扎。绑扎间距为 50 mm 左右	

绑扎线的规范及要求

①扎点整齐，紧锁，间距均匀。扎带间距应为线缆束直径的 3 ~ 4 倍。

②线束有形有序，接扎牢固，外观平直整齐，将导线扎成整齐、紧靠的线束。扎带扎好后，应将多余部分齐根平滑剪齐。

③导线分支路时，支路两侧都要用扎线绑扎。

④绑扎成束的线转弯时，应尽量采用大弯曲半径，以免线束转弯处因力过大造成内芯断芯。

导师说

控制电路的安装可以只用一种颜色的多芯软线，但要严格按照编制的号码管从小到大的顺序进行安装，这样可以避免接线混乱。

本项技能需要同学们反复耐心训练，训练时要注意安装的操作工艺的准确度、速度。

活动 3　检查并调试电路

控制电路接线完毕后，需要对电路进行检查并调试，要确保电路连接正确，接线工艺满足要求，从而保证安装质量。

目视检查要求

核对连接：先按照图纸上的线路，逐根检查工艺线和控制线的连接是否正确。

修正工艺：目视工艺线需要修正的，应重做工艺线或用工具适当修正。导线上的接线针、接线叉制作工艺欠佳的，要重新制作，力争达到最佳效果。

检查接头：用手轻轻拉动各个接线端，看是否接触牢固，有松动现象的应及时紧固。

1. 目视检查

对安装完成的电路,进行逐一核对,修正工艺,检查接头是否接触良好。检查时要耐心仔细,及时处理发现的问题,并做好记录。

2. 通电前检测

通电前,我们已经保证了线路接线正确,但电路中还可能出现开路或短路故障。请同学们先将熔断器的熔断管安装好,再闭合断路器,并用数字万用表检测电路(注意:此时禁止接通三相电源)。

(1)短路测试

为了判断电路中是否有短路故障,需要对电路进行不同状态下的测试。具体的测试点、操作内容、正常阻值参看表4-39。

表4-39　三相电动机正反转电路短路测试表

序号	操作内容	用数字万用表2 k挡,测接线端子排上的接线端		
		L1、L2之间阻值	L2、L3之间阻值	L1、L3之间阻值
①	不按任何按钮	无穷大	无穷大	无穷大
②	按下SB2	几百欧姆	无穷大	无穷大
③	按下SB3	几百欧姆	无穷大	无穷大
④	用螺丝刀压下KM1的传动机构	几百欧姆	无穷大	无穷大
⑤	用螺丝刀压下KM2的传动机构	几百欧姆	无穷大	无穷大

若实际测试值为0 Ω或很小,则电路可能有短路性故障,应及时查找原因,排除故障。

(2)开路测试

开路测试是为了判断电路中是否有开路故障,具体的测试点、操作内容、正常阻值参看表4-40。

表4-40　三相电动机正反转电路开路测试表

序号	操作内容	用数字万用表2 k挡,测接线端子排上的接线端			
		L1、L2之间阻值	L1和电机U之间阻值	L2和电机V之间阻值	L3和电机W之间阻值
①	按下SB2	几百欧姆	不测	不测	不测
②	按下SB3	几百欧姆	不测	不测	不测
③	用螺丝刀压下KM1的传动机构	几百欧姆	0欧姆	0欧姆	0欧姆
④	用螺丝刀压下KM2的传动机构	几百欧姆	0欧姆	0欧姆	0欧姆

若实际测试值为无穷大或很大，则可能电路有开路性故障，应及时查找原因，排除故障。

通电测试安全注意事项

①在通电前确保各项准备工作到位。

②通电中一定要单手操作，不要用手去触摸任何一根导线和接线端。

③关闭电源后，才能进行检修（不建议带电检修）。

3. 通电试车

（1）不带负载试车

先关闭三相电源，用三根导线将接线端子排上的 L1、L2、L3 与实训台上的三相电源相连；再打开实训台上三相电源，闭合三相断路器，观察电路应无任何动作。

用单手按下按钮 SB2，此时接触器 KM1 应吸合；再按下 SB1，此时接触器 KM1 应复位；然后按下 SB3，此时接触器 KM2 应吸合。若现象与此相符，则表明电路控制功能正常。

在通电状态下，分别在 KM1、KM2 吸合时，用数字万用表的 AC750 V 挡测接线端子排上的电动机接线端子 U、V、W 之间的电压（UV、UW、VW 三组），测得三组电压都应在 380 V 左右。若测试值与此相符，则表明主电路功能正常。测试过程及结果如图 4-29 所示。

（a）测试接线排上的电动机接线端　（b）测得交流电压值

▲图 4-29　数字万用表测接线排上电动机接线端电压

（2）带负载试车

在前述状态正常的情况下，关闭三相电源，将三相电动机的接线端与接线端子排上的 UVW 相连接。接通电源，分别按下 SB2、SB1、SB3，则电动机应正转、停止、反转。

导师说

带负载试车时，由于电动机从转动到停止有一个惯性过程，所以操作按钮进行电动机状态转换时，要间隔足够时间再进行下一步操作。禁止让电动机频繁转换，以防电动机被损坏。

钳形表基本知识

钳形表是一种不需断开电路就可直接测电路的交流电流的携带式仪表，在电气设备检修中使用非常方便，应用相当广泛。三相电动机的工作电流较大，用钳形表能比较容易的测量其各相工作电流。

钳形表的工作部分主要由一只电磁式电流表和穿心式电流互感器组成。穿心式电流互感器由铁芯制成活动开口，且成钳形，故名钳形表。

活动 4　用钳形表测三相电动机电流

为了判断三相电动机中各相电流是否正常，可以用钳形电流表来测量电机工作时各相电流的大小。

将 YE2-90S-2 2.2 kW 型电动机接入网孔板上的三相电动机正

反转控制电路,并给网孔板上电路接入三相电源,打开电源,按下正转按钮 SB2,让电动机正转,然后按照表 4-41 的步骤进行测量。

表 4-41 钳形表测量三相电动机电流步骤

步骤	操作内容	图 示
①检查钳形表	检查钳形表外观有无破损,拨动拨盘是否顺畅,钳口是否接触紧密,有无锈蚀等情况,如有异常要及时处理	
②挡位设置	电动机的功率为 2.2 kW,据此估算出电动机相电流约为 4.7 A,将钳形表拨到 20 A 挡。 若不能估算导线中电流大小,则选择电流最大挡进行测量	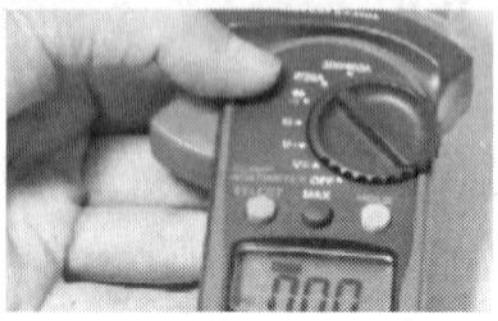
③钳入导线	打开钳形表的钳口,把一根电源线放入钳形表的窗口中心区域,然后关闭钳口。 待读数稳定后,读取显示屏的示值,此时读数就是该根导线中的电流	
④超量程换大挡	若显示屏显示超出量程(溢出),则说明测量量程过小。 此时应先从钳形表中取出电源线,换至大电流挡,再钳入导线测试。即读数偏大换大挡	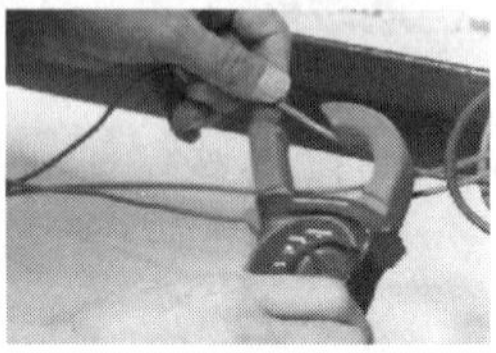
⑤读数偏小换小挡	若显示屏显示读数很小,则说明测量量程过大。 此时应先从钳形表中取出电源线,换至小电流挡,再钳入导线测试。即读数偏小换小挡	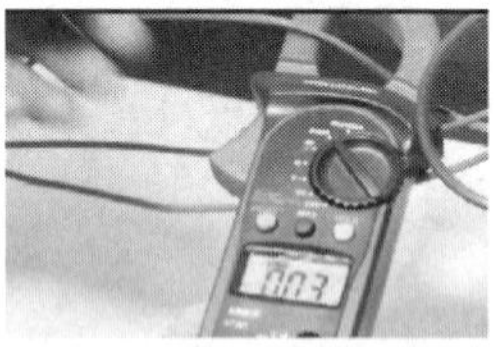
⑥小电流多股绕	若用钳形表最小电流挡测得读数还是很小,说明导线中电流过小。 应先把电源线从钳形表中取出,然后把电源线同向绕成 n 匝(n=2,3,4,…)。 再钳入绕好的电源线并测试。注意计算电流时,实际电流应为测试值除以匝数 n	

续表

步骤	操作内容	图　示
⑦设备归位	测试完成后，先从钳形表中取出电源线，再关闭电动机电源，最后把钳形表的挡位拨到电流或电压的最大挡处	

为了保证操作者安全，本任务中的故障维修，尽量采用安全系数较高的电阻法来判断故障部位，最好不要采用电压法。

活动 5　维修电路

若安装时接头松动、接线错误，电路会出现各种各样的故障，下面就举例说明维修思路和步骤。

故障现象：电路接通三相电源后，按 SB3 时继电器 KM2 无动作，电动机不转动，其他功能正常。

故障分析：本电路按 SB2 时功能正常，说明主电路及控制电路中的熔断器 FU2、热保护器 FR 都正常，故障范围在控制电路中的 SB3、KM2 辅助常开触头、KM1 辅助常闭触头、KM2 线圈及连接导线部分。下面请按照表 4-42 中的步骤进行维修。

表 4-42　按 SB3 时继电器 KM2 无动作故障维修

步骤	操作内容	图　示
①测输入端	将三相电源关闭，三相断路器拨到断开位置；再将数字万用表置于电阻 2 k 挡，两支表笔接触熔断器 FU2 的两个输入接线端	
②按下按钮时测试	按下按钮 SB3，数字万用表显示为“1”，此时正常阻值应为 800 Ω 左右，说明电路内有开路故障，需要进一步测量来缩小故障范围	

三相电动机正反转电路常见故障点及现象

①FU2、FR 常闭触头、SB1 的常闭触头开路：控制电路整体失效，按各个按钮均无任何反应。

②SB2 常开触头、KM2 辅助常闭触头、KM1 线圈开路：按下 SB2 后电机不能正转，其他功能正常。

③KM1 辅助常开触头开路：按下 SB2 后电机能正转，但不能自锁。

④SB3 常开触头、KM1 辅助常闭触头、KM2 线圈开路：按下 SB3 后电机不能反转，其他功能正常。

⑤KM2 辅助常开触头开路：按下 SB3 后电机能反转，但不能自锁。

⑥FU1、KM1 主触头、KM2 主触头、FR 主触头开路：电动机因缺相而工作异常，其他功能正常。

⑦QF 开路：若 L1、L2 相开路，则控制电路整体失效；若 L3 相开路，则电动机因缺相而工作异常。

三相电动机正反转电路各元件作用

元器件	作用
QF	电源总开关、过载、欠压保护
FU1	主电路短路保护
KM1 的主触头	电动机正转开关组
KM2 的主触头	电动机反转开关组
FR 的主触头	过载保护的检测部分
FU2	控制电路短路保护
FR 的常闭触头	主电路过载保护执行开关
SB1	停止开关
SB2	正转控制开关
SB3	反转控制开关
KM1 的常开触头	KM1 线圈的自锁开关
KM2 的常闭触头	KM1 线圈的连锁开关
KM1 的线圈	控制 KM1 各触头动作
KM2 的常开触头	KM2 线圈的自锁开关
KM1 的常闭触头	KM2 线圈的连锁开关
KM2 的线圈	控制 KM2 各触头动作

续表

步骤	操作内容	图示
③模拟吸合时测试	用螺丝刀按压交流接触器 KM2 的机械传动部分，使 KM2 处于吸合位置，测得此时的阻值为 798 Ω，阻值正常。根据电路原理可知：控制电路中的 KM2 辅助常开触头、KM1 辅助常闭触头、KM2 线圈及其连接线均正常。怀疑是 SB3 按钮部分问题	
④修复故障	用螺丝刀拆下按钮盒固定螺丝，取出三联按钮的外壳，发现按钮 SB3 的一个接线端子已经松脱，形成了开路故障，至此故障已经查明。用螺丝刀将该接线端重新拧紧固定，故障排除	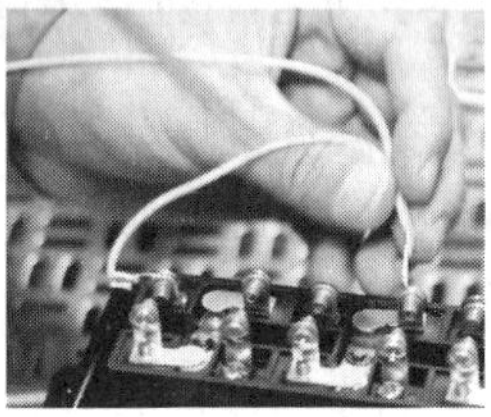

请同学们根据电路原理和表 4-43 列出的 4 个故障进行模拟检修，并将检修情况记录在表 4-43 中。检修时一定要先观察、分析，再测试、排除故障，切忌盲目操作。

表 4-43　三相电动机正反转电路故障模拟记录

序号	故障现象	故障原因分析	故障点	维修方法
①	控制电路整体失效，按各个按钮均无任何反应			
②	按下 SB3 后电机能反转，但不能自锁			
③	按下 SB2 后电机不能正转，其他功能正常			
④	按下 SB3 后电机不能反转，其他功能正常			

导师说

元器件开路，主要是指元器件的接线端子开路（FU 管芯烧毁、KM 线圈烧毁等效为开路）。同学们在检修时，一定要检查该元器件接线端子直接连接的所有导线。比如怀疑 KM1 线圈开路，就要检查和 KM1 线圈相连接 2 根导线的 4 个端头是否连接牢固。导线内部金属芯线断裂也会产生开路故障现象，请同学们注意甄别。

※拓展与提高

一、三相电动机正反转电路的工作原理

如图 4-11 所示，三相电动机正反转电路具有正转、反转、保持、停止、过载保护、短路保护和欠压保护等功能，下面具体分析其工作原理。

1. 正转/保持控制

①合上电源总开关 QF 后，按下正转按钮 SB2→接触器 KM1 线圈得电→

{ KM1 主触头闭合
KM1 常开触头闭合形成自锁
KM1 常闭触头断开 KM2 线圈形成连锁 }→三相电动机 M 得电正转。

②松开正转按钮 SB2→由于 KM1 常开触头闭合形成自锁→交流接触器 KM1 线圈仍然得电→KM1 的主触头仍然闭合→三相电动机 M 持续得电并保持正转。

2. 停止控制

当电动机正转之后，若要让电动机反转，则必须先让电动机停止。

按下停止按钮 SB1→接触器 KM1 线圈断电→

{ KM1 主触头断开
KM1 常开触头断开解除自锁
KM1 常闭触头闭合，并解除对 KM2 线圈形成的连锁 }→三相电动机 M 失电并停止转动。

3. 反转/保持控制

反转控制之前，必须先使三相电动机 M 处于停止状态。

①按下反转按钮 SB3→接触器 KM2 线圈得电→

{ KM1 主触头闭合
KM1 常开触头闭合形成自锁
KM2 常闭触头断开对 KM1 线圈形成的连锁 }→三相电动机 M 得电并反转。

②松开反转按钮 SB3→由于 KM2 常开触头闭合形成自锁→交流接触器 KM2 线圈仍然得电→KM2 的主触头仍然闭合→三相电动机 M 持续得电并保持反转。

本电路的过载保护、短路保护、欠压保护等功能由三相断路器 QF、熔断器 FU1、FU2 和热继电器 FR 实施。

二、号码管的编制方法

号码管用来标识每根导线与原理图的对应关系，方便在众多导线中快速识别每一根线。

号码管套在每根导线端头且接近端子处，编码标识统一向外便于识别。

1. 主电路号码管的编制方法

三相电源按相序自上而下编号为 L1、L2、L3，经过电源开关后，在出线端子上按相序依次编号为 U11、V11、W11。主电路中各支路的编号，应从上至下、从左至右，每经过一个器件的接线桩后，编号要递增一个数，如 U11、V11、W11 经过 FU1 后，其序号递增为 U12、V12、W12。单台三相交流电动机（或设备）的 3 根引出线按相序依次编号为 U、V、W。

2. 控制电路号码管的编制方法

控制电路、照明电路、指示电路号码管编制方法与主电路类似，但编号的起始数字，除控制电路必须从阿拉伯数字 1 开始外，其他辅助电路依次递增 100 作起始数字，如照明电路编号从 101 开始，信号电路编号从 201 开始等。

按照以上的编号方法，三相电动机正反转电路编号示例如图 4-30 所示。

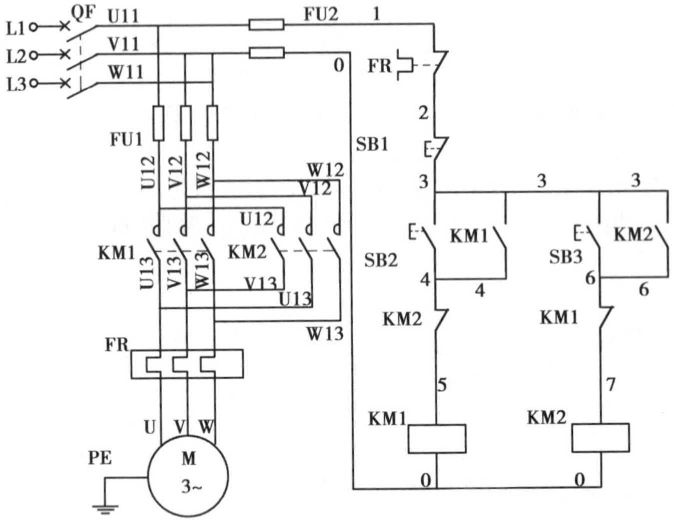

▲图 4-30 三相电动机正反转电路编号示例图

三、制作羊眼圈

在单股导线和平压式接线桩（比如螺旋式熔断器）相连接时，需要将单股导线的端头绕制成比螺钉稍微大一点的闭合圆圈，这样才能使接触面积增大，从而保证一定的机械连接强度。具体制作方法如图 4-31 所示。

如图 4-31（a）所示，用剥线钳剥去导线一端的绝缘层，用尖嘴钳在距绝缘层 3 mm 处将裸线弯成 45°角。按图 4-31（b）所示，用尖嘴钳从裸线弯曲部分开始，由里向外顺时针方向将裸线弯成一个略大于螺钉直径的圆圈。按图 4-31（c）所示，在圆圈要闭合时，用尖嘴钳剪去裸线多余部分。按图 4-31（d）所示，最后用尖嘴钳将裸线弯成闭合的圆圈，并修正该圈为圆形。

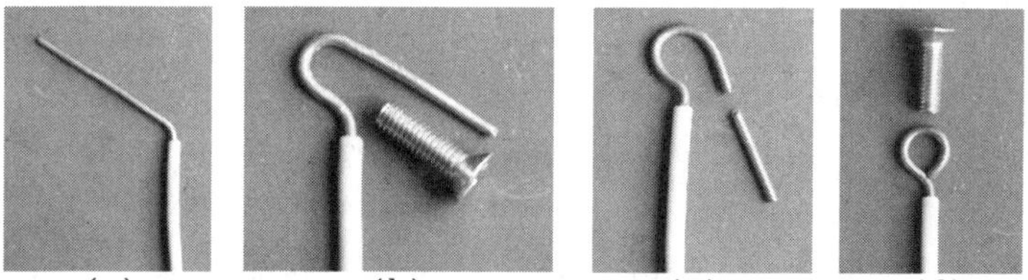

▲图 4-31　电工羊眼圈制作方法

电气设备的金属外壳很容易因设备内部线路故障而带较高电压，对人员极不安全。所以我们通常采用保护接地或保护接零的方式来强制降低外壳电位，让外壳电位在任何情况下与大地电位相等（相近），从而实现安全保护。

四、保护接地

将电气设备的金属外壳、金属构架等通过接地装置与大地可靠连接起来，称为保护接地。图 4-32 所示为工厂某三相电动机保护接地示意图。

保护接地和保护接零的本质都是设备外壳与大地相连，降低外壳电位。但在同一配电线路中，不允许一部分电气设备保护接地，另一部分电气设备保护接零。

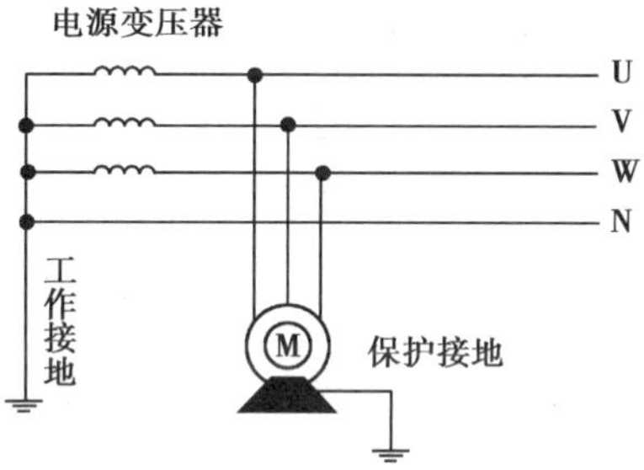

▲图 4-32　保护接地示意图

保护接地要求接地体的接地电阻小于 4 Ω，一般用镀锌钢管、角钢、圆钢作为人工接地体，水平或垂直埋设在地下规定的深度内。

五、保护接零

将电气设备的金属外壳、金属构架等与零线相连，即成为保护接零。图 4-33 所示为工厂某三相电动机保护接零示意图。

保护接零必须与其他保护装置（如触电保护器、熔断器、断路器等）配合使用，才能保证安全。在低压电网中，还应在零线的其他地方进行三点以上的接地，即重复接地，以消除零线断线时的触电危险。

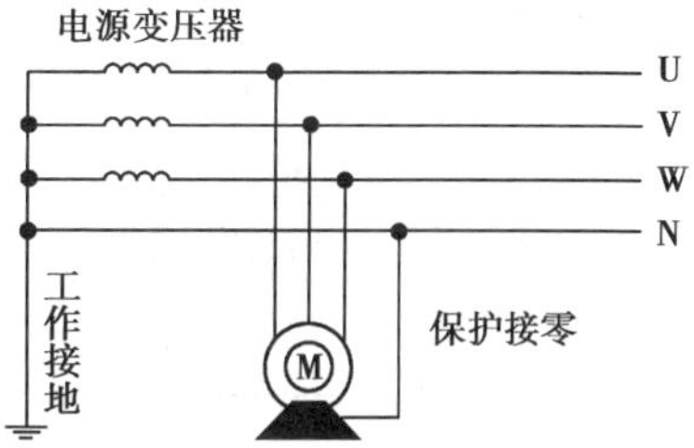

▲图 4-33　保护接零示意图

※总结与评价

1. 成果展示

各小组展示成品电工板，交流汇报（用 PPT 或者文字描述均可），并回答师生提出的问题。

2. 评价

由组长、老师对各小组成员任务完成情况进行评价，并填入表 4-44 中。

表 4-44　任务完成情况评价表

评价内容		自　评	组长评价	教师评价
		优☆　良△　中√　差×		
安全规范	①有无违规带电作业	□	□	□
	②有无人为损坏元器件	□	□	□
产品工艺	①电路元器件布局是否美观	□	□	□
	②安装工艺是否规范	□	□	□
	③接线是否正确	□	□	□
	④调试和测量电路是否正确	□	□	□
产品功能	①功能全部实现	□	□	□
	②性能是否达到标准	□	□	□
	③是否有创新点	□	□	□
职业素养	①安全、文明工作	□	□	□
	②具有良好的职业操守	□	□	□
	③符合 6S 管理理念	□	□	□
汇报答辩	①PPT 制作精美，内容丰富	□	□	□
	②能将配电板的性能、参数及效果讲解清楚	□	□	□
	③语言流畅，思路清晰	□	□	□
	④结构完整，内容翔实，能将设计过程及结果完整展现	□	□	□
评价等级				

※检测与反思

A组题

一、填空题

1. 用数字万用表测试正常交流接触器某两端的阻值，测得值为1.675 kΩ，则此时测试的是该交流接触器的________部分。

2. 安装三相电动机正反转电路的控制部分导线时，若遇瓦形接线桩，应先制作________后再连接；若遇平压式接线桩，应先制作________后再连接。

3. 用钳形电流表测三相电动机的相电流，应把________根电源线放入钳形表的窗口中心区域，然后关闭钳口。

二、判断题

4. 测三相电动机电路中各根电源线中的电流大小，用数字万用表比钳形表更快捷，更安全。 (　　)

5. 在制作工艺线时，在导线计划弯折的位置，用螺丝刀抵住导线，用手将导线弯折90°角。 (　　)

B组题

一、填空题

1. 熔断器应________在被保护电路中，起短路保护作用。

2. 按状态的不同，接触器的触点分为________触点和动断触点；按用途不同，接触器的触点又分为________和辅助触点。

3. 三相交流电供电的相序依次是L1、L2、L3，在实际布线中分别用________、________、红色导线来与之对应。

4. 检查并修正接线完毕后，用________将控制线沿布线路径依序绑扎。

二、判断题

5. 三相电动机正反转电路接线完毕后，需要进行目视检查，主要包括核对连接、修正工艺、检查接头等。 (　　)

6. 交流接触器的线圈主要用于通断主电路。 (　　)

7. 三相电动机正反转电路不带负载试车时，需要将三相电动机接入电路中并通电运行。 (　　)

三、选择题

8. 最简便且最有效的短路保护电器是(　　)。

A. 接线端子　　B. 熔断器　　C. 低压断路器　　D. 按钮

9. 在网孔板上安装低压电器,不正确的规则是(　　)。

A. 横平竖又直　　B. 横竖要对齐　　C. 分类分区域　　D. 软导线要绑扎

10. 三相电动机正反转电路不带负载试车成功后,还需要(　　)。

A. 通电前检测　　B. 目视检查

C. 带负载试车　　D. 将电路中所有导线拆除

C 组题

一、问答题

1. 若三相电机正反转电路熔断器 FU2 烧毁,则造成的故障现象有哪些?
2. 请叙述接线针的制作步骤。
3. 如何用数字万用表检测按钮的质量好坏?

二、填空题

4. 低压电器能控制直流________,交流________及下的电路。
5. 交流接触器的________用于通断主电路,________用于控制电路,起电气连锁作用。
6. 因为三相电动机正反转电路具有________功能,所以当松开启动按钮后,电动机仍保持转动。

任务四　三相电动机星形-三角形降压启动电路的安装与检修

大功率三相异步电动机在启动过程中,会产生很大的启动电流(通常是额定电流的6倍左右)。为了避免电网产生较大的波动,降低启动电流,产生足够大的启动转矩,一般采用星形-三角形(Y-△)降压启动工作模式。

星形-三角形降压启动工作模式是指三相电动机启动时,把定子绕组接成星形,以降低启动电压,限制启动电流;等电动机启动一段时间后,再把定子绕组改接成三角形,使电动机全压运行。凡是在正常运行时定子绕组作三角形连接的异步电动机,均可采用这种Y-△降压启动方式。

※工作任务说明

星形-三角形(Y-△)是三相电动机常用的工作模式,被广泛运用在功率比较大的三相电动机上。请你和你的团队使用低压电气,并按照图 4-34 所示三相电动机Y-△降压启动电路图,以及图 4-35 所示的元器件布置图,搭建三相电动机Y-△降压启动电路板。

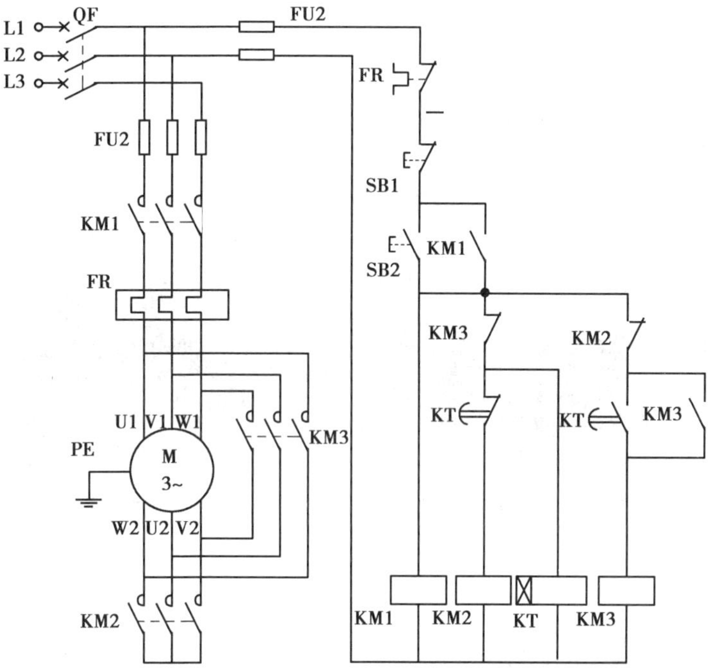

▲图 4-34　三相电动机Y-△降压启动电路图

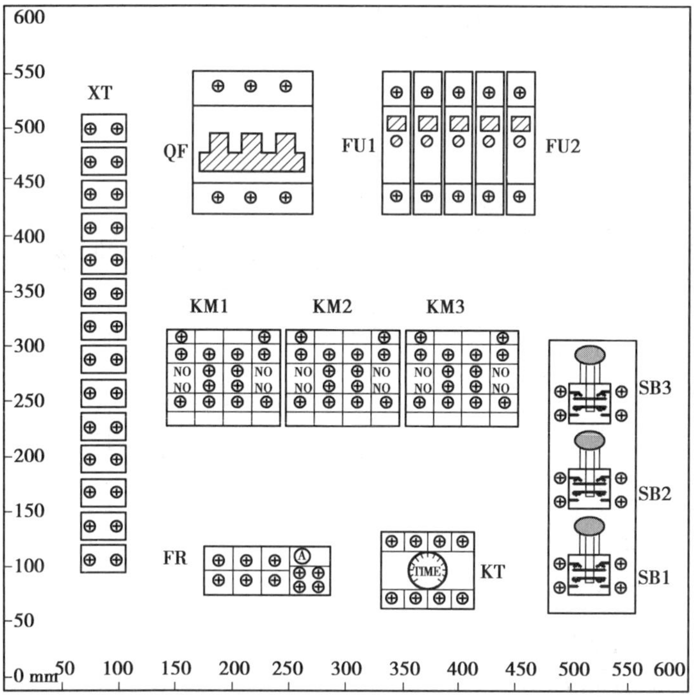

▲图 4-35　三相电动机Y-△降压启动电路元器件布置图

Y-△降压启动电路的组成

三相电动机Y-△降压启动电路由按钮 SB1、SB2 启动和停止设备,并控制 3 个交流接触器 KM1、KM2、KM3 组合工作,使三相电动机的 3 个绕组分别接成Y形和△形;时间继电器 KT 用来延时转换电动机工作状态;热继电器 FR 是电动机的过载保护;熔断器 FU 是短路保护;断路器 QF 是总电源开关。

为了防止短路,控制电路还要设置成 KM2、KM3 在同一个时刻只能让一个工作的模式(即连锁)。

※安全提示

①连线要正确。线多易接错,接线时应细心甄别,依序连接。

②通电发警示。在指定区域进行通电测试,并警示其他人。

③单手来通电。通电测试时,单手操作测试,降低触电风险。

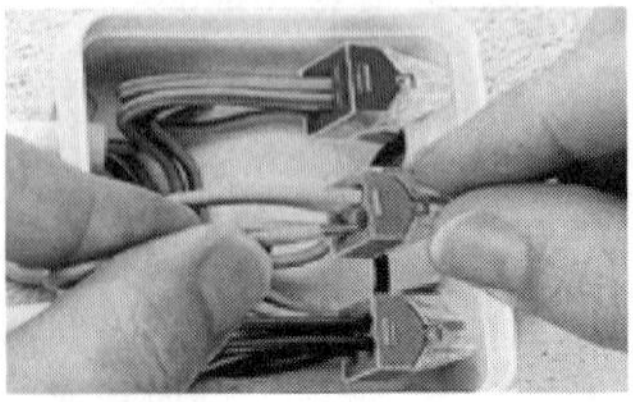

▲图 4-36 连线要正确

▲图 4-37 通电发警示

▲图 4-38 单手来通电

※任务实施

用低压电器搭建三相电动机Y-△降压启动电路,所涉及的线路较多,连接复杂,工艺要求较高,是电工作业中比较重要、复杂的技能,请你和你的团队依序、认真完成本任务。

活动 1 工具、仪表、元器件的清点和选用

1. 工具、仪表、元器件的清点

根据图 4-29,清点完成本次任务所需工具、仪表及元器件,填入表 4-45 中。

表 4-45 工具仪表及器材清单

项目	名 称	作 用	数 量	规格/型号	备 注
所用设备	网孔板	安装配电装置			
所用仪表	数字万用表	测试电路的电气参数			
	钳形电流表	测交流电流			
所用工具	十字螺丝刀	拧转螺钉迫使其就位			
	尖嘴钳	可剪切、弯折导线,剥削塑料绝缘层等			
	剥线钳	剥削导线绝缘层			
	钢卷尺	测量元器件的尺寸或距离			

续表

项目	名　称	作　用	数　量	规格/型号	备　注
所用元器件	熔断器	过流保护			
	三相断路器	开关/过流保护			
	交流接触器	接通、分断线路从而控制设备运行			
	热继电器	保护主回路电流不超过设定值			
	按钮	指令电器			
	接线端子排	连接线路			
	时间继电器	自动转换状态			
	三相电动机	把电能转换成机械能			
所用材料	C45 导轨	电器安装导轨			
	接线端子	导线与器件连接			
	铜芯线	连接各个器件			
	号码管	为电路中的导线作标注			
	固定螺钉	固定元器件			

2. 元器件的选用

本次任务所使用的元器件，与三相电动机正反转电路基本相同，不同之处是增加了一个交流接触器 KM3 和一个时间继电器 KT。

时间继电器的选用

- 型号选择

根据电路工作原理，需要通电延时型，延时时间 0～30 s 可调，线圈额定工作电压 380 V 的时间继电器。本次任务选择的型号是 ST3PG-A，AC380 V，其外形及符号如图 4-39 所示。

- 外观检查

ST3PG-A 型时间继电器为晶体管式，应先检查其外观是否完好，接插引脚是否有弯曲变形，连接螺钉是否有锈蚀、滑丝现象。

时间继电器（KT）

在控制电路中，有时需要发出指令后延时接通或延时断开电路，时间继电器就具有这种延时动作的功能。

时间继电器有电磁式、空气阻力式、电动式和晶体管式等种类，但每种时间继电器上都有一个调节延时时间的旋钮。

时间继电器的延时类型有通电延时型和断电延时型，它们在结构上由延时线圈、瞬动常开/常闭触头、延时常开/常闭触头组成。

通电延时型时间继电器的线圈通电后，其瞬时触头立即动作并改变原来的通断状态，而其延时触头需要经过一定时间的延迟后，才能改变其通断状态。

断电延时型时间继电器的线圈通电后，其瞬时触头和延时触头都立即动作改变原来的通断状态。在线圈断电后，瞬时触头立即动作并复位，延时触头延时动作并复位。

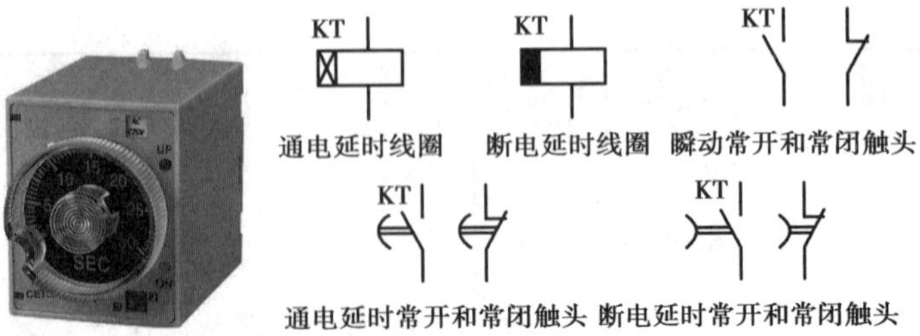

▲图 4-39　时间继电器实物图及符号

活动 2　安装电路

1. 固定器件

(1)准备工作

根据表 4-45 准备好工具、仪表及元器件，整齐摆放在实训操作台上。

(2)定位画线

根据图 4-35 所示各元器件的位置关系，在安装板上对器材进行画线定位。要求：网孔板边界预留足够，元器件布局合理、美观。

(3)固定元器件

根据本书项目三任务一的方法，固定本任务的低压电器，安装效果如图 4-40 所示。

▲图 4-40　三相电动机Y-△降压启动电路元器件安装实物图

2. 绘制实物接线图

为了理清电路中各元器件之间的连接关系，搞懂各导线的连接位置，请大家根据图 4-34，先在图 4-41 上用铅笔和直尺绘制主电路实物接线图。经过检查无误后，再在该图上绘制控制电路实物接线图。

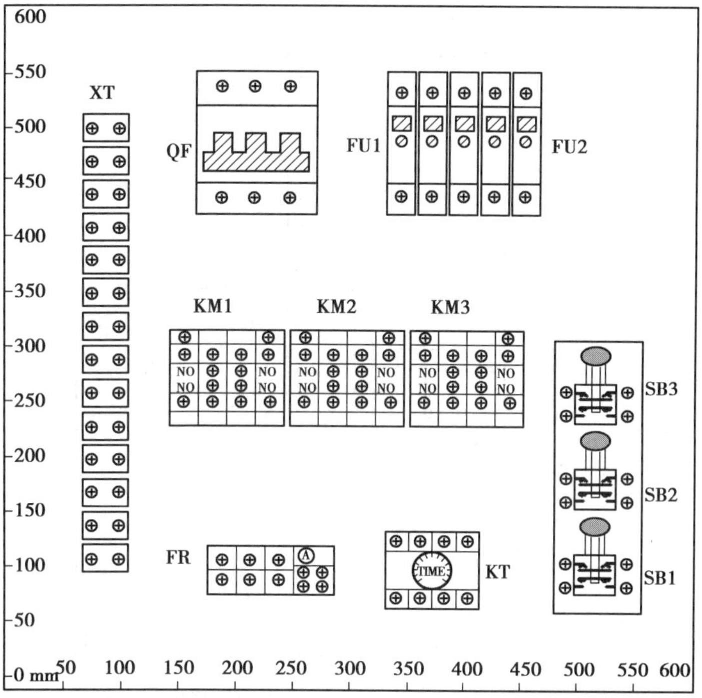

▲图 4-41　三相电动机Y-△降压启动电路实物接线图

导师说

建议:大家在绘制接线图时分别用两种颜色的笔按步骤仔细绘制。同时本次控制电路中涉及时间继电器,请认真识别该器件的各个端子,避免接错。

3. 主电路的安装

图 4-42 是按照编号规则编好导线序号的原理图,请大家根据该图以及图 4-34,使用 2.5 mm^2 单芯铜线、号码管、螺丝刀等器材和工具,参照三相电动机正反转电路主电路的安装方法,在安装板上进行主电路的安装。

主电路由断路器 QF、熔断器 FU1、接触器 KM1 的主触头、接触器 KM2 的主触头、接触器 KM3 的主触头、热继电器 FR 的主触头、电动机 M 组成。

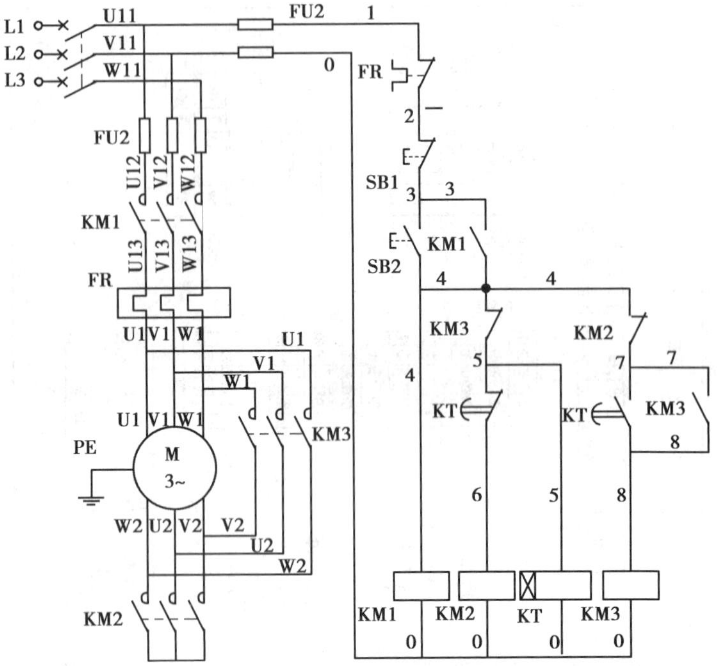

▲图 4-42　三相电动机Y-△降压启动电路编号示例图

图 4-43 是按照电路原理图和接线工艺规则安装好的电路板，同学们可以在评价的时候进行比对参考。

▲图 4-43　Y-△降压启动电路主电路安装成品图

控制电路由熔断器 FU2、热继电器 FR 的常闭触头、按钮 SB1 的常闭触头、按钮 SB2 的常开触头、接触器 KM1 的常开触头和线圈、接触器 KM2 的常闭触头和线圈、接触器 KM3 的常开、常闭触头和线圈、时间继电器 KT 的延时常开/延时常闭触头和线圈、接触器 KM2 的线圈组成。

导师说

请严格按照接线工艺反复练习。记住：绝招就是把简单的事情做到极致！

4．控制电路的安装

请依据图 4-35、图 4-42，按照三相电动机正反转电路控制部分的安装步骤，在网孔板上用 0.75 mm^2 多芯铜软线、号码管和电工工具，进行三相电动机 Y-△ 降压启动电路控制部分电路的安装。

控制电路导线为多芯铜软线，端头需做成接线针或接线叉后，再连接到电路中。安装时严格遵循接线工艺、操作步骤，导线序号依序连接。

图 4-44 是按照电路原理图和接线工艺规则安装的控制电路，请同学们参考。

▲图 4-44　Y-△降压启动电路控制电路安装成品图

导师说

控制电路的连接可以只用一种颜色的多芯软线，由于导线数量多，所以必须严格按照编制的号码进行穿管，以方便检查和维修。布线时根据线号顺序，按照先小后大的顺序安装，以避免接线失误。

活动 3　检查并调试电路

控制电路接线完毕后，需要对电路进行检查并调试，要确保电路连接正确，接线工艺满足要求，从而保证安装质量。

1. 目视检查

对安装完成的电路，进行逐一核对，修正工艺、检查接头是否良好。检查时要耐心仔细，及时处理发现的问题，并作好记录。

2. 通电前检测

目视检查完后，请同学们先将熔断器的熔断管安装好，再闭合断路器，并用数字万用表检测电路（注意：此时禁止接通三相电源）。

（1）短路测试

为判断电路中是否有短路故障，需要对电路进行不同状态下的测试。具体的测试点、操作内容、正常阻值参看表 4-46。

表 4-46　Y-△降压启动电路短路测试表

序号	操作内容	用数字万用表 2 k 挡,测接线端子排上的接线端		
		L1、L2 之间阻值	L2、L3 之间阻值	L1、L3 之间阻值
①	不按任何按钮	无穷大	无穷大	无穷大
②	按下 SB2	几百欧姆	无穷大	无穷大
③	用螺丝刀按下 KM1 的传动机构	几百欧姆	无穷大	无穷大
④	按下 SB2,同时用螺丝刀按下 KM3 的传动机构	几百欧姆	无穷大	无穷大

若实际测试值为 0 Ω 或很小,则可能电路有短路性故障,应及时查找原因,排除故障。

(2)开路测试:

开路测试是为了判断电路中是否有开路故障,请按照表 4-47 中的测试点、操作内容进行测试,并将测试结果和表中数据进行对比。

表 4-47　Y-△降压启动电路开路测试表

序号	操作内容	用数字万用表 2 k 挡,测接线端子排上的接线端			
		L1、L2 之间阻值	L1 和电机 U1 之间阻值	L2 和电机 V1 之间阻值	L3 和电机 W1 之间阻值
①	按下 SB2	几百欧姆	不测	不测	不测
②	用螺丝刀按下 KM1 的传动机构	几百欧姆	零欧姆	零欧姆	零欧姆
③	按下 SB2,同时用螺丝刀按下 KM3 的传动机构	几百欧姆	零欧姆	零欧姆	零欧姆

若实际测试值很大或显示“1”,则电路可能有开路性故障,应及时查找原因,排除故障。

导师说

对排查出的开路和短路故障应及时排除。检修完毕后,应对控制电路导线进行绑扎。

3. 通电试车

（1）不带负载试车

先关闭三相电源，用3根导线将接线端子排上的L1、L2、L3与实训台上的三相电源相连；再打开实训台上三相电源，闭合三相断路器，观察电路应无任何动作。

通电状态下，用数字万用表的AC750V挡，单手操作，分别测接线端子排上接线端子U1U2、V1V2、W1W2的电压。按下相应按钮，在KM1、KM2吸合时测得各组电压应为220 V左右；在KM1、KM3吸合时测得各组电压应为380 V左右。若测试值与此相符，则表明主电路功能正常。

不带负载试车过程现象

按下SB2→KM1、KM2同时吸合→经过一段时间延时→KM2释放复位，同时KM3吸合。

任何时候按下SB1，所有接触器都释放复位。

导师说

为便于观察现象，时间继电器的延时时间可手动设置为10 s左右。

（2）带负载试车

在不带负载试车正常的情况下，将实训台上的三相电源断开，再将三相异步电动机的6个接线端子，分别按编号连接到接线端子排上的U1～W1端上。检测无误后接通实训台上的三相电源，按下SB2，则电动机会实现星形启动运转→延时→自动转换为三角形运转（转速和噪音增大）的功能。若按下SB1，电动机会停止转动。

若观测现象与此相符，则电路带负载试车成功，电路安装成功。

导师说

按动各个按钮时要间隔一段时间，不要频繁按动按钮。频繁的启动/停止操作会缩短电动机的使用寿命。另外在实训中三相异步电动机是空载运行，故不建议让电动机长时间运行。

4. 用钳形表测三相电动机Y形接法和△形接法电流

三相电动机Y-△降压启动电路有3根电源线，且电源线中电流在电动机做Y形、△形连接时不相等，下面用钳形表来进行测试。

将三相电动机Y-△降压启动电路，用三根较长的多芯铜线接

在同一供电系统中，三相电动机接成Y形和△形时，其每相绕组上的工作电压、电流是不同的。Y形接法的电动机每相绕组电压是△接法时的$1/\sqrt{3}$；Y形接法时供电线路的线电流是△接法时的1/3。

入三相电源，打开三相电源，闭合三相断路器，使用钳形表，按照本书项目四任务三中的操作方法，进行以下测试。

（1）三相电动机Y形接法时的线电流测试

将钳形表拨到合适挡位，按下启动按钮 SB2，在 KM1、KM2 同时吸合期间，把电源 L1 线放入钳形表的窗口中心区域，然后观察此时电流读数，该电流值就是电动机Y接法时电源线线电流。

用同样的方法测试并记录电源 L2 线、L3 线的线电流。正常情况下这三次电流的大小是相等的。

（2）三相电动机△形接法时的线，电流测试

仍然使用钳形表，按照上述的方法，分别测试并记录 KM1、KM3 同时吸合时电源线 L1 线、L2 线、L3 线中的电流。正常情况下这三次电流大小是相等的。

比较自己测试的三相电动机Y形接法和△形接法电流大小关系，看是否与相关理论相符。

导师说

电动机通电后，按照Y形连接运转的时间比较短，此时要抓紧时间进行测试，注意不要将△形连接时的电流误以为是Y形连接时的电流。Y形连接时的三组线电流若一次不能测完，可以分次测试。测试时一定注意用电安全。

活动 4　维修电路

若安装时接头松动、接线错误，以及在使用过程中出现熔断器烧毁等情况，电路会出现各种各样的故障，下面举例说明维修思路和步骤。

故障现象：电路接通三相电源后，按下启动按钮 SB2，交流接触器 KM1、KM2 吸合，经过延时后交流接触器能转换成 KM1、KM3 吸合，但电动机始终不转动并发出异响，即电路不能启动。

故障分析：本电路的控制电路部分工作正常，但电动机不工作，怀疑电动机缺相不启动，故障范围在主电路部分。主电路部分有多个元器件，我们用电阻法按先易后难的原则来寻找故障点。下面请按照表 4-48 中的步骤进行维修。

三相电动机启动时缺相，会发出异常声音，且电动机不转动。

如果三相电动机在运行时缺相，电动机也会发出异常声音，而电动机会在惯性的作用下继续转动，此时如果不立即停机，则电动机的绕组会被烧坏，因此最好在控制电路设置断相保护电路。

表 4-48　电动机不启动故障维修

步骤	操作内容	图　示
①观察故障现象	将断路器 QF 闭合，按下启动按钮 SB2，此时交流接触器 KM1、KM2 吸合，经过延时后交流接触器转换成 KM1、KM3 吸合，电动机始终不转动并发出异响，说明电路异常，应立即按下停止按钮 SB1，电路停止工作	
②划分故障范围	关闭三相断路器，分析故障范围应在主电路部分。将数字万用表拨到二极管和蜂鸣共用挡，用电阻法来寻找具体的故障点	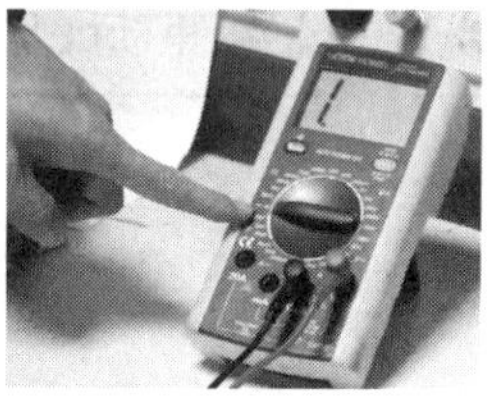
③查找故障	将数字万用表两表笔接在熔断器 FU1 的第一个底座两端，测得此时的阻值为 0 Ω，说明该熔断管正常。用同样的方法测 FU1 的另两个熔断管。当测到第三个熔断管时，阻值显示“1”，怀疑该熔断管开路	
④排除故障	从熔断器 FU1 的底座中取出第三个熔断管，用数字万用表测其阻值显示“1”，说明其开路损坏，至此查到故障点。用同规格的熔断管更换后，通电故障排除	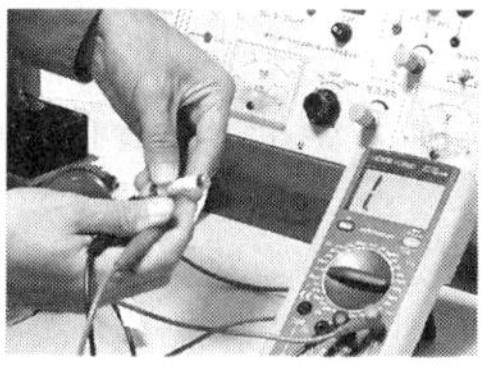

请同学们根据电路原理和表 4-49 列出的 4 个模拟故障进行检修，并将检修情况记录在表 4-49 中。检修时一定要先观察、分析，再测试、排除故障，切勿盲目操作。

表 4-49　三相电动机 Y-△降压启动电路故障模拟记录

序号	故障现象	故障原因分析	故障点	维修方法
①	控制电路整体失效，按各个按钮均无任何反应			

三相电动机 Y-△降压启动电路常见故障点及现象

①FU2、FR 常闭触头、SB1 常闭触头、SB2 常开触头开路：通电后，按下 SB2，电路无任何反应。

②KM1 线圈开路：按下 SB2 后，KM1 线圈不吸合，KM2 线圈吸合；松开 SB2 后，KM2 线圈释放，电动机始终不转。

③KM1 辅助常开触头开路：按下 SB2 后，KM1、KM2 线圈能吸合但不能自锁；松开 SB2 后，各个继电器都释放，电动机停止。

④KM3 辅助常闭触头开路：按下 SB2 后，只有 KM1 吸合，电动机不转；松开 SB2，一直保持原来状态。

⑤KT 延时常闭触头、KM2 线圈开路：按下 SB2 后，KM1 线圈吸合，KM2 线圈不吸合，电动机不转动；松开 SB2 后保持原样，经过一段延时后，KM3 线圈吸合，电动机按△形连接转动。

⑥KT 线圈开路：按 SB2 后，KM1、KM2 线圈吸合且自锁，电动机按 Y 形连接运转。延时一段时间后，仍保持原样，电路不能转换成△形运转。

⑦KM2 辅助常闭触头、KT 延时常开触头、KM3 线圈开路：按下 SB2 后，KM1、KM2 线圈吸合且自锁，电动机按 Y 形连接运转。延时一段时间后，KM2 线圈释放，电动机停止，电路不能转换到△形连接运转。

⑧KM3 辅助常开触头开路：按下 SB2 后，电动机按 Y 形连接启动。延时一段时间后，瞬间能转换到△形运转，然后 KM3 线圈释放，电动机停止。

⑨KM1 线圈、KM2 线圈、KM3 线圈、KT 线圈短路：烧 FU2 熔断管或断路器 QF 保护跳闸。

⑩ FU1、KM1 主触头、KM2 主触头、KM3 主触头、FR 主触头开路：电动机因缺相而工作异常，控制电路功能正常。

⑪QF 开路：若 L1 或 L2 相开路，则控制电路整体失效；若 L3 相开路，则电动机因缺相而工作异常，控制电路正常。

续表

序号	故障现象	故障原因分析	故障点	维修方法
②	按下 SB2 后电动机一直处于星形启动，不能自动转换到三角形运行			
③	按下 SB2 后只有 KM1 吸合，电动机不能启动			
④	按下 SB2 后电动机能正常启动，但交流接触器转换到 KM1、KM3 吸合后，电动机却停止转动			

导师说

故障模拟时若要设置开路故障，最好将元器件的接线端子取下，用透明胶将端子包裹绝缘，再接入接线桩。若设置短路故障，可能烧毁熔断器，且有一定的危险，建议大家慎重选用。

※拓展与提高

一、Y-△降压启动电路的工作原理

三相电动机Y-△降压启动电路具有星形启动、三角形运转、保持、停止、过载保护、短路保护和欠压保护等功能，下面具体分析它的各个功能。

1. Y形启动

①合上电源总开关 QF 后，按下启动按钮 SB2→交流接触器 KM1、KM2、KT 线圈都得电→

{ KM1、KM2 主触头闭合，KM3 主触头断开 / KM1 常开触头形成自锁，KM2 常闭触头形成连锁 }→电动机的三个绕组被连接成Y形→三相电动机 M 按Y形模式启动。此时主电路的等效连接如图 4-45(a)所示。

②松开启动按钮 SB2→由于交流接触器 KM1 常开触头闭合形成自锁→交流接触器 KM1、KM2、KT 线圈仍然得电→KM1、KM2、KM3 的主触头状态无变化→三相电动机 M 持续按Y形模式转动。

2. △形运行

当时间继电器 KT 线圈得电一段时间后→KT 延时常闭触头断开，KT 延时常开触头闭合→

{ KM2、KT 线圈失电复位 / KM1、KM3 线圈得电 }→

{KM1、KM3 主触头闭合，KM2 主触头断开
KM3 常闭触头断开形成连锁，KM1 常开触头闭合和 KM3 常开触头闭合形成自锁}→电动机的 3 个绕组被 KM1 和 KM3 的主触头连接成△形→三相电动机 M 按△形模式全压运行。

此时主电路的等效连接如图 4-45(b)所示。

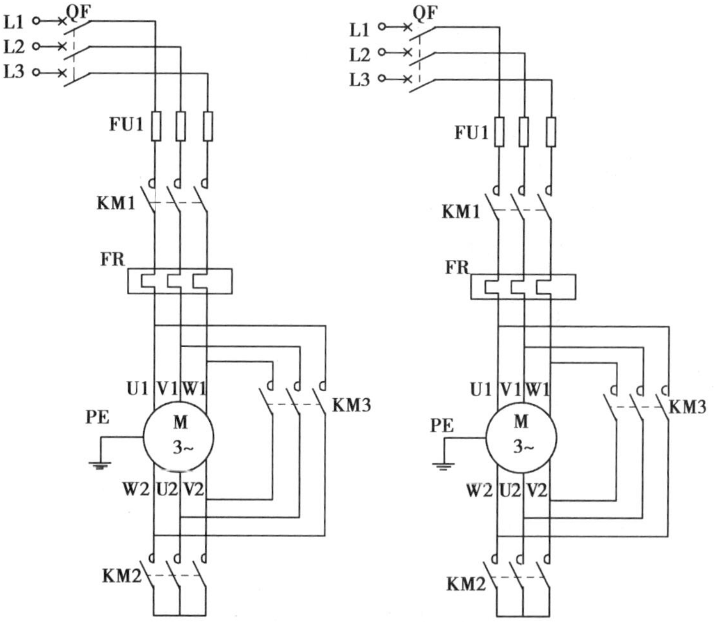

(a) Y形启动时主电路等效连接 (b) △形运行时主电路等效连接

▲图 4-45　三相电动机 Y-△降压启动电路主电路等效连接图

3. 停止控制

只要按下按钮 SB1→KM1、KM2、KM3、KT 线圈都失电→KM1、KM2、KM3 的主触头都断开→三相电动机 M 停止转动。

二、导线与接线桩的连接

1. 接线桩的分类

电气设备的接线桩有针孔式、瓦形式、平压式 3 种，具体外形如图 4-46 所示。

(a) 针孔式　(b) 瓦形式　(c) 平压式

▲图 4-46　电气设备常用接线桩的类型

2．导线与针孔式接线桩的连接

针孔式接线桩依靠位于针孔顶部的压紧螺钉压住线头来完成导线与器件的连接，它主要用于室内线路中熔断器、刀开关等的连接。

单芯导线可直接将线芯插入针孔式接线桩，然后拧紧螺钉；多芯线须按原拧紧方向进一步绞紧，然后再插入针孔并紧固螺钉。连接方法如图 4-47 所示。

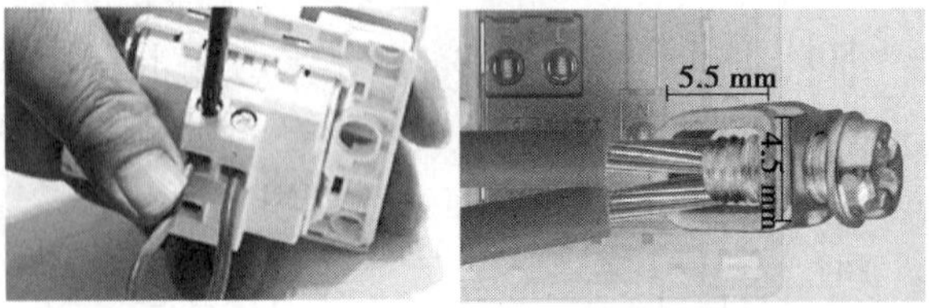

▲图 4-47　导线与针孔式接线桩的连接示意图

3. 导线与平压式接线桩的连接

平压式接线桩连接时，要将螺钉与垫圈配合使用将线头压紧进行连接。

单芯导线的接头要弯曲成羊眼圈（环形），然后再将螺钉以及垫圈插入环形孔中拧紧螺钉。制作的羊眼圈要避免环圈不足、环圈重叠、环圈过大、裸露线芯过长等不规范的操作。具体接线方法如图 4-48 所示。

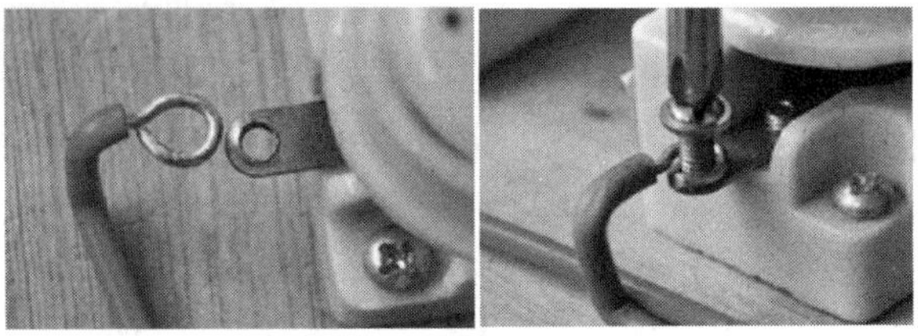

▲图 4-48　单股芯线与平压式接线桩连接示意图

4．导线与瓦形式接线桩的连接

瓦形式接线桩采用瓦形垫圈压接导线线头。在瓦形垫圈和螺钉不能完全拆卸的情况下，其接线方法仍然采用将线芯插入瓦形接线桩，然后拧紧螺钉；如果瓦形垫圈和螺钉能完全拆卸，要先把芯线弯成 U 形，再卡入接线桩中进行连接。接线方法如图 4-49 所示。

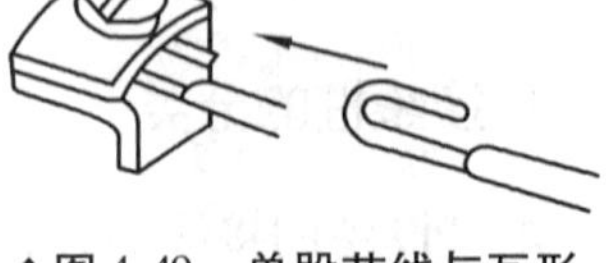

▲图 4-49　单股芯线与瓦形接线桩连接示意图

三、控制电路接线的优化

控制电路接线时，既要接线正确，工艺达标，还要注意接线的技巧和线路优化，下面就举例说明。

控制电路的连线中，有的元器件之间只有一根连线，如图 4-50 中的 KT 延时常闭触点到 KM2 线圈之间只有 6 号线，此时连接只有一种方法，无须优化连接。

在图 4-50 中的 3 号线，需要用两根导线连接 3 个元器件，此时我们有 2 种连接方法：①A→B、A→E，②A→B、B→E。这 2 种方法都能满足"同一接线端所接导线数量不超过 2 根"的规定，且 2 种连接方法所用导线长度没有明显区别，任选一种方法连接均可。

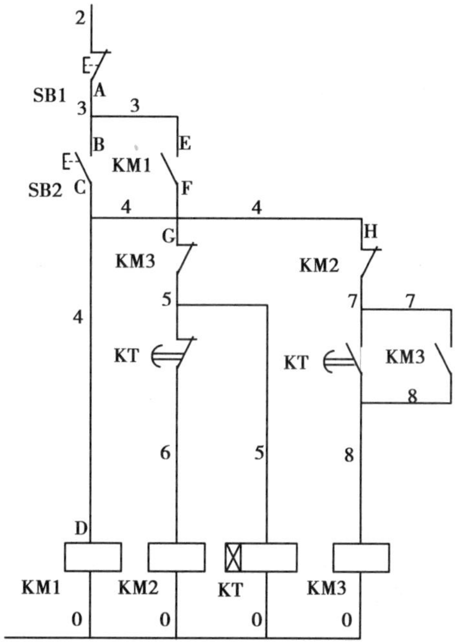

▲图 4-50　控制电路接线优化

在图 4-50 中的 4 号线，需要用 4 根导线连接 5 个元器件，这 4 根线有多种组合方式，不同的组合方式所用的导线长度不同，甚至可能导致某个接线端接线超过 2 根。此时就存在一个优化问题：在保证一个接线端子接线不超过 2 根时，又要让导线总长度最短，以节约导线。

此时我们采用的规则是"同类元器件先相连"，即在本号线所连接的所有元器件中，同一种类元器件之间先连接，连接完后再连接其他类元器件。如本例中的 SB2 是按钮类器件，KM1、KM2、KM3 是接触器类器件，KM1、KM2、KM3 在空间位置上是依次排列的，所以同类的元器件按照位置依次连接。根据以上的规则，我们可以把 4 号线按照下面的顺序进行连接：C→D、D→F、F→H、H→G。这样有规律的连接，既节约导线，又容易检查。同学们可以自己设计图 4-43 中其他导线的连接顺序。

※总结与评价

1. 成果展示

各小组展示成品电工板，交流汇报（用 PPT 或文字描述均可），并回答师生提出的问题。

2. 评价

由小组、老师对各小组成员任务完成情况进行评价，填入表 4-50 中。

表 4-50 任务完成情况评价表

评价内容		自 评	小组评价	教师评价
		优☆ 良△ 中√ 差×		
职业素养	①安全用电			
	②设备及器材的安全			
	③记录整理完整准确			
	④符合 6S 管理理念			
知识与技能	①电路元器件布局整齐美观			
	②导线安装工艺规范			
	③导线连接正确			
	④调试、测量电路正确			
汇报展示	①作品展示(可以为实物作品展示、PPT 汇报、简报、作业等形式)			
	②语言流畅,思路清晰			
评价等级				

※检测与反思

A 组题

一、填空题

1. 在网孔板上安装三相电动机Y-△降压启动电路时,需要的低压电器元器件有接线端子排、断路器、熔断器、________、________、热继电器、时间继电器等。

2. 对三相电动机Y-△降压启动电路进行不带负载试车时,用数字万用表________挡测接线端子排上的电动机接线端子之间的电压。

3. 三相电动机Y-△降压启动电路功能正常后,用________测三相电动机Y形接法和△形接法时电源线中的电流。

二、判断题

4. 应该用 2.5 mm^2 的单芯铜线来安装三相电动机Y-△降压启动电路的控制部分。 ( )

5. 三相电动机Y-△降压启动电路安装好后,用数字万用表可以判断出电路中是否有开路故障。 ( )

B 组题

一、填空题

1. 三相电动机Y-△降压启动是指电动机启动时，把定子绕组接成________，以降低启动电压，限制启动电流；等电动机启动后，再把定子绕组改接成________，使电动机全压运行。

2. 具有发出指令后延时接通或延时断开电路功能的低压电器元器件是________。

3. 安装完三相电动机Y-△降压启动电路的控制电路部分后，经检查线路无误，通电功能正常后，需要用________对控制部分导线进行绑扎。

二、判断题

4. 三相电动机启动时缺相，电动机仍然会转动。（　　）

5. 三相电动机Y-△降压启动电路中的 FU1 开路，会导致按下启动按钮后交流接触器不动作且电动机不转动。（　　）

6. 三相电动机Y-△降压启动电路在正常工作的任何时刻，都有两个交流接触器处于吸合工作状态。（　　）

三、选择题

7. 下列不属于电气设备接线桩类型的是（　　）。

A. 针孔式　　B. 瓦形式　　C. 桥接式　　D. 平压式

8. 在三相电动机Y-△降压启动电路中的两个工作阶段中，始终处于得电工作的是（　　）。

A. KM1　　B. KM2　　C. KM3　　D. KM1、KM2 和 KM3

9. 下列不属于三相电动机Y-△降压启动电路故障维修方法的是（　　）。

A. 目测法　　B. 万用表测电阻法

C. 万用表测电压法　　D. 带电双手触摸法

10. 在通电测试三相电动机Y-△降压启动电路功能时，不正确的方法是（　　）。

A. 单手操作

B. 按下启动按钮后，观察电动机是否转动，若电动机异常，应立即按停止按钮或直接断开三相断路器

C. 频繁按启动按钮和停止按钮

D. 将时间继电器的延时时间旋钮调到合适位置

C 组题

一、问答题

1. 简述安装三相电动机Y-△降压启动电路所需要的低压器件有哪些。

2. 简述三相电动机Y-△降压启动电路各个交流接触器的动作过程。

3. 绘制三相电动机Y-△降压启动电路正常运行时，主电路的等效图。

4. 试分析三相电动机Y-△降压启动电路中，时间继电器线圈开路会造成什么故障？

二、填空题

5. 在低压电器中，能在控制指令发出后，延时接通或延时断开电路的是________。

6. 三相电动机Y-△降压启动电路不带负载试车时，启动阶段 KM1、KM2 同时吸合时，接线端子排上 U1U2 端的电压是________。

7. 在同一供电系统中，Y形接法的电动机每相绕组电压是△接法时的________。

※课外阅读

世界首条高温超导高速磁浮工程化样车及试验线启用

2021 年 1 月 13 日上午，采用西南交通大学原创技术的世界首条高温超导高速磁浮工程化样车及试验线在四川成都正式启用，这标志着高温超导高速磁浮工程化研究从无到有的突破，具备了工程化试验示范条件。

图 4-51 高温超导磁浮工程化样车

高温超导磁浮交通技术拥有无源自稳定、结构简单、节能、无化学和无噪声污染、安全舒适、运行成本低等优点，是理想的新型轨道交通工具，适用于多种速度域，尤其适合高速及超高速线路的运行。高温超导磁浮交通技术具有自悬浮、自导向、自稳定特征，是面向未来发展，应用前景广阔的新制式轨道交通方式。

该技术拟先在大气环境下实现工程化，预期运行速度目标值大于 600 km/h，可望创造在大气环境下陆地交通的速度新纪录。下一步，将结合未来真空管道技术，开发填补陆地交通和航空交通速度空白的综合交通系统，将为远期向 1 000 km/h 以上速度值的突破奠定基础，从而构建陆地交通运输的全新模式，引发轨道交通发展的前瞻性、颠覆性变革。高温超导高速磁浮交通样车验证段建设项目位于西南交通大学九里校区牵引动力国家重点实验室，验证段全长 165 米，建设占地约 1 250 m^2。

项目主要内容包括：高温超导磁浮原理工程化样车、悬浮系统、牵引制动系统、运控系统、线下土建及附属工程建设，以及整个系统工程的联调联试和综合性能检测系统。

参考文献

[1] 聂广林,赵争召.电工技术基础与技能[M].重庆:重庆大学出版社,2010.

[2] 杨清德,赵顺洪.电工技术基础与技能辅导与练习[M].重庆:重庆大学出版社,2015.

[3] 杨清德,周永平,胡萍.电工技术基础与技能题库[M].北京:电子工业出版社,2016.